이해하기 쉬운

기초영양학

Fundamental Nutrition

머리말

현대인들이 건강을 유지하는 것은 행복한 삶의 기본이며, 영양·휴식·운동과 환경의 중요성이 강조되고 있다. 그중 가장 중요한 것은 음식으로부터 적정한 영양소를 섭취하는 것이다. 따라서 건강을 유지하는 데 필요한 영양소의 종류와 작용 등을 알고 식생활에서 이들 식품공급원을 이용할 수 있도록 하는 것이 필요하다.

최근 우리나라에서 증가되고 있는 비만, 당뇨병, 심순환계 질환, 암 등은 영양섭취, 생활습관과 밀접한 관련이 있다. 따라서 영양소와 관련된 질병을 이해하고 건강을 유지하며, 질병을 예방하는 식생활을 할 수 있도록 해야 한다. 홍수처럼 범람하는 영양 및 건강 관련 정보를 올바로 판단하고, 식품산업과 외식산업의 발달에 따른 합리적 선택을 할 수 있도록 영양지식을 확산할 필요가 있다.

영양학은 섭취한 음식의 영양소 특성, 체내의 작용과 급원식품을 다루는 학문이다. 영양소는 탄수화물, 지질, 단백질, 비타민, 무기질, 수분으로 대별된다. 영양학은 이러한 영양소의 특성, 체내 대사 및 작용, 결핍증과 급원식품 등에 대한 지식을 제시한다.

기초영양학은 영양과 건강을 증진하는 데 필요한 지식을 제공하는 가장 기본이 되는 학과목이다. 이를 위하여 본 교재의 내용을 총 11장으로 구성하였다.

제1장은 영양학의 기초와 식생활로서 영양소의 일반적 작용, 건강과 영양의 관계, 식생활을 위한 기초자료를 다룬다.

제2장은 음식물의 소화기관의 구조와 소화과정과 흡수기전에 대하여 설명한다.

제3, 4, 5장은 열량을 제공하며 인체 구성 영양소인 탄수화물, 지질, 단백질의 특성과 분류, 소화작용과 대사과정, 체내작용, 관련 질병을 설명하며 급원식품과 섭취

현황을 제시한다.

제6장은 에너지 대사와 관련된 에너지 평형에 관한 내용을 다룬다. 식품의 열량가와 에너지 소비, 신체조성, 에너지 대사와 체중과의 관계를 제시한다.

제7장은 인체의 중요 구성성분인 수분과 체내 수분의 분포와 역할, 산·염기의 평형과 체내작용, 건강과의 관계 등을 다룬다.

제8, 9장은 인체의 약 5%를 차지하는 구성요성이며 생명현상도 중요 작용을 하는 다량무기질과 미량무기질의 작용과 급원식품, 결핍증 및 과잉증 등에 대하여 제시한다.

제10, 11장은 체내 대사과정의 조절자로서 중요한 지용성과 수용성 비타민의 특성과 체내 작용, 급원식품, 결핍증 및 과잉증 등을 제시한다.

이 책은 식품영양학이나 보건학을 전공하는 대학생과 영양·보건 관련 종사자나 일반인들도 쉽게 이해할 수 있도록 집필하였다. 새로운 영양소 섭취기준과 최신 영양정보 등도 제시하고자 노력하였다. 이 책이 건강한 식생활을 위하여 널리 이용될 수 있기를 바라며 그동안 출간되기까지 애써 주신 분들과 파워북 관계자에게 도 감사를 드린다.

2022년 8월

대표 저자

차례

CHAPTER 1

식생활과 건강

CHAPTER 2

소화와 흡수의 이해

CHAPTER 3

탄수화물의 이해

CHAPTER 8

다량 무기질의 이해

CHAPTER 9

미량 무기질의 이해

Fundamental Nutrition

CHAPTER

1

식생활과 건강

1. 식생활과 건강 / 2. 영양소의 종류와 작용 / 3. 건강한 식생활의 기초

평균 수명이 길어지고 건강 증진에 대한 관심이 높아지면서 사람들은 어떤 음식을 어떻게 먹어야 건강하고 오래 살 수 있을지에 대해 고민하게 되었다. 즉, 건강을 우선으로 하여 삶의 질을 추구하는 생활방식인 웰빙well being 개념이 식생활에도 대두되었다.

최근 우리의 생명을 위협하고 있는 암, 심혈관계질환, 당뇨병 등의 만성질환은 생활습관의 영향을 많이 받으며, 그중에서도 특히 잘못된 식습관이 중요한 원인으로 지적되고 있다. 따라서 이들 질환을 예방하고 건강하게 살기 위해서는 균형 잡힌 식생활이 무엇보다 중요하며, 이를 실천하기 위한 영양과 식생활에 대한 기본적인 이해가 필요하다.

학/습/목/표

1. 영양, 영양소, 영양학의 개념을 설명할 수 있다.
2. 영양소의 체내작용을 설명할 수 있다.
3. 건강과 영양과의 관계를 설명할 수 있다.
4. 영양소 섭취기준의 개념을 설명할 수 있다.
5. 영양적으로 균형 잡힌 식사를 계획하고 실천할 수 있다.

1. 식생활과 건강

사회가 발달하고 경제가 발전할수록 인간의 건강에 대한 관심과 건강 증진에 관한 기대는 증가한다. 건강한 삶을 유지하기 위해서는 생활습관이 건전해야 하며, 생활습관 중에서도 올바른 식생활의 확립이 중요하다.

1) 건강을 유지하기 위한 요소

개인의 건강health상태는 크게 유전적 요인과 환경적 요인에 의해 영향을 받는다. 성, 연령, 유전 등의 생물학적 요인이 건강에 미치는 영향은 20% 정도이며, 환경적 요인 중에서는 생활습관이 50% 정도로 가장 높게 나타나고 있다그림 1-1.

건강
신체에 질병이 없고 몸이 허약하지 않은 상태일 뿐만 아니라, 육체적·정신적으로 건전하고, 나아가 사회적으로 잘 적응하고 봉사하여 사회복지에 기여할 수 있는 상태

생활습관 중에서도 가장 중요한 부분은 식생활이다. 따라서 균형 잡힌 식생활을 실천하고 운동, 금연, 적절한 음주 및 휴식 등 생활습관을 잘 관리하는 것이 건강을 유지하는 데 매우 중요하다.

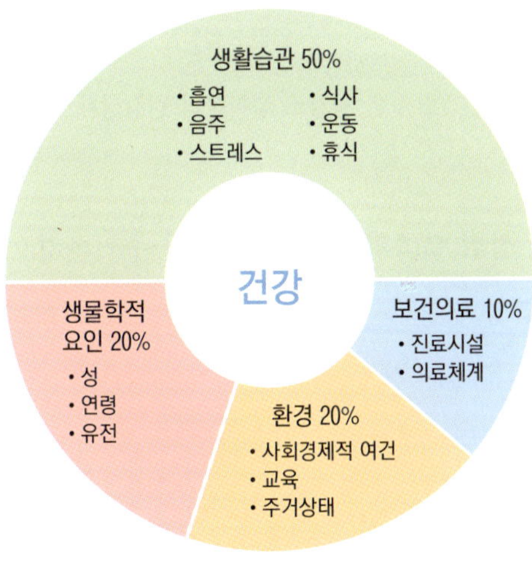

그림 1-1 건강에 영향을 미치는 요인

2) 식생활과 건강

인체가 건강을 유지하기 위해서는 영양소를 적정 수준으로 섭취하는 것이 필요하다. 적정 범위보다 약간 적거나, 약간 많은 경계 수준으로 영양소를 섭취하는 경우에는 신체의 기능이 감소하게 된다. 더 나아가 영양소를 적정 수준보다 크게 부족하게 또는 더 많이 섭취하면, 결핍증이나 독성을 일으키게 되고 심하면 사망에 이르게 된다그림 1-2.

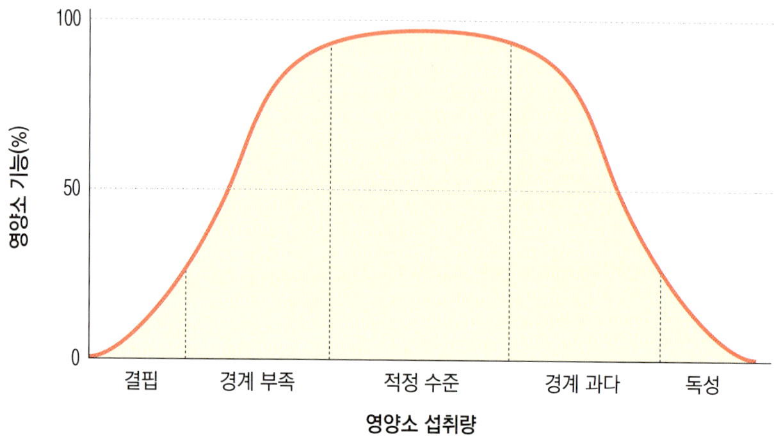

그림 1-2 영양소 섭취량과 건강상태

과거에는 영양소의 섭취 부족과 열악한 의료 및 주거환경으로 인해 폐결핵, 폐렴 등으로 대표되는 감염성 질환이 질병의 대부분을 차지하였다. 그러나 현대사회에서는 영양부족에 의한 문제는 감소하는 반면, 암, 순환기계질환, 당뇨병과 같은 퇴행성 질환이 사망원인의 주를 이루고 있다. 2022년 한국인의 사망원인을 살펴보면 1~10위에 해당되는 암, 심장질환, 코로나19, 폐렴, 뇌혈관질환, 고의적 자해(자살), 알츠하이머병, 당뇨병, 고혈압성 질환 및 간질환에 의한 사망이 전체 사망원인의 67.4%를 차지하였다그림 1-3.

이들 만성 퇴행성 질환은 독립적이기보다는 서로 연관되어 있다. 이러한 퇴행성 질

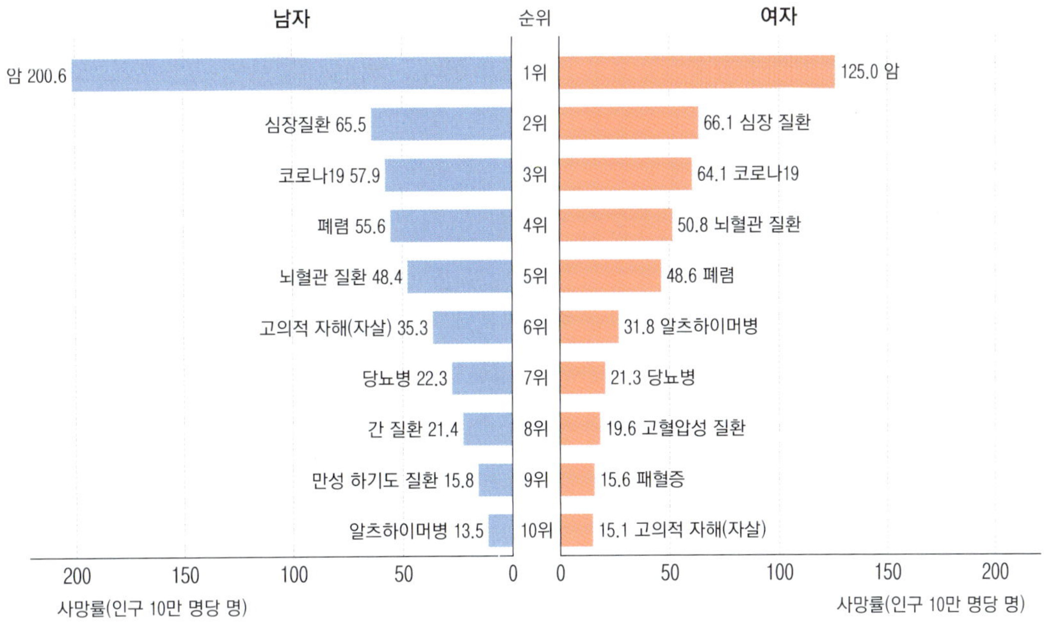

그림 1-3 한국인의 10내 사망원인

자료: 통계청, 2023

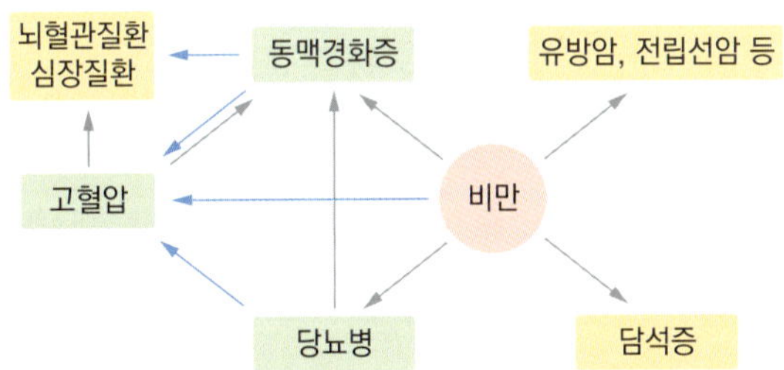

그림 1-4 식사와 관련된 만성 퇴행성 질환의 위험요인

환은 에너지의 과잉 섭취, 동물성 지방의 섭취 증가, 식이섬유의 섭취 부족 등 식생활의 영향을 크게 받는다. 건강한 삶에 식생활의 역할이 더욱 중요해지고 있다**그림 1-4**.

영양학은 식품 내에 함유된 영양소를 섭취한 후 체내에서 일어나는 일련의 과정을 다루는 학문이다. 즉, 인체에 영양소를 공급하여 건강을 유지하기 위한 대사과정을 연구하는 응용과학이다. 따라서 영양학에서는 영양소의 특성, 소화·흡수, 대사,

작용, 결핍증, 과잉증, 급원식품 및 나아가 바람직한 식생활을 영위하기 위한 영양소 섭취기준과 식사지침 등을 제시하게 된다.

2. 영양소의 종류와 작용

인간이 생명을 유지하기 위해서는 산소와 물, 그리고 영양소가 필요하다. 이 중 식품을 통해 공급되는 영양소는 체내에서 다양한 생리작용을 통해 신체가 최적의 건강상태를 유지할 수 있도록 한다.

1) 영양소의 종류

(1) 영양소의 정의

영양nutrition이란 인체를 비롯한 생물체가 식품에 함유된 성분을 이용해서 성장, 생명 유지 및 활동을 계속하는 과정이다. 다시 말해 외부로부터 음식을 섭취하여 이것을 소화·흡수시킨 후 이용함으로써 건강을 유지하는 상태를 의미한다.

영양소
식품에 함유된 물질로, 에너지를 공급하고 체조직을 구성하며 생체반응을 조절하는 등 건강을 유지하는 데 필요한 성분

영양소nutrient는 식품으로부터 공급되어 신체를 구성하고 에너지를 공급하며 다양한 생리기능을 조절하는 작용을 한다. 영양소 종류에 따라 생체에서 합성되지 않거나 일부 합성되지만 충분하지 않아서 식품을 통해서 공급받아야 한다.

필수영양소
체내에서 충분히 또는 전혀 합성되지 않기 때문에 식품을 통해 공급받아야 하는 성분으로, 대부분의 영양소가 이에 해당됨

(2) 영양소의 종류

영양소는 크게 탄수화물, 지질, 단백질, 비타민, 무기질, 그리고 물 등의 6대 영양소로 분류한다표 1-1.

에너지를 생성하는 영양소는 탄수화물과 지질, 단백질이며, 신체를 구성하는 주된 영양소는 수분, 무기질, 지질, 단백질이다. 신체 대사를 조절하는 영양소는 비타민과 무기질이다.

표 1-1 영양소의 종류

탄수화물		포도당, 과당, 갈락토오스, 유당, 서당, 올리고당, 전분, 식이섬유 등
지질		리놀레산, 리놀렌산, 아라키돈산, EPA, DHA 등 중성지방, 인지질, 콜레스테롤 등
단백질(아미노산)		히스티딘, 이소류신, 류신, 메티오닌, 라이신, 페닐알라닌, 트레오닌, 트립토판, 발린 등
물		물
비타민	지용성 비타민	비타민 A, D, E, K
	수용성 비타민	티아민, 리보플라빈, 니아신, 판토텐산, 비오틴, 비타민 B_6, 엽산, 비타민 B_{12}, 비타민 C 등
무기질	다량 무기질	칼슘, 인, 마그네슘, 나트륨, 칼륨, 염소, 황
	미량 무기질	철, 아연, 구리, 요오드, 불소, 셀레늄, 망간, 크롬, 몰리브덴, 코발트 등

2) 영양소의 일반적 작용

(1) 신체 구성

인체를 구성하는 영양소의 종류와 그 구성비율은 그림 1-5와 같다. 수분은 우리 몸의 60~65%로 가장 많이 차지하며, 단백질과 지질은 30~35% 정도 함유되어 있어 이들 세 가지 영양소가 체중의 약 95%를 차지한다. 체내 무기질의 함유 비율은 약 4%이며 주로 뼈와 치아를 구성하는 성분이다. 또한 우리가 섭취하는 탄수화물의 양은 아주 많지만 체내에는 1% 미만이다.

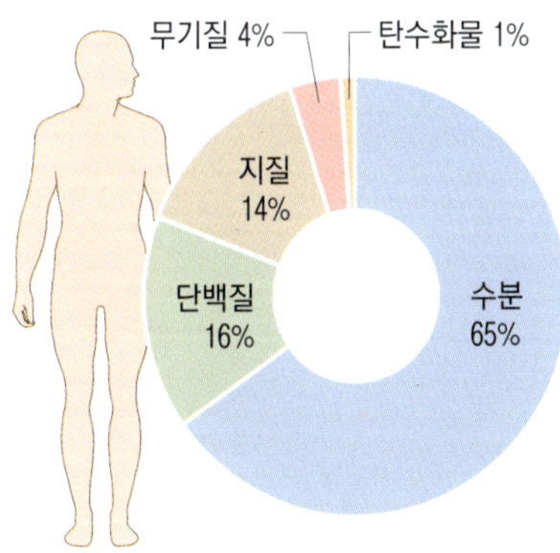

그림 1-5 인체의 구성성분

이러한 신체 구성성분은 성별과 나이, 운동 정도 등 개인의 특성에 따라 차이가 있다. 즉, 신생아나 마른 사람은 수분의 비율이 높고, 여성과 비만인 사람에게서는 지질의 비율이 더 높다그림 1-5. 이와 같이 영양소는 우리 몸을 구성하는 역할을 하므로 세포와 조직의 구성 및 유지, 그리고 소모된 조직의 보수를 위해서는 계속적으로 영양소를 공급해야 한다.

알아두기

인체를 구성하는 원소

우리 몸은 약 27종의 원소로 구성되어 있다. 그중 산소는 65%로 가장 많으며, 탄소 18%, 수소 10%, 질소가 3%로, 이들 네 원소가 전체 원소의 96% 정도 차지하고 체내에서 유기화합물을 형성한다. 무기질 중 칼슘, 인, 칼륨, 황, 나트륨, 염소, 마그네슘 등은 체내에 비교적 많이 함유되어 있고 철, 구리, 아연, 요오드, 코발트, 불소 등은 미량 존재한다.

인체의 구성 원소

원소	%	원소	%	원소	%
산소(O)	65	인(P)	1.00	마그네슘(Mg)	0.05
탄소(C)	18	칼륨(K)	0.35	철(Fe)	0.004
수소(H)	10	황(S)	0.25	구리(Cu)	0.00015
질소(N)	3.0	나트륨(Na)	0.15	요오드(I)	0.00004
칼슘(Ca)	1.8	염소(Cl)	0.15	망간(Mn)	0.00003

(2) 에너지 공급

체내에서 산화 또는 연소되어 에너지를 발생하는 영양소는 탄수화물·지질·단백질이며, 이들 3대 영양소를 '열량영양소'라고도 한다. 탄수화물은 1g당 4kcal, 지질은 1g당 9kcal, 단백질은 1g당 4kcal를 발생하는데, 이렇게 발생한 에너지는 체내에서 다양하게 이용된다.

예를 들면 사람이 몸을 움직이려면, 의식적으로 신체 어느 부분의 근육을 수축시키려면 힘, 즉 에너지가 필요하다. 호흡·순환작용 등 생명을 유지하기 위한 과정 및 음식을 먹은 후 영양소가 소화·흡수·대사되는 과정에도 에너지는 필요하다. 또한 성장기에는 성장이 지속되도록 하기 위하여 에너지를 이용한다.

(3) 생리작용 조절

체내에서의 여러 대사반응은 복잡하게 진행된다. 탄수화물, 지질, 단백질, 무기질, 비타민, 수분 등 모든 영양소는 대사과정을 조절하여 생리기능이 원활하게 이루어지도록 돕는 역할을 한다. 즉, 수분평형, 산·알칼리평형, 혈액 응고, 효소의 활성화, 체온 유지, 에너지 방출, 단백질 합성 등과 같은 대사과정을 여러 영양소가 조절·촉진한다.

각 영양소의 주요 작용을 요약하여 표 1-2에 제시하였다. 영양소의 작용은 서로 연관되어 있으며, 또한 서로 보완하여 작용하므로 균형 있는 영양소의 섭취가 매우 중요하다.

표 1-2 영양소의 주요 작용 분류

영양소	에너지 공급	신체 구성	대사과정 조절
탄수화물	○		○
지질	○	○	○
단백질	○	○	○
비타민			○
무기질		○	○
물		○	○

3. 건강한 식생활의 기초

식품에 함유된 영양소의 종류와 양은 서로 다르며 한 가지 식품에 모든 영양소가 들어 있지는 않으므로, 인체에 필요한 여러 영양소를 얻으려면 다양한 식품을 골고루 섭취하는 것이 필요하다. 또한 건강을 유지하기 위해서는 영양소를 적정 수준으로 섭취하는 것이 중요하므로 너무 많거나 적지 않게 필요한 만큼 적당량을 섭취해야 한다. 즉, 건강한 식생활을 실천하기 위한 가장 기본적인 방법은 매일의 식사에서 다양한 식품을, 적절한 양으로, 골고루 섭취하여 영양의 균형을 이루는 것이다. 이를 위해 보건복지부와 한국영양학회에서는 영양소 섭취기준을 제정하고 식사구성안을 제시하고 있다.

건강한 식생활 원칙
- 제때에: 제때에 규칙적으로 식사
- 골고루: 다양한 식품을 골고루 섭취
- 알맞게: 필요한 양만큼 알맞게 섭취

1) 영양소 섭취기준

(1) 영양소 섭취기준의 구성

종전에 사용하던 영양권장량recommended dietary allowances: RDA은 영양 섭취 부족이 주요 관심사였던 시기에 필수영양소의 결핍 예방을 목적으로 1962년 최초로 제정되었다. 이후 2000년 7차 개정까지 약 5년마다 지속적인 개정을 거듭하여 왔으며, 대다수 건강한 사람들의 필요량을 충족시키는 양을 단일값으로 제시하였다.

2005년에는 영양필요량의 충족에만 초점을 맞추기보다는, 최근 문제가 되고 있는 만성질환이나 영양소 과다섭취 예방 등도 함께 고려한 새로운 개념의 영양소 섭취기준dietary reference intakes: DRIs이 제정되었고, 2010년에 1차 개정, 2020년에 3차 개정되었다. 영양소 섭취기준은 평균필요량estimated average requirements: EAR, 권장섭취량recommended nutrient intake: RNI, 충분섭취량adequate intake: AI, 상한섭취량tolerable upper intake level: UL 등 4가지로 구성되어 있으며표 1-3, 그림 1-6, 식사

한국인 영양소 섭취기준
한국인의 건강상태를 최적으로 유지하기 위한 영양소의 섭취수준

표 1-3 영양소 섭취기준의 구성과 개념

구성	개념
평균필요량(EAR)	• 건강한 사람들의 1일 영양필요량의 중앙값 • 인구집단 절반의 1일 영양필요량을 충족시키는 값
권장섭취량(RNI)	• 평균필요량에 표준편차의 2배를 더하여 정한 값(개인차 감안) • 인구집단의 97.5%의 영양필요량을 충족시키는 값
충분섭취량(AI)	• 평균필요량을 산정할 자료가 부족하여 권장섭취량을 정하기 어려운 경우에 제시하기 위한 값 • 건강한 인구집단의 영양섭취량을 추정 또는 관찰하여 정한 값
상한섭취량(UL)	• 과량 섭취 시 독성을 나타낼 위험이 있는 영양소를 대상으로 선정 • 인체 건강에 유해한 영향을 나타내지 않을 최대 영양소 섭취수준
에너지적정비율(AMDR)	• 탄수화물, 지질, 단백질로 섭취하는 에너지가 전체 에너지섭취량에서 차지하는 비율 • 에너지 영양소(탄수화물, 단백질, 지질) 공급에 대한 에너지섭취비율과 건강 관련성에 대한 과학적 근거로 설정
만성질환위험감소섭취량(CDRR)	• 만성질환 위험을 감소시킬 수 있는 최저 수준의 영양소 섭취량 • 만성질환과 영양소 섭취 간 연관성과 만성질환의 위험을 감소시킬 수 있는 구체적 섭취 범위 설정

자료: 보건복지부 · 한국영양학회, 2020

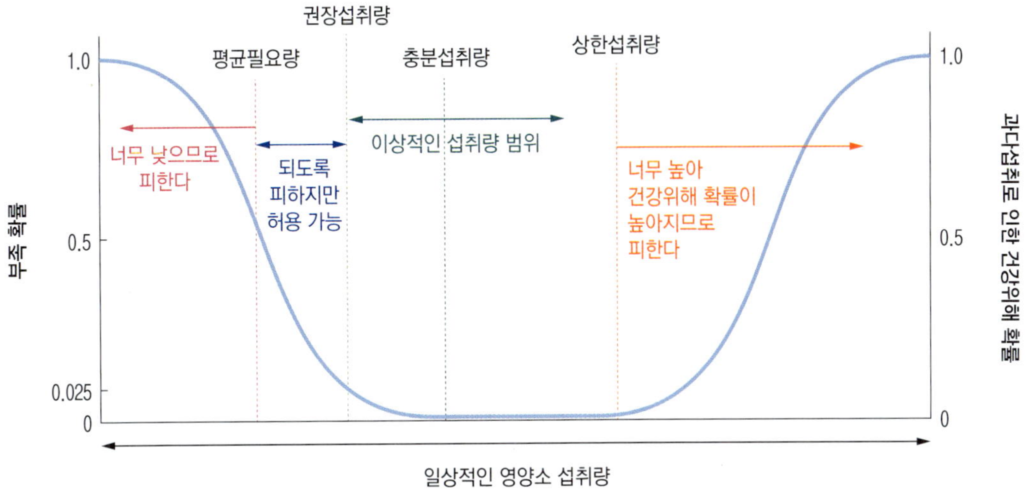

그림 1-6 이상적인 영양소 섭취량의 범위

자료: 보건복지부·한국영양학회, 2020

와 관련된 만성질환자의 위험 감소를 위해 에너지적정비율acceptable macronutrient distribution range : AMDR과 만성질환위험감소섭취량chronic disease risk reduction intake : CDRR을 제시하였다.

영양소의 특성에 따라 성별, 연령별로 각 영양소에 대해 두세 가지의 섭취기준이 설정되어 있으며, 성인(19~29세)에 대한 영양소 섭취기준의 예는 표 1-4와 같다.

(2) 영양소 섭취기준의 활용

영양소 섭취기준은 건강한 개인 또는 집단을 대상으로 하여 이들의 식사 섭취 상태를 평가하고 식사를 계획하는 데 주로 활용된다. 즉, 개인이나 집단의 식사를 통한 영양소 섭취가 적절한지를 평가하여 영양문제를 진단한다. 국민건강영양조사에서 한국인의 식품 섭취 실태조사를 통해 영양소별 섭취 현황을 분석할 수 있다그림 1-7. 영양부족이나 영양과잉이 되지 않으면서도 적절한 영양을 공급할 수 있는 식사계획을 세우는 데 영양소 섭취기준이 활용된다. 따라서 지역사회 집단 또는 개인의 영양상태를 판정하고 식사계획을 수립하고자 할 때에는 영양소 섭취기준의 내용을 충분히 이해하여 목적에 맞게 사용하는 것이 중요하다.

표 1-4 성인(19~29세)의 영양소 섭취기준

영양소		남자				여자			
		평균 필요량	권장 섭취량	충분 섭취량	상한 섭취량	평균 필요량	권장 섭취량	충분 섭취량	상한 섭취량
에너지와 다량 영양소	에너지(kcal/일)	2,600				2,000			
	단백질(g/일)	50	65			45	55		
	탄수화물g/일	100	130			100	130		
	식이섬유(g/일)			30				20	
	수분(mL/일)			2,600				2,100	
	탄수화물 : 단백질 : 지질	55~65% : 7~20% : 15~30%				55~65% : 7~20% : : 15~30%			
지용성 비타민	비타민 A(μg RAE/일)	570	800		3,000	460	650		3,000
	비타민 D(μg/일)			10	100			10	100
	비타민 E(mg α-TE/일)			12	540			12	540
	비타민 K(μg/일)			75				65	
수용성 비타민	비타민 C(mg/일)	75	100		2,000	75	100		2,000
	티아민(mg/일)	1.0	1.2			0.9	1.1		
	리보플라빈(mg/일)	1.3	1.5			1.0	1.2		
	니아신(mg NE/일)	12	16		35	11	14		35
	비타민 B_6(mg/일)	1.3	1.5		100	1.2	1.4		100
	엽산(μg DFE/일)	320	400		1,000	320	400		1,000
	비타민 B_{12}(μg/일)	2.0	2.4			2.0	2.4		
	판토텐산(mg/일)			5				5	
	비오틴(μg/일)			30				30	
다량 무기질	칼슘(mg/일)	650	800		2,500	550	700		2,500
	인(mg/일)	580	700		3,500	580	700		3,500
	나트륨(mg/일)			1,500	2,300[a]			1,500	2,300[a]
	염소(mg/일)			2,300				2,300	
	칼륨(mg/일)			3,500				3,500	
	마그네슘(mg/일)	300	360		350[b]	230	280		350[b]
미량 무기질	철(mg/일)	8	10		45	11	14		45
	아연(mg/일)	9	10		35	7	8		35
	구리(μg/일)	650	850		10,000	500	650		10,000
	불소(mg/일)			3.4	10			2.8	10
	망간(mg/일)			4.0	11			3.5	11
	요오드(μg/일)	95	150		2,400	95	150		2,400
	셀레늄(μg/일)	50	60		400	50	60		400
	몰리브덴(μg/일)	25	30		600	20	25		500
	크롬(μg/일)			30				20	

[a]만성질환위험감소섭취량, [b]식품 외 급원의 마그네슘에만 해당

자료: 보건복지부 · 한국영양학회, 2020

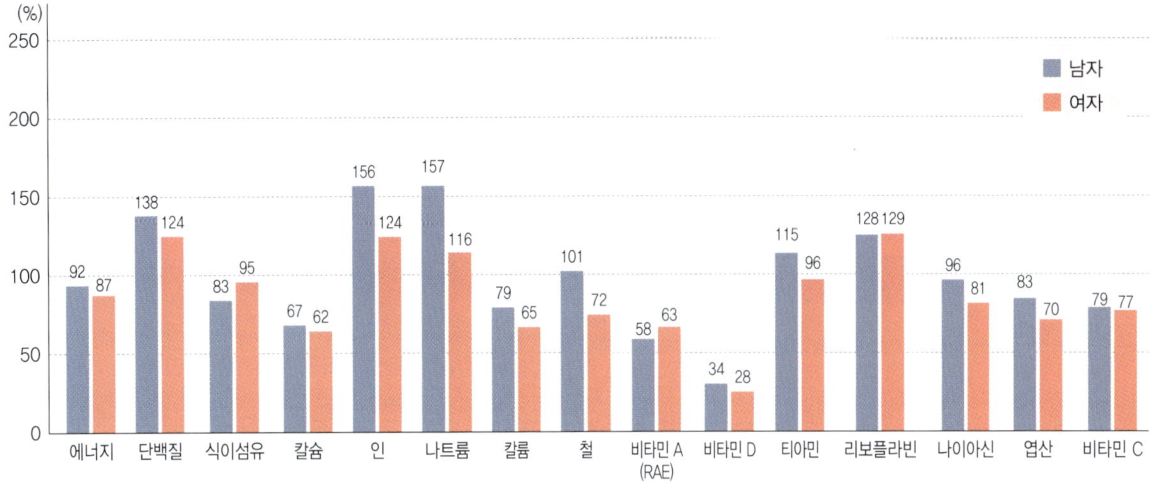

* 영양소 섭취기준에 대한 영양소 섭취비율: 영양소 섭취기준에 대한 개인별 영양소 섭취량 백분율의 평균값.
* 영양소 섭취기준: 2020 한국인 영양소 섭취기준(보건복지부·한국영양학회, 2020), 에너지: 필요추정량; 식이섬유, 칼륨, 비타민 D: 충분섭취량; 나트륨: 만성질환위험감소섭취량; 그 외 영양소: 권장섭취량

그림 1-7 한국인의 영양소 섭취기준에 대한 영양소 섭취비율(만 1세 이상)

자료: 질병관리청, 2023

2) 식사구성안

영양소 섭취기준은 건강한 사람이 건강을 유지하고 생활하기에 적절한 영양소의 양을 정한 것으로서 매우 전문적이다. 그러므로 일반인들이 가정에서 식단을 계획하거나 자신이 먹은 음식의 영양가를 평가하는 데 영양소 섭취기준을 사용하기는 사실상 어렵다. 따라서 일반인이 영양적으로 균형 잡힌 식사를 실천하는 데 도움을 주기 위하여 다음과 같이 식사구성안을 제시하였다.

- 식품을 종류에 따라 분류하여 여섯 가지의 식품군으로 나누고,
- 각 식품군에 속하는 식품 중 우리나라 사람들이 흔히 먹는 식품을 중심으로 하여 한 번에 섭취하는 분량을 정하였으며,
- 생애주기 및 성별에 따라 하루에 섭취해야 할 각 식품군의 횟수를 정하였다.

식사구성안
영양적으로 균형 잡힌 식생활을 실천하는 데 도움을 주기 위해 섭취식품의 종류와 1회 분량을 설정한 후 생애주기 및 성별에 따른 1일 섭취횟수를 제시한 것

(1) 식품군의 분류

식품군은 균형 잡힌 식생활을 위해 매일의 식사에서 반드시 섭취해야 하는 식품들로, 영양소의 구성이 비슷한 것끼리 묶어서 6가지 식품군으로 분류하였다표 1-5.

표 1-5 식품군의 분류

식품군	주요 영양소	식품의 종류
곡류	탄수화물, 식이섬유	쌀, 보리, 현미, 조, 팥, 옥수수, 국수, 당면, 떡류, 빵류, 시리얼, 감자, 고구마, 묵, 밤 등
고기·생선·달걀·콩류	단백질, 지질, 비타민, 무기질	쇠고기, 돼지고기, 닭고기, 어묵, 오징어, 달걀, 두부, 콩류, 두유, 견과류(땅콩, 아몬드, 호두, 잣, 해바라기씨, 호박씨) 등
채소류	비타민, 무기질, 식이섬유	배추김치, 당근, 시금치, 부추, 오이, 콩나물, 호박, 미역, 다시마, 김, 느타리버섯, 표고버섯, 양송이버섯, 팽이버섯 등
과일류	비타민, 무기질, 식이섬유	수박, 참외, 배, 바나나, 감, 오렌지, 귤, 딸기, 포도, 사과 등
우유·유제품류	칼슘, 단백질, 비타민	우유, 요구르트, 치즈, 아이스크림 등
유지·당류	지질, 당류	참기름, 들기름, 콩기름, 올리브유, 들깨, 버터, 마가린, 설탕, 꿀, 물엿 등

(2) 식품군별 대표식품의 1인 1회 분량

식품의 1인 1회 분량serving size, portion size은 한 사람이 한 번에 섭취해야 하는 식품의 양을 의미하는 것이 아니라, 일상적으로 대부분의 사람이 한 번에 섭취하고 있다고 생각되는 식품의 양(예: 밥 한 공기, 우유 한 컵 등)을 뜻한다.

식사구성안을 위한 식품의 1인 1회 분량 설정은 2013~2018년 국민건강영양조사 자료를 기초로 하였다. 우선 식품군별로 섭취량이 상대적으로 높고, 영양소별로 기여도가 높으며, 연령별로 상용하는 식품을 고려하여 대표식품을 선정하였다. 그 다음 건강한 일반 사람들의 일상적인 1회 섭취량을 참고로 하여 1인 1회 분량을 산정하였다표 1-6.

표 1-6 식품군별 대표식품의 1인 1회 분량

식품군	1인 1회 분량					
곡류 (300kcal)	쌀밥 (210g)	백미 (90g)	국수(말린 것) (90g)	냉면국수(말린 것) (90g)	가래떡 (150g)	식빵 1쪽* (35g)
고기·생선·달걀·콩류 (100kcal)	쇠고기 (생 60g)	닭고기 (생 60g)	고등어 (생 70g)	대두 (20g)	두부 (80g)	달걀 (60g)
채소류 (15kcal)	콩나물 (생 70g)	시금치 (생 70g)	배추김치 (생 40g)	오이소박이 (생 40g)	느타리버섯 (생 30g)	미역(마른 것) (10g)
과일류 (50kcal)	사과 (100g)	귤 (100g)	참외 (150g)	포도 (100g)	수박 (150g)	대추(말린 것) (15g)
우유·유제품류 (125kcal)	우유 (200mL)	치즈 1장† (20g)	호상요구르트 (100g)	액상요구르트 (150g)	아이스크림/셔벗 (100g)	
유지·당류 (45kcal)	콩기름 1작은술 (5g)	버터 1작은술 (5g)	마요네즈 1작은술 (5g)	커피믹스 1회 (12g)	설탕 1큰술 (10g)	꿀 1큰술 (10g)

*표시는 0.3회, †표시는 0.5회

자료: 보건복지부·한국영양학회, 2021

동일한 식품군 내에서는 1인 1회 분량당 에너지 함량이 일정하며, 이를 살펴보면 곡류는 약 300kcal, 고기·생선·달걀·콩류는 100kcal, 채소류는 15kcal, 과일류는 50kcal, 우유·유제품류는 125kcal, 유지·당류는 45kcal이다. 다만 시리얼, 식빵,

감자, 고구마, 옥수수, 묵, 밤, 견과류, 치즈 등의 경우에는 각각 속해 있는 식품군의 1회 분량당 에너지의 1/3을 함유하고 있으므로 식사계획 시 0.3회로 간주하도록 한다.

(3) 권장식사패턴

영양소 섭취기준을 만족하는 1일 식사구성, 즉 식품군별 1일 권장섭취횟수를 제시하기 위해 개발된 것이 권장식사패턴이다. 권장식사패턴은 반드시 이렇게 먹어야 한다는 것이 아니라, 이런 정도의 식사구성을 하면 영양소 섭취기준을 잘 만족시킬 수 있다는 의미의 예로서 제시한 것이다. 따라서 이를 토대로 각자의 기호도와 처한 상황에 따라 각 식품군의 섭취횟수를 조정하여 다양하게 식사를 계획할 수 있다.

권장식사패턴은 A타입과 B타입의 두 가지로 나누어 기준 에너지별로 제시하였다. A타입은 영유아와 어린이, 청소년이 우유·유제품류를 하루 2회 섭취하는 것을 기준으로 하였으며, B타입은 성인과 노인이 1회 섭취하는 것을 기준으로 하였다. 이는 소아와 성인의 음식 섭취 양상이 다르고, 우유·유제품류에 대한 기호도 차이가 큼을 고려한 것이다. 성별·연령별 1일 권장식사패턴은 표 1-7에 제시하였으며, 성인 여자(19~64세, 1,900kcal, B타입)의 식단구성의 예는 표 1-8과 같다.

표 1-7 생애주기별 권장식사패턴(식품군별 1일 권장섭취횟수)

			A타입			B타입			
	1,400A	1,700A	1,900A	2,000A	2,600A	1,900B	1,600B	2,400B	2,000B
식품군 \ 적용대상	3~5세	6~11세 여	6~11세 남	12~18세 여	12~18세 남	19~64세 여	65~74세 여	19~64세 남	65~74세 남
곡류	2	2.5	3	3	3.5	3	3	4	3.5
고기·생선·달걀·콩류	2	3	3.5	3.5	5.5	4	2.5	5	4
채소류	6	6	7	7	8	8	6	8	8
과일류	1	1	1	2	4	2	1	3	2
우유·유제품류	2	2	2	2	2	1	1	1	1
유지·당류	4	5	5	6	8	4	4	6	4

자료: 보건복지부·한국영양학회, 2021

표 1-8 성인 여자(19~64세) 1일 식단구성의 예(1,900kcal, B타입)

메뉴	분량	아침	점심	저녁	간식
		쌀밥 닭곰탕 돼지고기브로콜리볶음 미역줄기나물 깍두기 	열무비빔국수 삶은달걀 채소튀김 동치미 오렌지 	잡곡밥 대구탕 두부조림 숙주나물 배추김치 	방울토마토 키위 우유 
곡류	3회	쌀밥 210g (1)	소면 90g (1)	잡곡밥 210g (1)	
고기·생선·달걀·콩류	4회	닭고기 60g (1) 돼지고기 30g (0.5)	달걀 60g (1)	대구 70g (1) 두부 40g (0.5)	
채소류	8회	파 35g (0.5) 브로콜리 35g (0.5) 미역줄기 35g (0.5) 깍두기 40g (1)	열무김치 20g (0.5) 당근 35g (0.5) 양파 35g (0.5) 동치미 40g (1)	무 35g (0.5) 숙주나물 35g (0.5) 배추김치 40g (1)	방울토마토 70g (1)
과일류	2회		오렌지 100g (1)		키위 100g (1)
우유·유제품류	1회				우유 200mL (1)
유지·당류	4회	유지 및 당류는 조리 시 가급적 적게 사용할 것을 권장함			

총 에너지(kcal): 1882.3kcal; 탄수화물, 단백질, 지방 섭취비율(%): 탄수화물(55.3%), 단백질(19.2%), 지방(25.5%)
자료: 보건복지부·한국영양학회, 2021

(4) 식품구성자전거

일반인들이 균형 잡힌 식생활을 위해 섭취해야 할 식품군의 종류와 그 상대적 섭취량의 중요성을 쉽게 이해할 수 있도록 그림으로 제시한 것이 식품구성자전거이다그림 1-8. 식품구성자전거는 운동을 권장하기 위해 자전거 이미지를 사용하였다. 자전거 바퀴 모양을 이용하여 6가지 식품군 중 과잉 섭취를 주의해야 하는 유지·당류를 제외한 5가지 식품군에 대해 권장식사패턴의 섭취횟수와 분량에 비례하도록 면적을 배분하고, 또 하나의 바퀴에 물잔 이미지를 삽입함으로써 수분의 중요성을 강조하였다. 이는 영양과 건강을 유지하기 위한 균형 잡힌 식사와 수분 섭취의 중요

그림 1-8 식품구성 자전거

자료: 보건복지부 · 한국영양학회, 2021

성, 그리고 적절한 운동을 통한 비만 예방이라는 기본개념을 나타낸 것이다. 자전거 바퀴 칸의 크기는 각 식품군이 실제 식생활에서 차지하는 중요성과 양을 개념적으로 표현하고 있다.

개인의 영양소 섭취기준을 만족시키기 위한 식품군별 식사 섭취횟수가 다르므로 식품구성자전거에 따른 식품의 섭취횟수를 제시하기는 쉽지 않다. 영양적으로 균형 잡힌 식단을 위해서는 대략 매 끼니 곡류 식품을 주식으로 하고 , 채소 반찬 2가

알아두기

미국의 식사구성안

미국은 균형식을 위해 각 식품군을 어떻게 접시에 배분해야 하는지에 대한 정보를 제공하려고 2011년 마이플레이트(MyPlate)라는 모형을 이용한 식사구성안을 제시하였다. 적절한 에너지 섭취와 함께 다양한 채소와 과일, 단백질 식품(고기 · 생선 · 달걀 · 콩류) 및 우유(무지방 혹은 저지방)를 매일 충분히 섭취하며, 전곡류의 섭취를 늘리도록 하는 반면, 첨가당과 포화지방, 나트륨 및 알코올의 섭취는 제한할 것을 권장하고 있다.

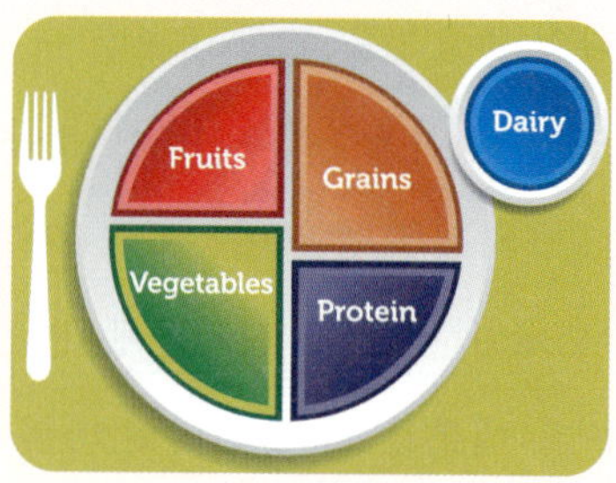

지 이상, 고기·생선·달걀·콩류 반찬 1~2가지를 갖추어 먹으며, 음식을 조리할 때 유지·당류를 소량씩 이용하는 것이 바람직하다. 그리고 간식으로 우유·유제품류와 과일류는 각각 하루 1~2회 섭취하도록 하며 개인의 1일 필요량에 따라 식품군별로 적절히 섭취량을 조절한다.

3) 한국인을 위한 식생활지침

2003년에 보건복지부는 만성질환의 주요 원인이 되는 부적절한 식생활 습관을 개선하기 위해 우리나라 국민의 질병 양상과 식생활 특성에 맞는 '한국인을 위한 식생활 목표'와 '한국인을 위한 식생활지침'을 제정·발표하였다. 그 이후 보건복지부는 2016년 농림축산식품부, 식품의약품안전처와 공동으로 국민의 주요 건강·영양문제와 식품안전, 식품 소비 행태 및 환경요인 등을 검토하여 국민의 건강하고 균형 잡힌 식생활 가이드라인을 제시하는 '국민 공통 식생활지침'을 제정, 발표하였다. 2021년에는 '한국인을 위한 식생활지침'을 다시 제정하여 발표하였다그림 1-9.

식생활지침
국민들이 건강한 식생활을 실천할 수 있도록 국민의 식습관과 건강문제를 고려하여 정한 지침

알아두기

한국인을 위한 식생활지침

1. 매일 신선한 채소, 과일과 함께 곡류, 고기 · 생선 · 달걀 · 콩류, 우유 · 유제품을 균형 있게 먹자.
2. 덜 짜게, 덜 달게, 덜 기름지게 먹자.
3. 물을 충분히 마시자.
4. 과식을 피하고, 활동량을 늘려서 건강체중을 유지하자.
5. 아침식사를 꼭 하자.
6. 음식은 위생적으로, 필요한 만큼만 마련하자.
7. 음식을 먹을 땐 각자 덜어 먹기를 실천하자.
8. 술은 절제하자.
9. 우리 지역 식재료와 환경을 생각하는 식생활을 즐기자.

자료: 보건복지부·농림축산식품부·식품의약품안전처, 2021

그림 1-9 한국인을 위한 9가지 식생활 지침

자료: 보건복지부 · 대한영양사협회, 2021

CHAPTER

2

소화와 흡수의 이해

1. 소화와 흡수 / 2. 소화관의 구성과 작용 / 3. 흡수기전

식품에 들어 있는 다량 영양소는 탄수화물, 단백질, 지질 등 거대한 중합체polymer 형태를 취하고 있다. 또한 미량 영양소는 유리상태로 존재하지 않고 복잡한 식품 구조 안에 갇혀 있다. 이들 영양소가 체세포에 의해 이용되려면 소화관의 점막세포로 들어갈 수 있는 단당류, 아미노산, 지방산 등의 단량체monomer 형태로 바뀌어야 한다. 이를 소화digestion라고 하며, 구강, 식도, 위, 소장과 대장으로 구성된 소화기관과 간, 담낭, 췌장 등 부속 소화기관이 분비와 운동기능을 통해 수행한다.

점막세포에 들어간 영양소는 문맥순환 또는 림프순환을 통해 체순환에 들어가는데, 이러한 과정을 흡수absorption라고 한다. 각 영양소는 체순환을 통해 말초조직 세포에 공급된다.

학/습/목/표

1. 소화관을 구성하는 기관을 열거할 수 있다.
2. 식도, 위, 소장 및 대장의 구조와 운동기능에 대해 기술할 수 있다.
3. 구강, 식도, 위, 소장의 분비와 소화작용에 대해 설명할 수 있다.
4. 췌장, 간 및 담낭의 구조와 분비기능에 대해 기술할 수 있다.
5. 각 영양소가 어떻게 흡수되는지 서술할 수 있다.

1. 소화와 흡수

사람을 비롯해 동물은 식물과는 달리 자신의 생명현상을 유지하는 데 필요한 영양소를 외부로부터 얻어야 한다. 영양을 공급하기 위한 첫 단계는 에너지원과 영양소를 함유하고 있는 음식물을 섭취하는 일이며, 이러한 과정을 영양공급nourishing이라고 한다.

식품에 들어 있는 다량 영양소는 탄수화물, 단백질, 지질 등 거대한 분자 구조를 취하고 있다. 또한 미량 영양소는 유리상태로 존재하지 않고 복합체를 형성하고 있거나 복잡한 식품 구조 안에 갇혀 있다. 우리 몸이 이들 영양소를 이용하기 위해서는 단당류, 아미노산, 지방산 등의 형태로 바꾸어야 한다. 거대한 복합물질이 물리적이고 화학적인 여러 단계의 과정을 거쳐 흡수 가능한 단순하고 작은 분자로 분해되는데, 이 과정을 소화digestion라고 한다. 구강, 식도, 위, 소장과 대장으로 구성된 소화기관과 간, 담낭, 췌장 등 부속 소화기관이 함께 소화작용을 수행한다.

소화된 산물들은 소화관 상피세포의 세포막을 통과해 세포 내로 들어간 후 다시 장벽 쪽의 세포막을 통해 빠져나온다. 이후 수용성 영양소는 문맥순환portal circulation으로, 지용성 영양소는 림프순환lymph circulation을 통해 체순환systemic circulation에 들어가는데, 이러한 과정을 흡수absorption라고 한다. 각 영양소는 혈액을 통해 모든 조직세포에 공급된다. 소화·흡수되지 않은 성분은 소화관을 계속 이동해 항문을 통해 대변 형태로 배출되는데, 이를 배설excretion이라고 한다.

아침식사로 밥, 된장국, 고등어조림, 시금치나물 그리고 김치를 섭취한 경우 이들 음식에 함유된 탄수화물, 단백질, 지질과 같은 복합 고분자물질들이 단순하고 작은 분자들로 가수분해되어 혈액 순환에 들어가는 과정을 요약하면 그림 2-1과 같다.

문맥순환
위장관의 모세혈관에서 간정맥으로 들어가는 혈액의 흐름

림프순환
림프관과 림프절을 통한 림프액의 흐름

체순환
좌심방으로부터 동맥 혈액을 신체 조직에 운반하고 정맥 혈액을 우심방으로 돌려보내는 전신 순환

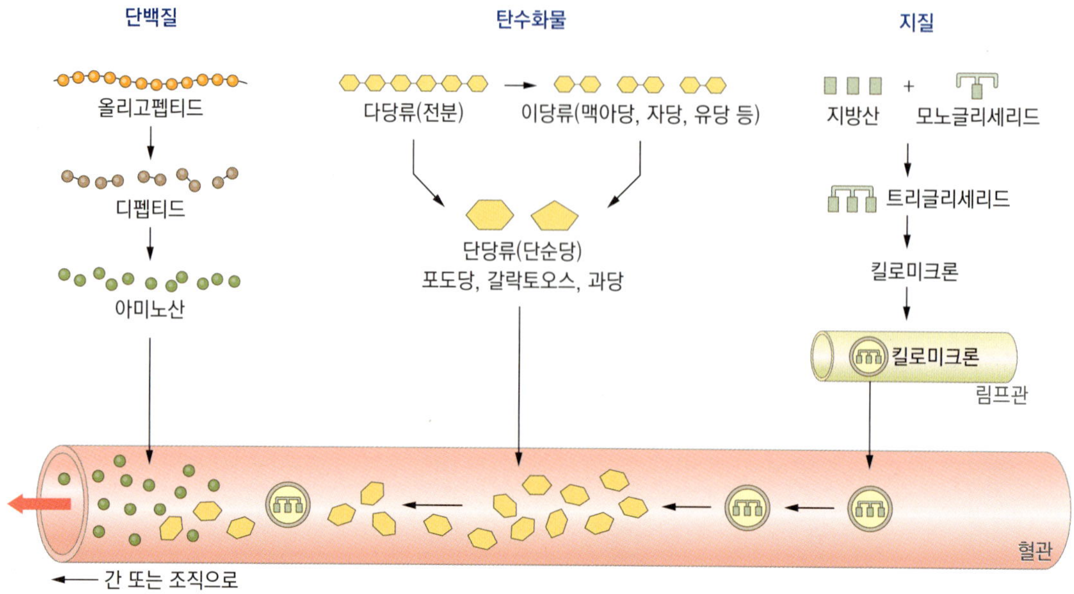

그림 2-1 소화·흡수 과정

2. 소화관의 구성과 작용

소화관gastrointestinal(GI) tract은 구강에서 항문까지 약 9m 달하며 관상 구조를 하고 있다그림 2-2. 구강에서 시작한 소화관은 구강의 안쪽 인두에서 식도와 연결되며, 식도는 흉강을 지나 횡경막을 통과해 위와 연결되고, 이후 위는 소장과, 소장은 대장과 연결되어 항문에 이른다. 소장과 대장은 복강의 중심에 자리하고 있다. 이들 소화관의 형태는 각각의 기능에 따라 다양하나 소화관 벽의 기본구조는 동일하다. 이외에 부속 소화기관으로 치아, 혀, 타액선, 간, 담낭 및 췌장이 있다.

각 소화기관은 소화를 위해 분비기능과 운동기능을 수행한다. 즉, 가수분해효소를 비롯해 소화에 필요한 다양한 물질과 소화관 점막을 보호하는 물질 및 소화기 호르몬 등을 생산하고 분비한다. 또한 음식물을 먹고 씹어서 삼키며 음식물과 소화액과의 혼합을 촉진하고, 음식물이 소화관 내강을 이동하도록 여러 가지 운동을 수행한다.

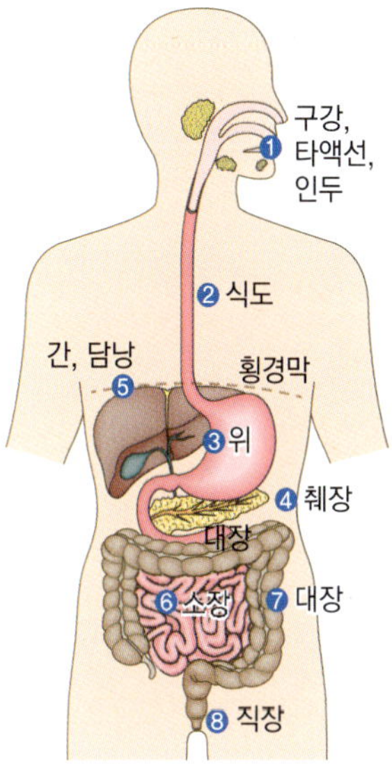

소화기관	운동기능	분비기능	소화작용	흡수작용
구강, 타액선, 인두	저작 삼킴	• 침 – 효소(아밀라아제, 리파아제) – 리소자임	탄수화물	
식도	연하	• 점액		
위	이완 연동운동	• 위 – 점액 – 위산(HCl) – 효소(펩신) – 내인성 인자	단백질	• 알코올 • 유기산 • 일부 의약품 – 아스피린
췌장		• 췌장액 – 효소(아밀라아제, 트립신, 키모트립신, 카르복시펩티다아제, 리파아제) – 중탄산나트륨($NaHCO_3$)		
간, 담낭		• 담즙 – 담즙산염 – 중탄산나트륨($NaHCO_3$) – 콜레스테롤, 레시틴, 빌리루빈		
소장	연동운동 분절운동	• 소장액 – 점액 – 효소(말타아제, 수크라아제, 락타아제, 아미노펩티다아제)	탄수화물 이당류 단백질 펩티드 지질	• 모든 영양소 (단당류, 아미노산, 지방산, 무기질, 비타민, 수분)
대장	연동운동 집단운동	• 대장액 – 점액 – 중탄산나트륨($NaHCO_3$)		• 전해질(Na^+, Cl^-) • 수분 • 비타민 K
직장	배변			

그림 2-2 소화관의 구성 및 기능

1) 구강

구강에는 치아와 혀가 자리잡고 있으며 이하선, 악하선 및 설하선의 세 쌍의 타액선이 열려 있다. 섭취한 음식물에 대한 첫 물리적 반응으로 타액이 구강으로 분비된다. 타액선에서 생산되는 타액은 무의식적으로 계속해서 분비되며 그 양은 하루에 1~2L에 달한다.

타액은 묽은 점액성 용액으로 아밀라아제amylase와 리소자임lysozyme을 함유한다. 따라서 타액은 음식물을 촉촉하고 매끄럽게 만들어 저작과 연하를 돕는다. 음식물이 구강에 머무는 동안 타액에 함유된 아밀라아제가 탄수화물을 맥아당으로 분해하는 양은 아주 적다. 그러나 타액 아밀라아제의 작용은 음식물이 위에 도달한 이후 음식물의 산도가 낮아질 때까지 계속된다. 따라서 구강에서 일어나는 소화작용은 최소이며 영양소의 흡수는 거의 일어나지 않는다. 리소자임은 세균의 세포벽을 파괴하며 항균작용을 한다.

2) 인두와 식도

인두와 식도는 구강과 위를 연결하는 근육성 관으로 약 25cm에 달한다. 저작에 의해 잘게 부서지고 타액과 섞여 부드러워진 음식물은 혀에 의해 작은 덩어리bolus 형태로 만들어져 식도로 내려간다. 이를 연하swallowing라고 한다.

(1) 연하

연하는 음식물 덩어리가 인두를 자극하면 반사운동으로 자발적으로 시작되나 일단 시작되면 멈추지 않는다. 음식물이 연하되면 식도에서는 연동운동peristalsis의 일종인 파상수축이 일어난다. 식도 근육의 수축과 이완에 의해 발생하는 연동파는 초당 2~4cm의 속도로 음식 덩어리를 위·식도 접합부까지 이동시킨다그림 2-3.

식도괄약근
esophageal sphincter
인두와 식도의 연접부에 근육 긴장도가 높은 부위가 상부식도괄약근이며 식도 말단의 비후된 근육 부위가 하부식도괄약근임

구강과 인두에서 연하가 일어날 때는 음식물이 기관지 또는 비강으로 들어가지 않아야 한다. 이를 위해 연하 시에는 목젖이 위로 올라와 비강으로 통하는 통로를 막으며 후두개가 성문의 윗부분을 견고하게 덮어 기관지로 음식물이 들어가는 것을 막는다.

(2) 식도의 분비 기능

식도에서는 주로 점액이 분비된다. 점액은 식도 내강을 윤활하게 만들어 음식물의 이동을 용이하게 하며, 또한 음식물에 의해 받을 수 있는 식도 점막의 손상을 막는다. 또한 위 역류 시에 위액에 함유된 산이나 효소로부터 식도 점막이 손상되지 않도록 식도벽을 보호하는 작용도 한다.

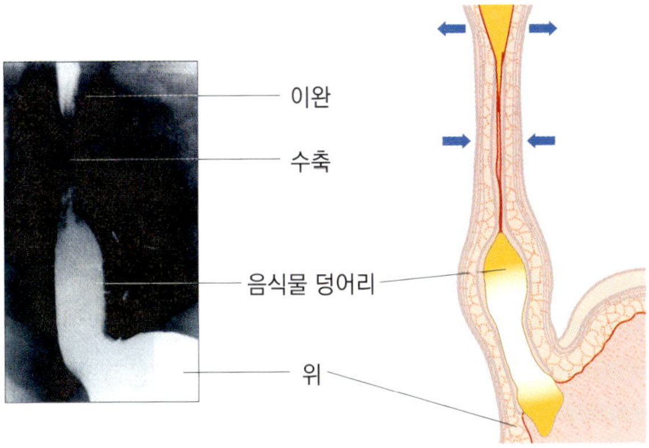

그림 2-3 식도의 연동운동

3) 위

위는 식도와 소장 사이에 자리 잡고 있으며 J자 모양의 주머니 형태를 하고 있다. 음식물을 섭취하면 위는 반사적으로 이완된다. 소화관 중에서 가장 잘 확장되는 기관이며 공복 시의 용량은 약 50mL이지만 1L 정도까지 팽창할 수 있다.

(1) 위의 구조

위는 크게 세 부분으로 구분된다. 식도와 연결되는 상부를 분문부(위저부 포함), 중간 부분을 위체부, 아랫부분을 유문부 또는 유문동으로 구분한다그림 2-4. 위저부와 위체부의 위벽은 비교적 얇은 반면에 유문부의 위벽은 두껍다. 위와 소장 사이에는 유문괄약근phyloric sphincter이 있어 차단막 역할을 한다. 위의 내벽에는 깊은 주름이 잡혀 있어 앞서 설명한 반사적 이완이 가능하다.

(2) 위의 운동기능

음식물이 위식도괄약근을 통해 위로 들어오면 위 수축이 발생한다. 연동운동은 매분마다 세 번 정도의 빈도로 연속적으로 일어나므로 유문괄약근의 방향으로 연동파가 발생한다. 이 연동파에 의해 음식물이 위액과 혼합되어 미즙chyme 상태가 되고, 미즙은 유문부를 지나 소장의 첫 부분인 십이지장으로 이동한다.

가슴앓이heartburn
위산이 식도로 역류하여 발생하는 통증

유문괄약근
십이지장 개구부 주위에 위벽을 이루는 근육이 비후된 부위

미즙
유미즙이라고도 하며, 섭취한 음식이 위에서 소화되어 형성된 반액상 크림상태의 위 내용물

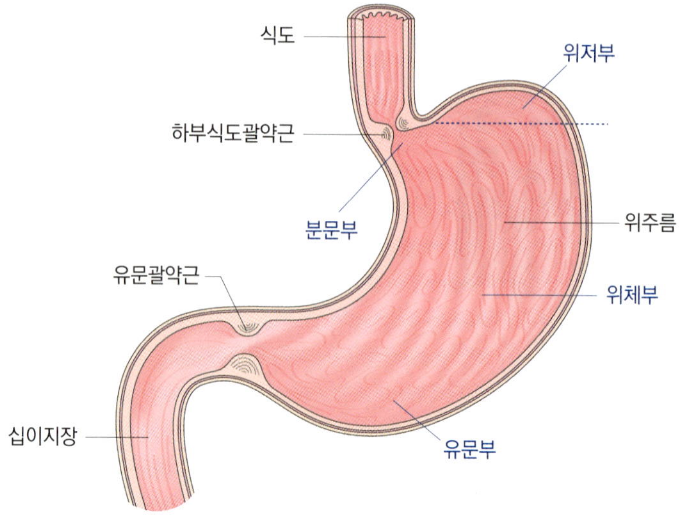

그림 2-4 위의 구조

위저부와 위체부는 위벽이 얇기 때문에 이 부위에서의 연동운동은 약하며, 따라서 음식물은 비교적 혼합되지 않은 상태로 위체부에 머물게 된다. 타액 아밀라아제에 의한 탄수화물의 분해가 위의 체부에서 계속되는 것은 이러한 이유이다. 위저부에는 보통 가스만 보관된다. 그러나 위벽이 두꺼운 유문부에서의 연동운동은 강하고 격렬하다. 위 운동은 십이지장으로 넘어간 미즙의 지질, 산 및 높은 삼투압과 위 배출에 의한 십이지장의 팽창에 의해 억제된다.

(3) 위의 분비기능

가스트린
위에서 분비되는 소화기 호르몬으로 위산과 펩시노겐 분비를 촉진하며, 하부식도괄약근을 수축하고, 위 운동을 자극함

위에 음식물이 들어오면 가스트린gastrin이라는 소화기 호르몬이 분비된다. 이 호르몬은 위산HCl과 펩시노겐 분비를 촉진한다. 위는 세 가지 종류의 외분비선 세포, 즉 점액세포, 주세포 및 벽세포를 통해 매일 2L 정도의 위액을 분비한다. 점액세포는 묽고 수분이 많은 점액을 분비하며, 주세포는 펩시노겐을 생산하고, 벽세포는 위산과 내인성 인자intrinsic factor: IF를 분비한다.

위산은 위에서의 소화과정에 중요한 역할을 수행한다. 음식물은 위에서 4~6시

간 머무는데 산도가 점차 저하되어 최종 pH 2.0 정도를 유지한다. 위산은 단백질을 변성시켜 효소의 작용을 받기 쉽게 하며, 펩시노겐을 펩신으로 활성화시킨다. 펩신은 pH 2.0 부근에서 최고의 활성을 나타낸다. 또한 위산은 음식물에 들어 있는 미생물을 사멸시킨다. 위산 분비는 미즙이 십이지장으로 배출되면 점차 감소한다.

이러한 강산성 환경에서 위 점막의 표면이 자가소화가 되지 않는 것은 위벽에서 분비되는 점액이 방어벽barrier을 형성해 보호작용을 하기 때문이며, 또한 점막층 자체가 수소이온(H^+)에 대해 비투과성을 갖는다.

위점막 관문
gastric mucosal barrier
위 점막에서 수소이온(H^+) 등 전해질의 유통을 제한하는 생리적 장치

내인성 인자는 비타민 B_{12}의 흡수에 필수적이다. 이 비타민은 내인성 인자와 결합해 소장의 말단 부위인 회장까지 이동한 후 이곳에 위치한 수용체에 결합하기 때문이다.

(4) 위배출

유문부의 연동운동은 위 내용물을 혼합할 뿐만 아니라 소장으로 배출시키는 역할을 한다. 그러므로 위배출은 유문부의 연동운동에 영향을 미치는 위와 십이지장의 여러 인자에 의해 조절된다. 위 인자 중에서 미즙의 양과 유동성이 연동수축의 강도에 큰 영향을 미친다. 즉, 미즙의 양이 많을수록, 미즙이 끈끈할수록 위 내용물이 빨리 배출된다. 십이지장 인자로는 십이지장 내 미즙의 지질이나 산 함량 또는 고삼투압성 및 십이지장의 팽창 정도이다. 이들은 모두 위 근육의 흥분을 억제하여 위배출 속도를 느리게 한다.

(5) 위의 소화·흡수 작용

위에서는 타액 아밀라아제에 의해 탄수화물의 가수분해가 미약하게 진행되고, 단백질은 위산에 의해 분해되고 또한 펩신에 의한 가수분해 등의 소화작용이 일어난다. 그러나 위에서는 영양소나 수분이 거의 흡수되지 않는다. 다만 알코올과 아스피린 같은 비영양물질과 식초나 과일 등에 함유된 유기산organic acids 정도가 흡수된다. 알코올은 물론 소장에서 더 많이 신속하게 흡수되지만, 일부 알코올은 위의

상피세포를 통해 확산되어 혈액으로 흡수된다. 약산은 위의 강산성 상태에서 이온화되므로 흡수가 가능하다.

4) 소장

소장은 위와 대장 사이에 위치한 소화기관으로 대부분의 소화와 흡수가 동시에 이루어지는 부위이다. 소장은 위와 연결된 20~30cm 정도의 십이지장duodenum과, 이에 이어진 공장jejunum 및 회장ileum으로 구성되어 있다. 직경은 3.5~4.0cm이며 길이는 약 6~7m에 달하는 길고 좁은 관상 구조를 하고 있다. 위와 십이지장의 연결부에 있는 유문괄약근은 위에서 소장으로 미즙의 유입을 조절한다. 미즙은 거의 액상에 가까우며 느린 속도로 십이지장으로 들어간다.

(1) 소장의 구조

소장은 영양소를 효율적으로 흡수할 수 있는 구조로 되어 있다. 점막조직에는 원형 주름이 잡혀 있고 융모villus와 미세융모microvillus가 발달되어 있다그림 2-5. 이들 원형 주름과 융모는 소장의 표면적을 10배 정도 증가시키며 미세융모는 다시 20배 정도 증가시킨다. 이러한 결과, 소장의 흡수 표면적은 600배 정도 넓어지며 테니스

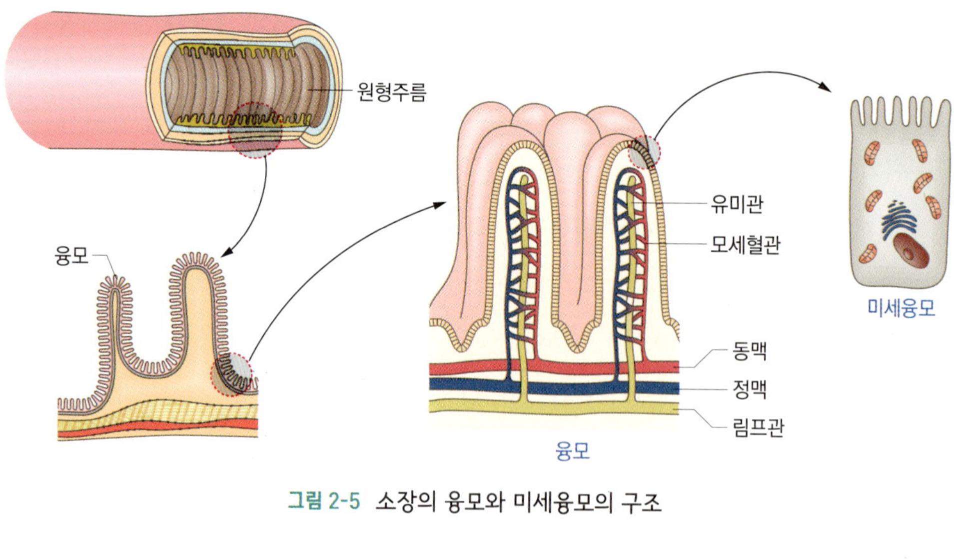

그림 2-5 소장의 융모와 미세융모의 구조

코트 정도의 면적을 갖게 된다.

(2) 소장의 운동기능

미즙이 소장에 들어오면 두 가지 주요 수축운동인 분절운동segmentation과 연동운동peristalsis이 발생한다. 소장의 주요 수축운동은 분절운동이다. 분절운동은 십이지장과 공장 및 회장에 걸쳐 동시에 시작되는데 분당 9~12회의 빈도로 일어난다. 분절운동은 소장 내 미즙이 소화효소 및 점액과 잘 혼합되도록 하여 소화·흡수 작용이 일어나도록 한다. 흡수가 거의 완결되면 분절운동은 멈추고 연동운동이 일어난다. 연동운동은 위의 하단, 즉 소장의 상부에서 시작되어 서서히 소장 하부로 진행한다그림 2-6.

분절운동
소장 내강의 수축운동으로 소장을 균등한 간격의 여러 부분으로, 율동적으로 나누면서 장 내용물이 췌장액, 담즙 및 소장액과 혼합되도록 함

연동운동
소화관 길이의 수축운동으로 장 내용물을 대장 쪽으로 밀어냄

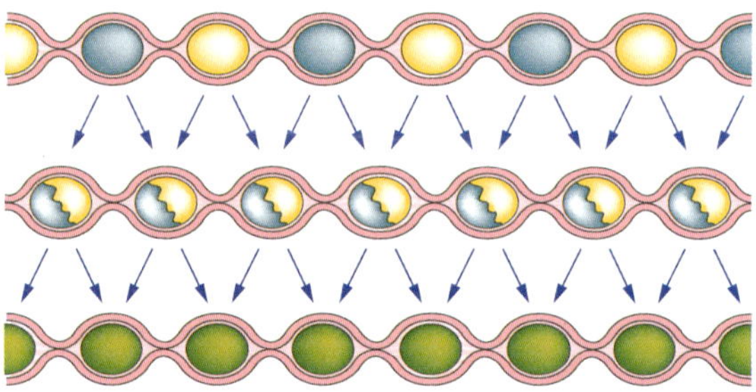

그림 2-6 분절운동에 의한 소장 내용물의 혼합

(3) 소장의 분비기능

소장 점막에 존재하는 외분비선 세포는 매일 1.5L 정도의 수용성 염과 점액을 함유한 소장액을 분비한다. 소장에서 합성되는 소화효소인 말타아제maltase, 수크라아제sucrase, 락타아제lactase 등 이당류 분해효소와 단백질분해효소인 아미노펩티다아제aminopeptidase는 상피세포 표면에서 작용한다.

십이지장으로 미즙이 들어오면 소장액과 함께 세 종류의 소화기 호르몬이 방출된다. 이들 소화기 호르몬인 세크레틴secretin과 콜레시스토키닌cholecystokinin:

세크레틴
소장 상부의 점막에서 분비되는 소화기 호르몬으로 췌장의 중탄산염이온(HCO_3^-) 분비를 촉진함

콜레시스토키닌
소장 상부의 점막에서 분비되는 소화기 호르몬으로 담낭의 수축과 췌장의 소화효소 분비를 촉진함

CCK 및 엔테로가스트론entero-gastrone은 췌액의 소화효소 분비를 자극하고, 담낭을 수축해 담즙을 분비하고, 위액 분비와 위 운동을 억제한다.

(4) 소장의 소화·흡수작용

소장의 내강에서는 췌장액으로 분비된 효소와 담즙으로 분비된 담즙산염의 작용으로 탄수화물, 단백질 및 지질을 가수분해한다. 또한 소장의 미세융모에서는 소장에서 분비한 효소에 의해 이당류와 펩티드가 각각 단당류와 아미노산으로 가수분해되면서 흡수된다.

소화된 영양소의 대부분은 소장의 상피세포를 통해 흡수되는데 단당류, 지방산, 아미노산 및 대부분의 비타민과 무기질은 주로 십이지장과 공장에서 흡수되며, 담즙산염과 비타민 B_{12} 및 수분과 전해질은 회장에서 흡수된다.

5) 대장

대장은 분변을 형성하고 저장하는 작용을 한다. 소장으로부터 대략 500mL의 내용물이 매일 대장으로 넘어온다. 이들 대장 내용물은 소화되지 않는 식이섬유와 결체조직 및 흡수되지 않은 담즙 성분과 수분으로 이루어져 있다. 결장은 이들 내용물로부터 수분을 흡수해 대변을 형성하며 배설될 때까지 이를 저장한다.

(1) 대장의 구조

대장은 맹장에서 항문에 이르는 직경 6.5cm와 길이 1.2~1.5m 정도의 기관으로 맹장, 충수, 결장 및 직장으로 이루어져 있다그림 2-7. 결장은 다시 상행결장, 횡행결장, 하행결장 및 S상결장으로 구분된다. 대장에는 융모가 없다.

(2) 대장의 운동기능

공장과 회장을 거치면서 영양소의 흡수가 거의 완결되고 남은 노폐물은 대장의 첫 부분인 맹장에 전달된다. 이후 노폐물은 결장, 직장 및 항문을 차례로 통과한다.

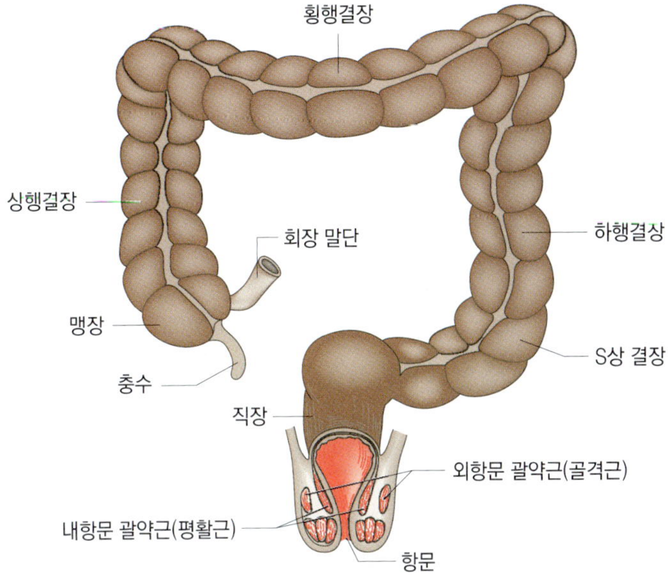

그림 2-7 대장의 구성

대장의 연동운동은 소장의 분절운동과 비슷하나 빈도가 매우 낮다. 따라서 대장 내용물은 대장에 18~24시간 머무르며 박테리아가 성장하고 분열할 수 있는 시간을 제공한다. 연동운동 이외에 대장에서는 하루에 3~4회 일반적으로 식후에 집단운동mass movement으로 강력한 수축파가 발생한다. 이로 인해 결장 내용물이 빠르게 직장을 향해 이동하며 배변반사를 일으킨다.

(3) 대장의 흡수기능

대장이 수행하는 소화작용은 없으며 흡수작용도 거의 없다. 다만 대장에 서식하는 미생물에 의해 생성된 비타민 K와 Na^+, Cl^- 등 일부 전해질 그리고 소장에서 흡수되고 남은 수분이 흡수된다. 전해질과 수분이 흡수된 후 남은 대장 내용물은 직장으로 이동하면서 대변을 형성한다.

(4) 배변

직장은 분변을 일시 저장한다. 항문은 정상적으로는 평활근으로 된 내항문 괄약근과 골격근으로 구성된 외항문 괄약근에 의해 닫혀 있다. 그러나 집단운동이 일어나고 직장 내압이 증가하면 직장근이 수축하고 내·외항문 괄약근이 이완되면서 대변이 항문을 통해 체외로 배출된다.

6) 췌장

췌장은 길이가 12~15cm이며 십이지장의 굽은 부분에서 시작하여 위의 아래쪽을 따라 뒤쪽에 위치한 긴 해면 형태의 분비기관이다그림 2-8. 췌장은 외분비 조직과 내분비 조직을 모두 가지고 있다.

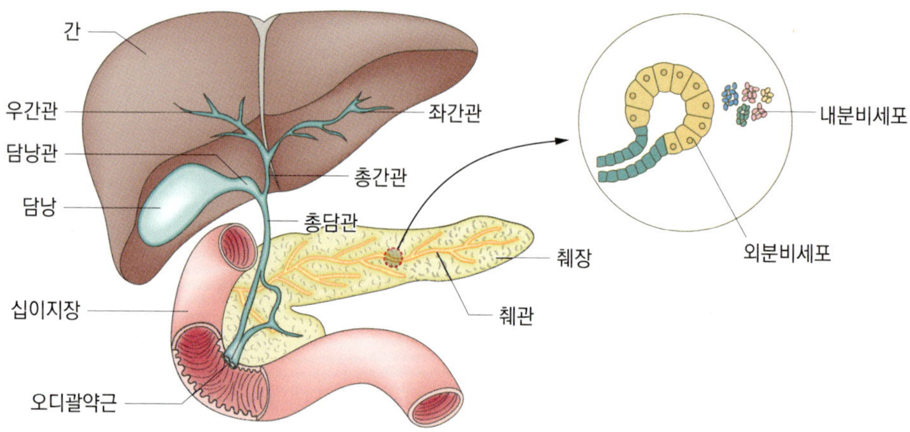

그림 2-8 췌장의 구조

(1) 췌장의 외분비 기능

췌장의 외분비 세포에서는 소화효소와 중탄산나트륨$NaHCO_3$이 풍부한 알칼리성의 췌장액을 매일 1~1.5L 십이지장으로 분비한다. 췌액 내 효소는 단백질분해효소proteolytic enzymes, 췌장 아밀라아제pancreatic amylase 및 췌장 리파아제pancreatic lipase이다.

단백질분해효소는 트립시노겐trypsinogen과 키모트립시노겐chymotrypsinogen 및 프로카르복시펩티다아제procarboxypeptidase가 있다. 이들은 모두 불활성 상태로 분비된 후 각각 트립신, 키모트립신 및 카르복시펩티다아제로 활성화된다. 미즙이 십이지장으로 들어오면 세크레틴secretin이 분비되어 췌장을 자극하여 췌장액이 십이지장으로 분비된다. 췌장액에 함유된 중탄산염이온HCO_3^-은 산성을 띤 미즙을 즉시 알칼리성으로 중화시킨다. 그러므로 췌장액 효소의 최적 pH 조건이 만들어지며 아울러 산에 의한 십이지장 점막의 손상을 막는다.

(2) 췌장의 내분비 기능

췌장의 내분비 기능은 췌장 전반에 널리 퍼져 있는 랑게르한스 섬islet of Langerhans이라고 하는 내분비세포에 의해 이루어진다. α-세포에서는 글루카곤glucagon이 합성되고 β-세포에서는 인슐린insulin이 생성되는데, 이들 호르몬은 췌관으로 분비하지 않고 모세혈관을 통해 혈액순환에 들어간다.

7) 간과 담낭

간은 횡격막 바로 아래 오른쪽에 위치하며, 좌엽과 우엽으로 크게 구분된다. 간은 담즙의 생산을 비롯해 여러 가지 중요한 대사를 수행한다. 담낭은 간의 아래쪽에 붙어있으며 주름진 주머니 모양을 하고 있다. 담낭의 길이는 7~10cm이며, 간에서 만든 담즙을 35~150mL 정도로 농축하여 저장하고 십이지장으로 분비한다.

(1) 간의 기능

소화와 관련해 간이 수행하는 주요 기능은 담즙 생산이다. 간세포에 의해 생산되는 담즙은 하루에 250~1,500mL이다. 담즙에는 담즙산염, 중탄산염이온, 빌리노겐, 콜레스테롤, 레시틴, 무기 이온 등이 함유되어 있으며, 이외에 체외로 배설해야 할 약물의 대사산물도 포함되어 있다. 담즙의 분비 외에도 간은 해독작용을 비롯해 탄수화물 대사, 지질 대사 및 단백질 대사에서 중요한 여러 가지 기능을 수행한다.

(2) 담낭의 기능

간에서 생성한 담즙은 소장에 음식물이 없을 때에는 담낭으로 유입되어 저장된다. 저장 중에 담즙은 5~10배로 농축된다. 십이지장으로 미즙이 들어오면 콜레시스토키닌CCK 소화기 호르몬이 분비된다. 콜레시스토키닌은 담낭을 수축시키고 오디괄약근sphincter of Oddi을 이완시켜 담즙을 총담관을 통해 십이지장으로 분비시킨다그림 2-8.

오디괄약근
십이지장으로 열려 있는 담즙과 췌장액의 공통 분비 통로를 둘러싸고 있는 발달된 근섬유

담즙은 미셀을 형성하는 세정작용detergent action을 함으로써 지방의 소화와 흡수를 활성화시킨다. 담즙의 분비량은 식사를 통한 지질 섭취량에 따라 하루에 250~1,000mL가 분비된다.

3. 흡수기전

소화에 의해 생성된 작은 분자 형태의 영양소들은 여러 가지 방법으로 소화관 내강에서 체내로 흡수된다. 흡수의 최종 단계는 체세포들이 영양소를 이용할 수 있도록 하는 것이다. 이를 위해 단계적으로 여러 생체막을 통과하는 과정이 필요하다.

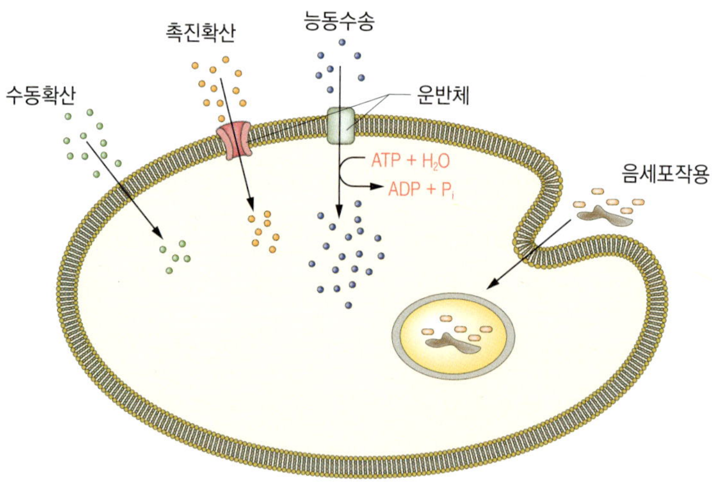

그림 2-9 흡수기전

영양소들이 생체막을 통과하는 과정에는 여러 기전이 이용되는데 대표적 방법으로 수동확산passive diffusion, 촉진확산facilitated diffusion, 능동수송active transport 및 음세포작용endocytosis의 네 가지가 있다그림 2-9.

1) 수동확산과 삼투

수동확산은 단순확산이라고도 하며 어떤 물질이 세포막을 자유롭게 이동하는 기전을 말한다. 세포막을 경계로 마주한 두 구획 간에 농도가 높은 쪽에서 낮은 쪽으로 농도 경사에 따라 이동한다.

수동확산의 한 경우로 삼투osmosis가 있다. 삼투는 물 분자가 물의 농도가 높은 구획에서 낮은 구획으로 세포막을 이동하는 수동확산 현상이다.

2) 촉진확산

촉진확산은 운반체가 매개하는 이동 기전이다. 흡수세포의 세포막에 있는 특수한 운반체 단백질들이 영양물질 분자와 결합해 세포 안으로 이동시킨다. 촉진확산의 방향은 운반체를 이용하지만 에너지를 사용하지 않으므로 농도 경사에 의존적이다. 그러나 운반체에 의해 이동되므로 수동확산에 비해 이동 속도가 빠르다.

3) 능동수송

능동수송은 운반체가 매개하여 에너지를 사용하는 이동기전이다. 그러므로 수동확산이나 촉진확산과는 달리 농도 경사에 역행하는 이동을 가능하게 한다. 능동수송 기전은 특정 영양소의 흡수에 이용된다. 각 운반체들이 결합하는 영양소가 한 가지이거나 아주 좁은 범위의 유사한 물질이기 때문이다. 이들 영양소는 소화관 내의 농도가 낮아도 흡수할 수가 있다.

4) 음세포작용

음세포작용은 세포막의 일부가 세포 안쪽으로 밀려들어 오면서 세포 밖의 물질을 세포막으로 둘러싸서 작은 소포vesicle 형태로 이동시킨다. 세포 안으로 들어온 소포는 세포 내 소화효소에 의해 분해된다. 음세포 작용의 역수송을 토세포작용exocytosis이라고 한다.

CHAPTER

3

탄수화물의 이해

1. 탄수화물 / 2. 탄수화물의 분류 / 3. 탄수화물의 소화와 흡수
4. 탄수화물 대사 / 5. 탄수화물의 체내 작용 / 6. 탄수화물 섭취와 건강문제
7. 탄수화물의 섭취기준과 급원식품

탄수화물은 전 세계적으로 가장 풍부한 에너지 공급원이며 우리가 섭취하는 에너지의 60% 이상을 공급한다. 탄수화물은 포도당의 형태로 혈액에 들어가 모든 세포가 연료로 이용할 수 있게 하며, 특히 신경세포와 적혈구 세포에서는 포도당이 1차적인 에너지원이 된다. 탄수화물 섭취가 부족하면 체조직 단백질이 분해되어 포도당을 합성하므로 근육의 소모를 초래할 수 있다. 최근 비만 인구가 늘어나면서 에너지가 농축된 당류의 과잉 섭취가 문제되고, 열량 급원이 되지 못하는 비전분성 다당류인 식이섬유와 올리고당 등 기능성 탄수화물의 섭취가 관심을 끌고 있다.

학/습/목/표

1. 탄수화물의 종류와 특성을 설명할 수 있다.
2. 탄수화물의 소화 · 흡수 과정을 설명할 수 있다.
3. 탄수화물의 대사과정을 설명할 수 있다.
4. 체내에서 혈당 조절 기전을 설명할 수 있다.
5. 탄수화물의 체내 작용을 설명할 수 있다.
6. 탄수화물 섭취와 건강문제를 설명할 수 있다.
7. 탄수화물의 섭취기준과 급원식품을 설명할 수 있다.

1. 탄수화물

탄수화물은 일반적으로 탄소(C), 수소(H), 산소(O)가 '1 : 2 : 1'의 비율로 구성된 탄소의 수화물hydrate로서 $(CH_2O)_n$의 일반식을 가진다. 탄수화물은 광합성작용에 의해 식물체에서 공기 중의 이산화탄소와 토양 중의 물로부터 합성된다그림 3-1.

탄수화물은 분자의 크기, 결합 형태, 구조에 따라 특성이 다르며 종류가 다양하다. 탄수화물은 전 세계 인구가 주식으로 섭취하는 쌀, 밀가루, 감자, 옥수수와 당류에 많이 들어 있으며, 에너지 섭취량의 60% 이상을 공급하는 가장 중요한 에너지 급원이다. 지질이나 단백질에 비해 중량당 가격이 싸고, 체내에서 소화·흡수하기 쉬운 장점이 있다.

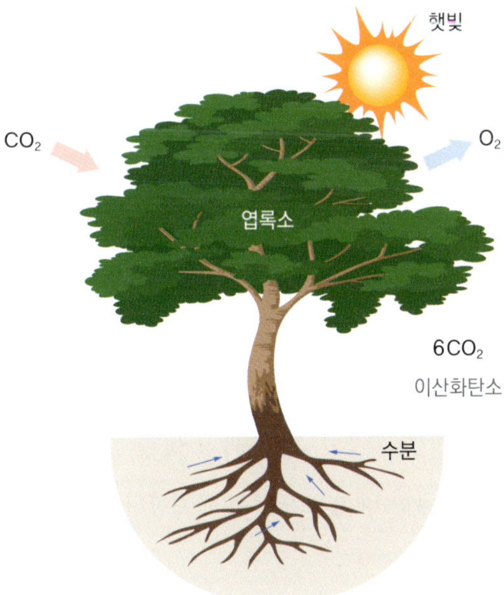

$$6CO_2 + 6H_2O + \text{햇빛} \xrightarrow{\text{엽록소}} C_6H_{12}O_6 + 6O$$

이산화탄소 / 물 / 태양에너지 / 포도당 / 산소

그림 3-1 광합성 작용에 의한 탄수화물의 합성

2. 탄수화물의 분류

모든 탄수화물의 구성단위는 단당류이며, 크기나 중합도에 따라 단당류 2개가 연결된 이당류, 단당류가 3개 이상 10개 이내로 구성된 올리고당류, 10개 이상 여러 개의 단당류로 이루어진 다당류로 분류한다.

1) 단당류

단당류는 가수분해에 의해 더 이상 분해되지 않는 당으로 당을 구성하는 탄소의 수에 따라 3탄당triose, 4탄당tetrose, 5탄당pentose, 6탄당hexose, 7탄당heptose 등이 있다. 이 중 자연 식품에서 흔히 볼 수 있는 단당류는 6탄당으로 포도당, 과당, 갈락토오스가 대표적이며 5탄당에서는 리보오스, 디옥시리보오스가 중요하다. 3탄당, 4탄당, 7탄당도 체내에서 일어나는 탄수화물 대사의 중요한 중간 대사물이다.

(1) 포도당

포도당glucose은 조직의 세포에서 주로 이용되는 탄수화물의 기본형으로 대부분의 탄수화물은 체내에서 포도당으로 전환되어 이용된다. 포도당은 혈당의 성분으로 세포의 에너지원이 되며 탄수화물 대사에서 중심적인 역할을 한다. 또한 포도당은 곡류 등 탄수화물 식품이 소화효소나 조리·가공처리에 의하여 가수분해될 때 생성된다. 포도당은 포도에 중량의 20% 정도로 많고, 기타 과일 액즙에도 들어 있다. 옥수수, 양파 또는 덜 영근 감자에도 상당한 양의 포도당이 존재한다.

(2) 과당

과당fructose은 포도당과 마찬가지로 채소나 과실의 액즙, 꿀, 고과당 콘시럽high-fructose corn syrup 등에 존재하며, 또한 자당이 가수분해될 때 포도당과 함께 얻을 수 있다.

고과당콘시럽
콘시럽에 효소(이소머라아제)를 처리하여 포도당을 과당으로 전환시켜 과당의 함량을 높인 콘시럽의 일종으로 가공식품이나 탄산음료에 주로 사용됨

(3) 갈락토오스

갈락토오스galactose는 유리 상태로는 식품에 거의 존재하지 않고 유당의 구성성분으로 존재한다. 다당류에 속하는 갈락탄galactan, 한천, 아라비아고무에도 갈락토오스가 들어 있으나, 이들은 체내에서 쉽게 이용되지 않는다.

포도당과 갈락토오스의 구조를 보면 4번 탄소에 붙은 -OH기의 방향이 서로 다르다그림 3-2.

(4) 리보오스

5탄당인 리보오스ribose는 핵산의 구성성분으로서 각기 RNA와 DNA를 구성한다. 체내에서 리보오스는 디옥시리보오스로 전환된다. 리보오스는 또한 ATP adenosine triphosphate와 NADnicotinamide adenine dinucleotide의 구성성분이기도 하다. 자연 식품에는 뉴클레오시드의 성분으로 미량 들어 있다.

2) 이당류

이당류는 단당류 2개가 결합된 탄수화물로서 자당, 맥아당, 유당이 있으며 이들 구조는 그림 3-2와 같다.

(1) 자당sucrose, sugar

포도당과 과당이 결합된 것으로 과일에 많이 들어 있다. 특히 사탕수수나 사탕무에는 많이 존재한다. 최근 자당 함량이 많은 식품의 섭취가 크게 증가하여 충치나 비만의 원인이다.

(2) 맥아당maltose

포도당 2분자가 결합된 것으로 천연식품에 흔히 존재하지 않고 전분이 산이나 효소에 의하여 가수분해될 때, 또는 곡류가 발아할 때 중간산물로 생긴다. 단맛은 비교적 약하다.

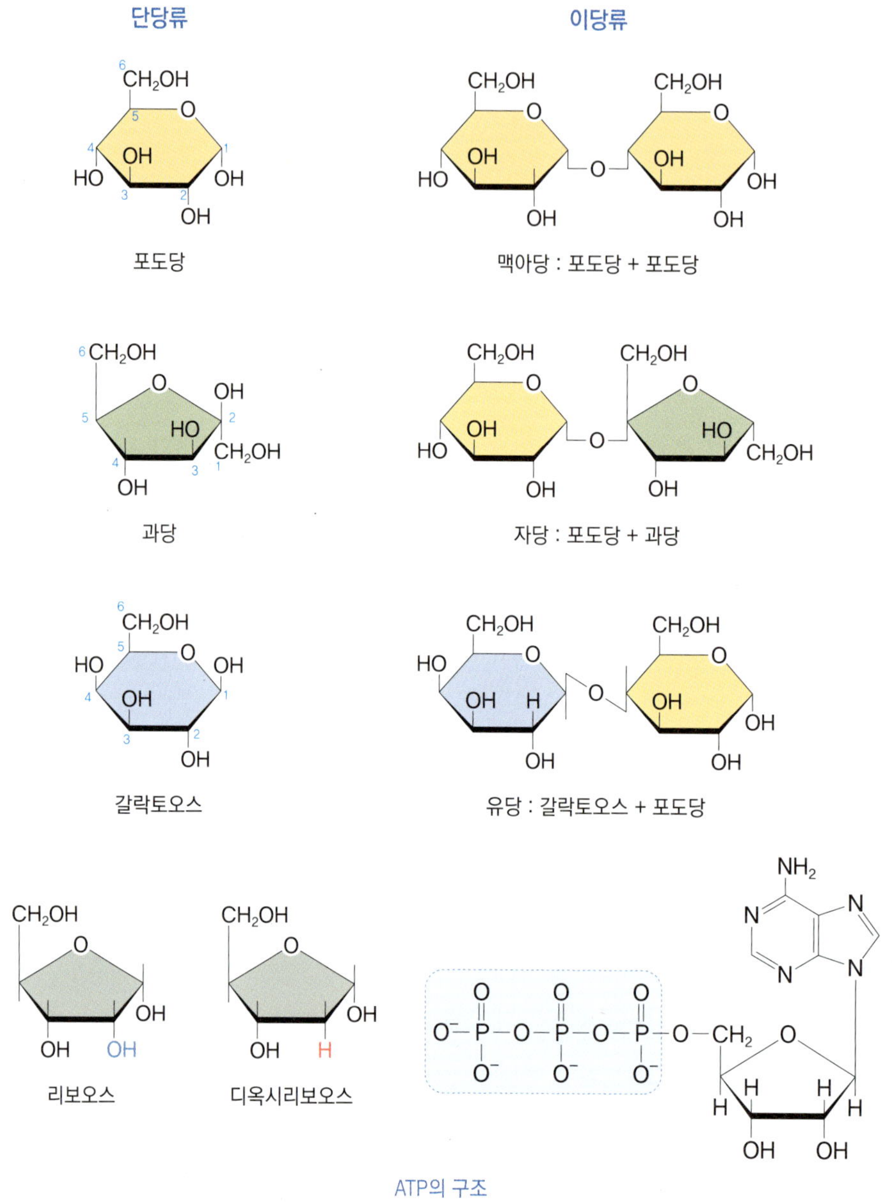

그림 3-2 단당류와 이당류의 구조

(3) 유당lactose

포도당과 갈락토오스가 결합된 것으로 유즙에만 있다. 모유에 6~7%, 우유에 4.5~5% 존재하며 단맛이 가장 약하다. 흡수된 유당의 갈락토오스는 빠르게 성장하는 어린 동물의 뇌와 신경을 형성하는 갈락토시드galactoside의 합성에 사용되거나 포도당으로 전환된다.

3) 올리고당

단당류 3~9개로 이루어지며, 세포막의 당지질이나 당단백의 구성성분으로 세포의 인식 기능에 관여한다. 대두 속의 라피노오스raffinose(3당류)와 스타키오스stachyose(4당류)가 대표적이다. 이들은 소장에서 소화되지 않고 대장 내 비피더스균에 의해 대사되어 가스를 생성한다.

프리바이오틱스prebiotics
인체 내 소화효소에 의해 분해되지 않고 장내 비피더스균의 성장을 촉진하는 물질로 여러 종류의 올리고당류가 이에 속함

알아두기

기능성 올리고당

서당 · 유당 · 전분으로부터 각기 효소 처리하여 만든 프락토올리고당, 갈락토올리고당, 이소말토올리고당 등을 말한다. 이들 기능성 올리고당은 대장 내의 비피더스균을 활성화시켜 장의 건강을 증진시켜주므로 장내 균 성장 촉진제prebiotics라고도 한다. 이 외에도 혈청 콜레스테롤 저하, 혈당 개선 등의 생리적 기능을 지녀 성인병 예방을 위한 여러 기능성 식품이나 다이어트 식품에 사용된다.

4) 다당류

다당류는 수십 개에서 수천 개 이상의 단당류가 결합된 중합체로서 동물과 식물의 에너지 저장 형태이며 복합탄수화물이라고도 한다. 자연계에는 다양한 종류의 다당류가 존재하는데 인체 영양에 중요한 다당류에는 전분과 글리코겐 및 식이섬유가 있다. 식물체에서 탄수화물은 성숙·숙성하는 과정 동안 복합체로 되어 저장되기도 하고, 또는 효소에 의해 분해되기도 한다. 옥수수는 익어 갈수록 당이 전분으로 변화하여 달지 않게 되고, 대부분의 과일, 바나나, 고구마 등은 전분이 당으로

분해되어 당도가 증가하기도 한다.

(1) 전분

전분starch은 식물의 대표적인 저장 탄수화물 형태로서 쌀, 옥수수, 밀, 감자, 팥, 녹두 등에 많으며 동식물의 중요한 에너지원이다. 전분은 포도당이 수백 개에서 수천 개 이상 결합된 중합체로서 아밀로오스amylose와 아밀로펙틴amylopectin으로 구성된다. 아밀로오스는 포도당이 α-1,4 글리코시드 결합으로 연결된 직선상의 긴 사슬 형태이며, 아밀로펙틴은 α-1,4 결합 사슬 중간에 α-1,6 결합으로 가지를 많이 친 형태이다그림 3-3.

글리코시드 결합
한 포도당의 -OH기와 또 다른 포도당의 -OH기 사이에서 물분자가 하나 빠져나가면서 포도당 2개가 탈수축합하는 반응

전분입자는 물과 함께 가열하여 호화가 일어나면 소화효소의 작용을 더 쉽게 받는다. 찹쌀은 주로 아밀로펙틴으로 구성되어 있고, 멥쌀은 아밀로오스를 20~30% 함유하여 찹쌀에 비해 아밀로펙틴 함량이 적다.

(2) 덱스트린

덱스트린dextrin은 전분이 효소, 산 또는 열에 의하여 가수분해되는 과정에서 생성되는 물질이다. 가수분해 정도에 따라 분자량이나 중합도가 다양한 덱스트린이 생성된다. 곡류에는 소량의 덱스트린이 존재하지만, 발아 중에 그 함량이 증가한다. 곡류를 볶거나 토스트를 만들 때에도 덱스트린을 생성한다.

(3) 글리코겐

글리코겐glycogen은 인체에서의 탄수화물 저장 형태로서 주로 간과 근육에 저장된다. 글리코겐은 아밀로펙틴과 구조가 유사하지만 아밀로펙틴보다 가지를 더 많이 친 구조이다.

식이섬유
동·식물에 존재하는 난소화성 다당류와 리그닌의 총칭으로 식이섬유 중 산과 알칼리 처리 후 남는 셀룰로오스와 리그닌을 주로 포함하는 조섬유crude fiber와는 차이가 있음

(4) 식이섬유

식이섬유dietary fiber는 인체의 소화효소에 의해 분해되지 않는 화합물로 천연에는 식물성 급원의 셀룰로오스cellulose, 헤미셀룰로오스hemicellulose, 펙틴

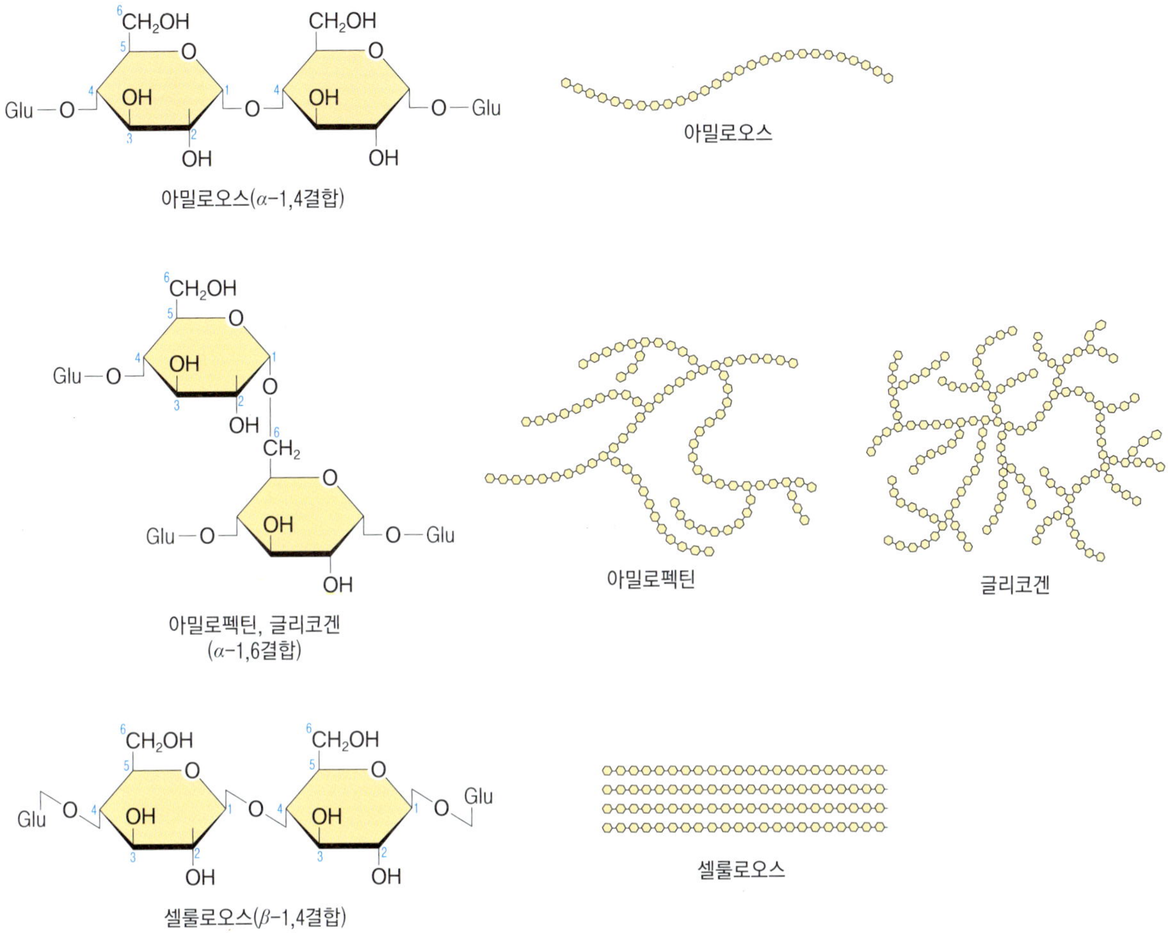

그림 3-3 다당류의 결합 형태와 구조

pectin, 리그닌lianin, 검류gums, 점질물mucilage과 동물성 급원의 키틴chitin, 키토산 chitosan 등이 있다. 이외에 인공적으로 천연에서 분리 또는 합성한 기능성 식이섬유도 여러 종류가 있다.

식이섬유dietary fiber는 화학구조와 조성에 따라 물리적 특성 및 생리 작용이 다르다. 식이섬유 중 대표적인 셀룰로오스는 포도당이 β-1,4 결합으로 연결된 구조로 되어 있는데, 이를 분해하는 셀룰라아제cellulase가 인체 내에서는 생성되지 않아 에너지의 급원으로 사용되지 못한다.

β-1,4 결합
포도당 두 개가 결합할 때 한 포도당의 4번 탄소에 붙은 -OH기의 방향이 다른 포도당의 1번 탄소에 붙은 -OH기의 방향과 달라 α-1,4결합으로 연결된 전분과는 다른 구조를 가짐

기능성 섬유functional fiber
식품에서 분리, 정제, 가공된 난소화성 다당류로 인체에서 생리적 효능을 나타낸다. β-글루칸, 이눌린, 키틴, 키토산 등이 있음

셀룰로오스, 헤미셀룰로오스, 리그닌은 물에 녹지 않아서 불용성 섬유insoluble fiber라 하고 펙틴, 검류, 점질물은 물속에서 용해 또는 팽윤되므로 가용성 섬유 soluble fiber라 한다. 리그닌은 식물세포의 목질부의 성분으로 탄수화물에 속하지 않는다.

셀룰로오스와 헤미셀룰로오스 등 불용성 섬유는 수분 보유능력이 적으나 미생물의 분해를 받지 않은 채 배설되므로 대변의 부피를 증가시켜 장 통과시간을 단축시킨다. 이에 비해 과일·채소·두류에 존재하는 펙틴이나, 검 등 가용성 섬유는 수분 보유력이 높아 물과 젤gel을 형성하거나 점성이 높아 포만감을 유지하고 포도당의 흡수속도를 지연시키며, 지질과 콜레스테롤의 흡수를 방해함으로써 혈청 콜레스테롤 농도를 저하시킨다표 3-1.

표 3-1 식이섬유의 분류와 체내작용

분류		종류	함유식품	체내작용
불용성 식이섬유	비탄수화물	리그닌	전곡류의 외피	• 대장암 예방 • 배변량 증가 • 장 통과시간 단축
	탄수화물	셀룰로오스	모든 식물, 곡류, 채소	
		헤미셀룰로오스		
가용성 식이섬유	탄수화물	펙틴, 검, 뮤실리지, 일부 헤미 셀룰로오스	사과, 귤, 오렌지, 포도, 덜 익은 과실, 해조류, 두류, 보리, 귀리	• 혈청 콜레스테롤 농도 저하 • 혈당 상승 지연 • 장 통과시간 지연 • 공복감 지연

3. 탄수화물의 소화와 흡수

1) 소화

(1) 구강

탄수화물은 음식물이 입에 들어가 씹는 동작에 의해 잘게 부서지고 침과 섞이면서부터 소화되기 시작한다. 전분은 타액 아밀라아제salivary amylase에 의해 덱스트린과 약간의 맥아당으로 분해된다. 분해 정도는 음식물을 얼마나 오래 씹느냐에 달려 있는데, 음식을 씹는 시간은 그다지 길지 않기 때문에 소량만 분해되어 위로 내려간다.

(2) 위

위에는 탄수화물의 분해효소가 없으므로 별로 분해가 이루어지지 않고, 다만 음식이 위의 위저부에 머물러 있는 15~30분 동안 타액 아밀라아제의 작용으로 소량의 전분이 분해될 뿐이다. 위의 연동작용이 일어나면 음식이 위산과 섞여 미즙chyme이 되면서 타액 아밀라아제(최적 pH 6.7)의 활성이 저하된다.

(3) 소장

탄수화물의 본격적인 소화는 소장에서 이루어진다. 일부 소화된 전분이 십이지장으로 조금씩 내려오면 우선 췌장 아밀라아제pancreatic amylase에 의해 맥아당 또는 말토트리오스maltotriose로 분해된다. 맥아당은 자당, 유당과 함께 소장 점막세포에서 분비되어 미세융모막 표면에 있는 이당류 분해효소들에 의해 최종적으로 단당류로 분해된다. 말타아제maltase나 이소말타아제isomaltase에 의하여 각기 맥아당(α-1,4 결합)과 이소말토오스(α-1,6 결합)가 포도당 두 분자로, 수크라아제sucrase에 의해 자당이 포도당과 과당으로, 락타아제lactase에 의해 유당이 포도당과 갈락토오스로 분해된다그림 3-4.

말토트리오스
맥아당에 포도당 한 개가 결합한 것으로 포도당 3분자가 결합된 3당류. 전분이나 텍스트린이 아밀라아제에 의해 분해되는 과정에서 생성될 수 있음

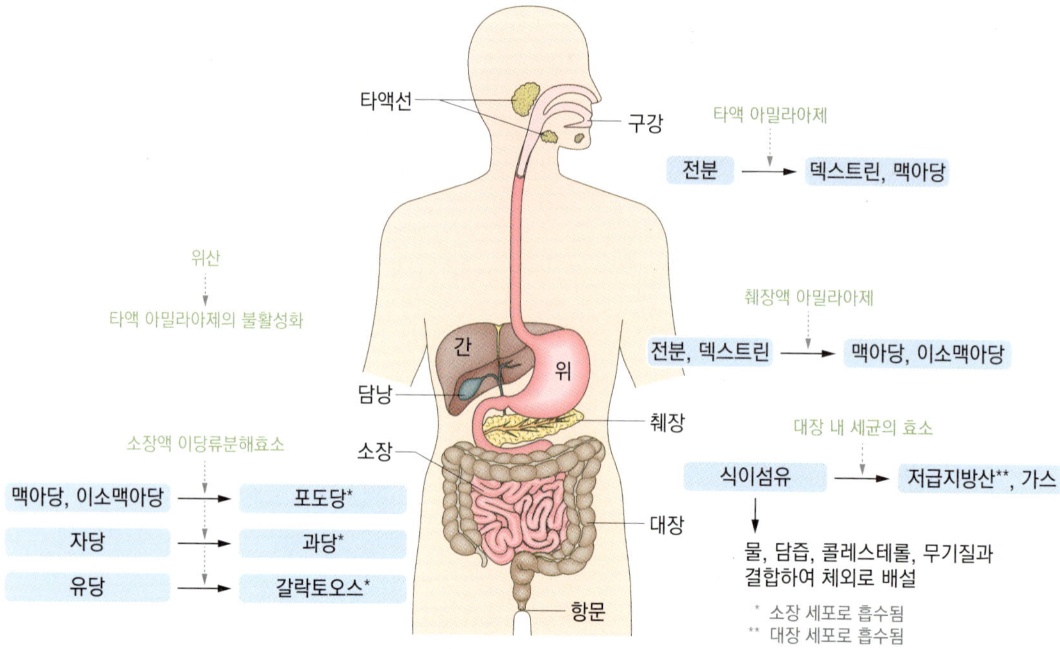

그림 3-4 탄수화물의 소화

2) 흡수

소장의 소화과정에서 최종 생성된 단당류는 그대로 장 점막세포를 거쳐 모세혈관으로 흡수되고 문맥을 통하여 간으로 운반된다. 간에서 갈락토오스와 과당은 포도당으로 전환된다그림 3-5.

단당류가 흡수되는 속도는 갈락토오스, 포도당, 과당, 만노오스의 순이다. 갈락토오스와 포도당은 능동수송에 의하여 흡수되고, 과당은 촉진확산, 당알코올이나 5탄당은 단순확산에 의해 흡수된다그림 3-5. 능동적으로 흡수되는 포도당과 갈락토오스는 나트륨 이온Na^+과 함께 포도당 운반체에 결합하여 소장세포 내로 흡수된다. 과당은 운반체는 사용하지만 에너지ATP를 사용하지 않는 촉진확산에 의해 흡수된다. 모세혈관으로 들어온 단당류는 간으로 가서 다른 조직세포로 운반되거나 글리코겐 혹은 지방으로 합성된다.

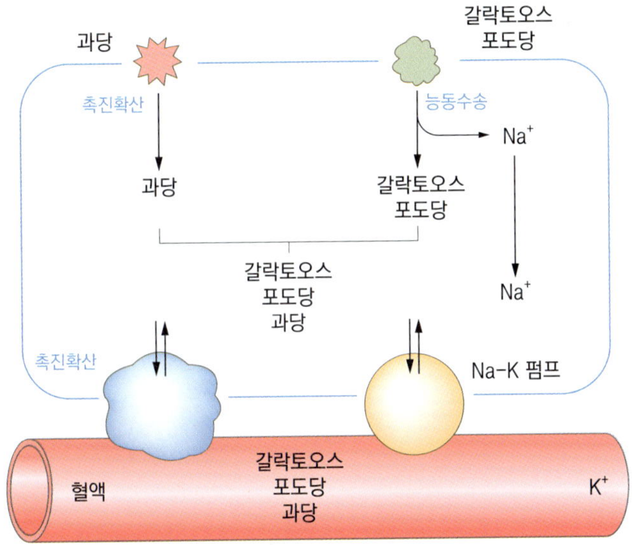

그림 3-5 단당류의 흡수

당류와 대부분의 전분은 1~4시간 내에 소화되어 흡수되지만, 식이섬유나 올리고당은 소장 내 소화효소에 의해 분해되지 않는다. 이들은 결장으로 내려와서 장내 박테리아에 의해 발효되어 가스와 저급지방산을 생성한다.

알아두기

유당 불내증lactose intolerance

유당분해효소lactase가 부족하여 소장에서 유당을 소화하지 못하고 장내 세균에 의해 유당이 대사되어 가스가 차고 장내로 수분을 끌어들여 설사와 복통을 일으키는 증상이다. 우유를 오랫동안 먹지않아 락타아제의 체내합성이 이루어지지 않는 경우나, 선천적으로 합성되지 않는 경우에 발생한다. 성인이나 노인층에 유당 불내증이 많으며 또한 인종에 따라서도 아프리카, 아시아, 중동인에 많다.

4. 탄수화물 대사

대사
섭취한 영양물질을 몸 안에서 분해하고 합성하여 활동하는 데 필요한 에너지를 만들고, 그 밖의 물질은 몸 밖으로 배출하는 일련의 과정. 생물의 세포에서 생명을 유지하기 위해 일어나는 모든 물질의 변화로, 생체내 물질의 분해·합성과 같은 화학작용임

세포 내에 들어온 단당류는 분해되거나, 다른 물질을 합성하는 화학반응을 거치는데 이들 분해와 합성 반응을 대사metabolism라고 한다. 식품으로 섭취한 탄수화물은 단당류의 형태로 소화·흡수된 후 간으로 가서 모두 포도당으로 전환되어 혈당의 형태로 각 조직 세포로 운반되어 대사된다. 신체 내 모든 세포는 혈당으로부터 에너지를 얻어 생존하기 때문에 탄수화물의 대사는 실제로 포도당의 대사라 할 수 있으며, 주된 역할이 에너지 공급에 있다.

1) 포도당의 대사

포도당의 대사는 분해와 합성으로 나눌 수 있다. 에너지가 필요한 경우에는 에너지를 공급하는 포도당의 분해가 활발하게 일어난다. 포도당은 우선 세포 내에서 해당작용과 TCA 회로를 거치면서 이산화탄소CO_2로 분해된다. 이 두 과정에서 생긴 잠재적 고열량화합물인 NADH나 $FADH_2$는 산소를 필요로 하는 전자전달계를 거치면서 최종의 고열량화합물인 ATP와 물을 생성한다. 반면 에너지가 충분한 상태에서는 포도당이 간과 근육에 저장되거나, 또는 지질로 합성되는 대사가 활발하게 일어난다. 또한 포도당이 부족할 때에는 글리코겐의 분해와 당신생경로를 통해 포도당을 공급할 수 있다. 이 외에도 오탄당 인산경로pentose phosphate pathway를 통해 조직세포의 핵산성분인 오탄당과 지방산 합성에 필요한 NADPH는 포도당을 대사하여 얻기도 한다그림 3-6.

과당은 포도당과 같이 소장융모의 모세혈관으로 흡수되어 간으로 가서 과당 1-인산이나 과당 6-인산이 된 후 해당과정으로 들어오게 된다. 따라서 포도당의 경우보다 한 과정 이상 단축되므로 아세틸 CoA로의 전환 속도가 포도당에 비해 빠르다. 갈락토오스 역시 간에서 갈락토오스 1-인산으로 인산화되고 포도당 1-인산이 된 후, 글리코겐을 합성하거나 포도당 대사 경로로 들어오게 된다.

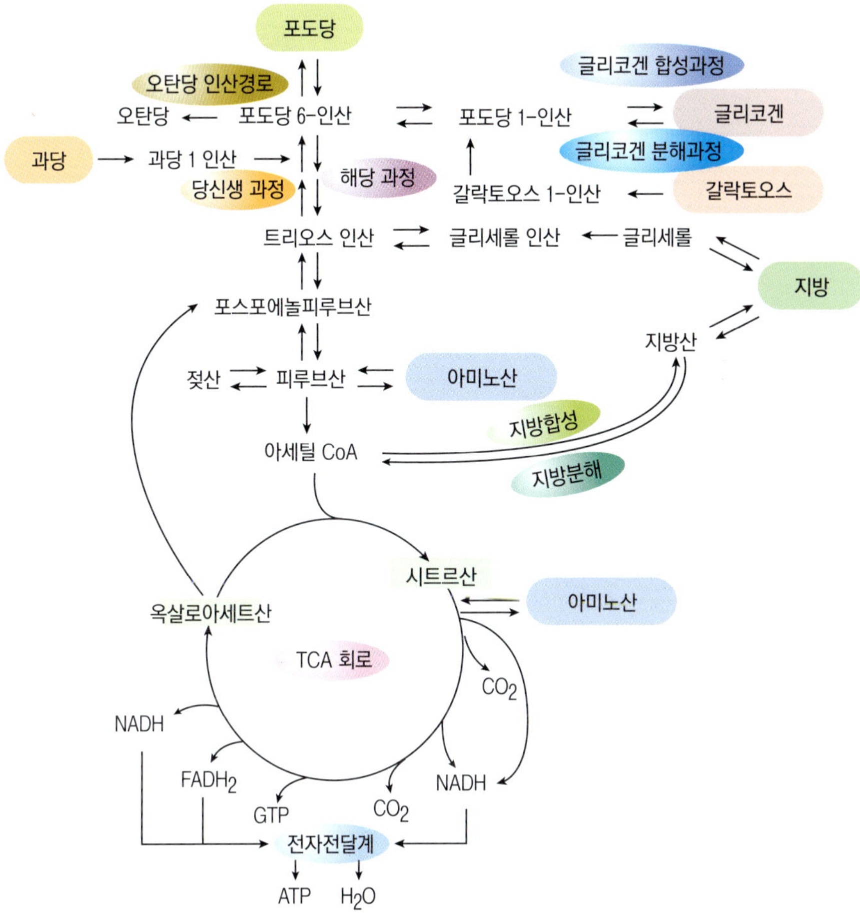

그림 3-6 탄수화물의 대사 요약

(1) 해당과정glycolysis

해당과정은 탄소 수 6개인 포도당 한 분자가 분해되어 탄소 수 3개인 피루브산 두 분자를 생성하는 과정이다그림 3-7. 최종적으로 2분자의 피루브산과 함께 2분자의 ATPadenosine triphosphate, 2분자의 NADH를 생성한다.

> **ATP**
> 아데노신에 인산 3개가 연결된 고에너지 화합물로서, 생체 에너지 대사에서 필수적이다.

$$\text{포도당} + 2NAD + 2ADP + 2P_i$$
$$\longrightarrow 2\ \text{피루브산} + 2NADH + 2H^+ + 2ATP + 2H_2O$$

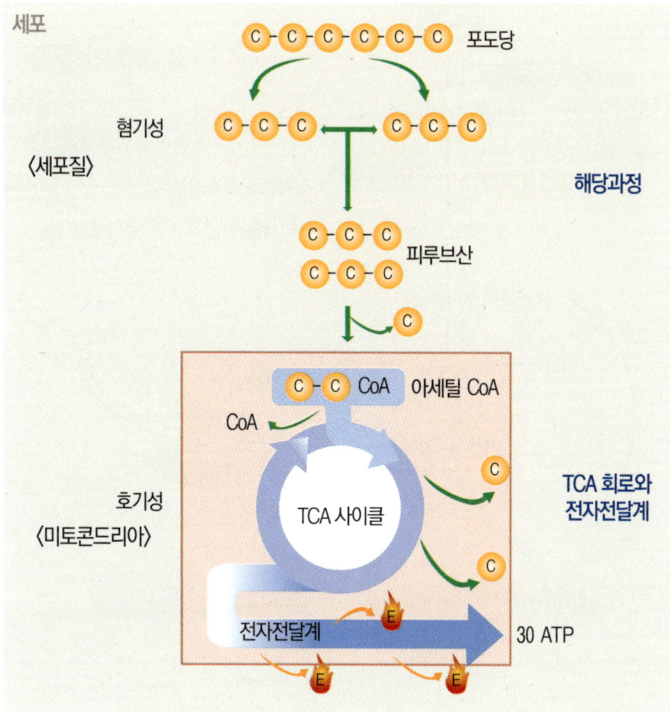

그림 3-7 포도당의 산화

포도당이 피루브산으로 분해되는 해당과정은 세포 내 세포질에서 일어나며 에너지는 필요하나, 산소는 필요로 하지 않는 혐기성 반응이다. 산소가 부족하면 피루브산은 더이상 대사되지 못하고 젖산으로 전환되며, 강도 높은 작업 시에는 근육에 젖산이 많이 축적되어 pH가 저하되면서 피로와 통증이 오게 된다. 근육에 축적된 젖산은 혈액으로 나가 간에서 포도당으로 전환되어 다시 근육으로 가서 쓰일 수 있다. 또는 산소가 공급되면 젖산이 피루브산으로 돌아가 포도당을 합성(당 신생)하거나, TCA 회로로 들어가 에너지를 내게 된다.

(2) TCA 회로와 전자전달계

TCA 회로tricarboxylic acid cycle는 산소가 있을 때 일어나는 호기성 반응으로서 시트르산 회로citric acid cycle, 크랩스 회로Kreb's cycle로도 불린다. 포도당만이 아니라, 지질과 단백질도 이 과정으로 들어와 에너지를 발생하게 된다. 해당과정에서 생성된 피루브산은 세포질에서 미토콘드리아로 이동하여 아세틸 CoA로 전환된다. 이때 두 분자의 피루브산으로부터 두 분자의 아세틸 CoA와 NADH가 생성된다.

$$2\text{ 피루브산} + 2NAD^+ + 2CoA \longrightarrow 2\text{ 아세틸 }CoA + 2NADH + 2H^+ + 2CO_2$$

아세틸 CoA는 옥살로아세트산과 결합하여 시트르산을 생성한 후 이산화탄소 두 분자로 완전 산화하면서 $FADH_2$, GTP, NADH 등 고에너지화합물을 생성하는데 이 과정을 TCA회로라 한다그림 3-7.

피루브산(C3)으로부터 아세틸 CoA(C2)로 되는 과정은 탈수소와 탈탄산이 일어나는 비가역적 반응으로 아세틸 CoA로부터 포도당을 재합성할 수는 없다.

TCA 회로에서는 아세틸 CoA만 산화될 뿐 옥살로아세트산은 다시 생성되므로 아세틸 CoA만 새로 유입되면 TCA 회로는 계속 일어날 수 있다. 그러나 TCA 회로의 중간대사물들이 비필수아미노산이나 포도당을 합성하기 위해 빠져 나갈 수 있기 때문에 옥살로아세트산이 그대로 재생산되지는 않는다. 따라서 TCA 회로가 제대로 작동하기 위해서는 옥살로아세트산의 재생이 가능하도록 탄수화물의 섭취가 일정 수준 이상으로 확보되어야 한다.

해당과정에서 2개의 ATP와 2개의 NADH가 생성되고, 피루브산에서 아세틸 CoA로 되는 과정 중에 1개의 NADH가 생성된다. 또한 TCA 회로에서 3개의 NADH, 1개의 $FADH_2$, 1개의 GTP가 생성된다. 이들이 전자전달계를 거치는 동안 NADH, $FADH_2$, GTP로부터 각기 한 분자당 2.5개, 1.5개, 1개의 ATP가 생성된다. 따라서 해당과정에서 7개의 ATP가 생기고, 피루브산의 탈탄산과정에서 ATP 2.5개, TCA 회로를 통해 ATP 10개가 생성된다. 포도당 1분자에서 아세틸 CoA 2분자가 생성되므로 호기성 대사에서 결국 25개의 ATP가 생성된다. 이와 같이 포도당 1분자는 해당과정, TCA회로, 전자전달계를 통해 6분자의 CO_2와 H_2O로 완전 연소되면서 총 30개의 ATP를 생성한다.

$$C_6H_{12}O_6 + 6O_2 \longrightarrow 6CO_2 + 6H_2O + 30ATP$$

(3) 오탄당 인산 경로pentose phosphate pathway

포도당 6-인산 세 분자로부터 오탄당 세 분자와 이산화탄소 세 분자를 생산하는 대사과정으로 해당과정보다 더 복잡한 경로이다. 생성된 오탄당은 리보오스로 되어 핵산 합성에 사용된다. 또한 이 대사과정에서 NADP를 조효소로 사용하여 NADPH를 생성하는데, 이 NADPH는 지방산 합성과 스테로이드 호르몬 합성에 사용한다.

(4) 포도당 신생합성gluconeogenesis

당이 아닌 물질, 즉 아미노산이나 글리세롤, 피루브산, 젖산, 프로피온산 등을 이용하여 포도당을 합성하는 과정을 포도당 신생합성이라 하는데 주로 간이나 신장에서 일어난다.

에너지가 많이 필요한 상태에서 산소가 충분히 공급되지 않으면 포도당은 해당과정을 되풀이하여 에너지를 생성하고 TCA 회로로는 진행하지 못하여 피루브산이 쌓이게 된다. 이 피루브산은 곧바로 젖산으로 전환되고 간으로 가서 당신생합성에 사용된다.

포도당은 특히 뇌, 신경, 적혈구 등의 에너지 급원으로 매우 중요하므로 혈당이 저하되면 호르몬의 작용으로 당의 절약과 함께 당 신생합성이 증가하여 혈당치를 정상으로 올린다그림 3-8.

(5) 글리코겐 합성glycogenesis과 분해glycogenolysis

에너지를 생성하고 남은 포도당은 간과 근육에서 글리코겐으로 전환되어 저장된다. 글리코겐 저장량은 건강한 사람의 경우 간 무게의 4~6% 정도, 근육에 1% 이하로 제한되어 있다.

체내 에너지 공급이 부족하거나 혈당이 감소되면 글루카곤, 에피네프린, 노르에피네프린이 분비되어 글리코겐의 분해가 일어난다. 글리코겐이 포도당 6-인산으로 분해된 후 간에서는 포도당 6-인산분해효소에 의해 포도당으로 전환되어 혈당의 급원이 되나, 근육에는 이 효소가 없어 포도당으로 되지 못하고 근육에서의 에너지 공급에만 사용된다.

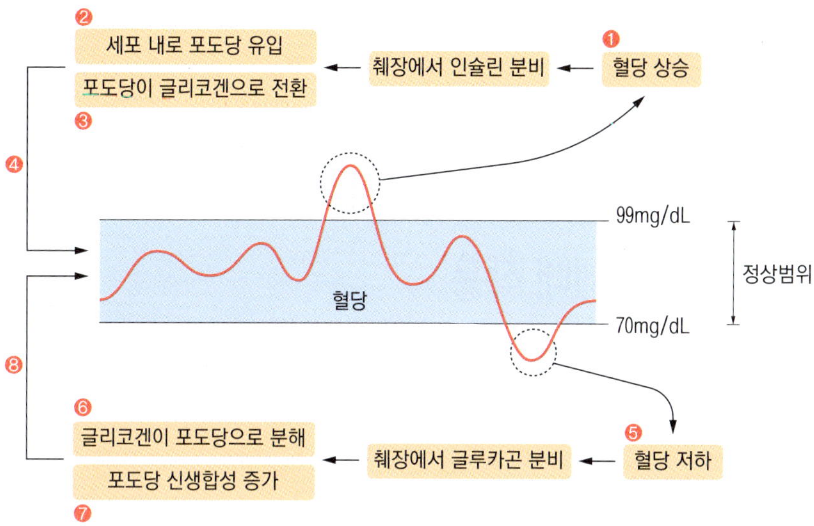

그림 3-8 탄수화물의 이용과 혈당 유지

(6) 지방 합성

글리코겐을 합성하고 남은 포도당은 간이나 지방조직에서 해당과정을 거쳐 아세틸 CoA로 분해된 후 지방산을 합성하고 글리세롤 3-인산과 결합하여 지방을 합성한다.

2) 혈당의 조절

혈액 중에는 포도당이 평균 70~110mg/dL 정도 함유되어 항상성을 유지한다. 식사 후에 혈당이 증가되어 0.1%를 넘게 되면 초과량의 혈당은 즉시 조직세포로 유입되어 저장되거나 소비된다. 식후에 혈당이 높아지면 췌장에서 인슐린이 분비되어 조직세포로 포도당 유입을 촉진함으로써 혈당이 정상 수준으로 되도록 조절한다. 이와 반대로 혈당이 정상 주순보다 낮아지면 췌장에서 글루카곤, 부신수질에서 에피네프린, 노르에프네프린, 부신피질에서 글루코코르티코이드가 분비되어 간의 글리코겐의 분해나 당 신생합성을 통해 혈당을 증가시킨다그림 3-8. 혈당이 170mg/dL 이상으로 증가되면 고혈당증hyperglycemia이라고 하며 당뇨glycosuria 현상이 나타난다. 반면, 혈당이 40~50mg/dL 이하로 떨어지게 되면 신경이 예민해지고 불안정해지며, 공복감과 두통을 느끼고 심하면 쇼크를 일으키는 저혈당증hypoglycemia 현상이 나타난다.

5. 탄수화물의 체내 작용

1) 에너지의 급원 및 저장

탄수화물은 1g당 4kcal의 에너지를 공급한다. 탄수화물은 지구상에 풍부하게 존재하여 인간이 식품으로부터 얻는 에너지의 50~60% 이상을 공급한다. 뇌세포, 신경세포, 적혈구 등은 포도당을 우선적인 에너지원으로 사용한다.

에너지원으로 사용하고 남은 당은 간과 근육에 글리코겐의 형태로 저장되고, 여분의 당은 중성지방으로 전환하여 지방조직에 저장한다.

2) 단백질 절약작용

우리가 먹는 당과 전분은 단백질을 절약해준다. 즉, 적혈구와 뇌는 정상적인 환경에서 에너지원으로 포도당을 사용하는데, 만일 탄수화물의 섭취가 충분하지 못하면 신체는 단백질을 분해하여 포도당 신생합성의 급원으로 사용한다. 그러므로 저열량식이나 기아상태가 여러 날 지속되면 근육, 간, 심장, 신장 등의 기관에서 단백질이 급격하게 손실된다. 그 밖에도 탄수화물을 적게 섭취하는 경우 대부분 고지방 식사를 하게 된다. 지방 분해로부터 아세틸 CoA가 과량 생성되면 케톤체로 전환되어 체액이 산성이 되는데, 이를 중화시키기 위해 단백질의 손실이 일어날 수 있다.

3) 케톤증 방지

적절한 탄수화물의 섭취는 지질의 정상적 산화를 위해 필수적이다. 단식상태 또는 체내 에너지원이 부족하거나 탄수화물의 섭취가 부족하면 체지방이 에너지원으로 이용된다. 이때 지질의 분해로부터 생성되는 아세틸 CoA에 비해 포도당으로부터 생성되는 옥살로아세트산이 부족하면 TCA 회로로 들어가지 못하고 아세틸 CoA가 축적된다. 이들은 아세토아세트산acetoacetic acid, β-히드록시부티르산β-hydroxybutyric acid, 아세톤acetone과 같은 케톤체ketone body로 전환되어 혈액과 조직 내 농도가 증가하는데, 이를 케톤증ketosis이라 한다. 기아상태에서는 뇌와 심장에서 케톤체를 에너지원으로 이용함으로써 체단백 손실을 줄인다. 이 케톤증을 예방하기 위해서는 최소한 하루 50~100g의 탄수화물을 섭취해야 한다.

4) 기타 작용

(1) 체세포의 구성 및 조절

오탄당인 리보오스는 세포핵의 핵산 성분으로 체세포를 구성하고, 육탄당인 갈락토오스와 만노오스는 당지질과 당단백의 성분으로 작용한다. 이당류인 유당은 소장에서 칼슘의 흡수를 증진시킨다. 또한 식이섬유는 장의 연동작용을 촉진하여 배변속도와 배변량을 증가시키고, 당과 콜레스테롤의 흡수를 지연시킨다.

(2) 단맛 제공

단당류와 이당류는 단맛을 가지고 있는데, 감미도는 설탕을 기준으로 했을 때 다른 당류의 상대적인 단맛의 강도를 나타낸 것으로 맥아당의 감미가 가장 낮고 천연당 중에서는 과당이 가장 감미가 높다.

알아두기

감미료와 급원식품

식품 감미료에는 단당류, 이당류, 꿀, 시럽, 당알코올 등 체내에서 대사되어 열량을 내는 영양감미료와 열량이 거의 없고 단맛이 강한 대체감미료가 있다.

감미료 종류			상대 감미도	급원식품
영양감미료	당류	유당	0.2	유제품
		맥아당	0.4	맥아, 곡류의 싹, 식혜, 알코올음료
		포도당	0.7	콘시럽, 꿀
		자당	1.0	식탁용 설탕, 대부분의 단 음식
		전화당	1.3	사탕, 꿀
		과당	1.2~1.8	과일, 꿀, 고과당 콘시럽, 일부 청량음료
	당알코올	소르비톨	0.6	사탕, 껌
		자일리톨	0.9	껌
대체감미료		사이클라메이트	30	식탁용 감미료
		아스파탐	200	저열량 음료, 껌, 다이어트용 감미료
		아세설팜-K	200	제과류, 저열량 음료, 껌, 다이어트용 감미료
		사카린	300	저열량 음료

전화당
서당을 산이나 효소로 가수분해할 때 생기는 포도당과 과당의 동량 혼합물로서 감미도가 서당보다 더 크다.

6. 탄수화물 섭취와 건강문제

1) 당뇨병

당뇨병은 대사성 질환으로서, 혈중 인슐린의 결핍이나 비효율적인 인슐린의 작용으로 인해 혈당이 조직세포로 들어가지 못해 혈액 내 포도당 농도가 비정상적으로 높아진 상태가 고혈당증이며, 포도당이 요로 배설되는 증세를 나타내면 당뇨라 한다. 혈당이 170mg/dL 이상이 되면 신장에서 과량의 포도당을 모두 재흡수하지 못해 소변 중에 당이 배출된다. 당뇨병의 진단은 공복혈당 126mg/dL 이상과 경구포도당부하검사 2시간 후 혈당 200mg/dL 이상일 때이다.

포도당 내성검사
일정량(75g)의 포도당을 공복 상태에서 먹인 후 포도당의 세포로의 유입 능력을 혈당농도로 측정하는 검사

당뇨 환자는 혈당 조절을 위해 탄수화물 자체의 섭취를 제한하는 것보다 탄수화물의 섭취를 적정 범위의 에너지 구성비(50~65%)로 조절하고, 규칙적인 식사와

일정한 식사간격을 유지하는 것이 중요하다. 또한 식품선택 시 혈당지수Glycemic Index, GI가 낮은 식품을 섭취하는 것이 좋다. 식품의 혈당지수는 식품 내 탄수화물의 혈당 상승효과를 나타내는 상대적인 척도이다. 혈당지수가 높은 식품은 혈당을 높이고 인슐린 분비를 촉진하여 혈중 중성지방의 농도를 증가시킨다. 혈당지수가 높은 식품은 감자, 백미, 꿀 등이며 혈당지수가 50 미만으로 낮은 식품은 채소, 과일, 우유, 해조류, 두류 등이다표 3-2.

포도당의 GI 100을 기준으로 흰밥은 86, 고구마 61, 사과 38, 우유 27로 GI는 식품에 따라 다르다. GI는 식품의 숙성 정도, 물리적 형태(고체, 액체), 가공과정, 조리과정, 식품의 단백질과 지질의 함량에 영향을 받는다. 식품마다 섭취하는 1회 분량이 다르고 1회 분량에 함유된 탄수화물의 양이 다르므로 식품의 일상적인 1회 분량을 섭취하였을 때의 혈당 반응을 계산한 혈당부하glycemic load: GL의 개념도 사용하고 있다. 당뇨병 환자에게는 GI나 GL이 낮은 식사를 권장한다표 3-2.

식품의 혈당지수

$$\frac{\text{특정 식품 섭취 시 혈당 상승면적}}{\text{기준 식품(포도당 50g) 섭취 시 혈당 상승면적}} \times 100$$

혈당부하

(식품의 혈당지수 × 1회 분량의 탄수화물 함량) ÷ 100

표 3-2 주요 식품별 당지수(GI)와 당부하지수(GL)

식품	혈당지수(GI)	1회 분량(g)	탄수화물 함량 (g/1회 분량)	혈당부하(GL)
대두콩	18	150	6	1
우유	27	250	12	3
사과	38	120	15	6
배	38	120	11	4
밀크초콜릿	43	50	28	12
포도	46	120	18	8
쥐눈이콩	42	150	30	13
호밀빵	50	30	12	6
현미밥	55	150	33	18
파인애플	59	120	13	7
페스트리	59	57	26	15
고구마	61	150	28	17

(계속)

식품	혈당지수(GI)	1회 분량(g)	탄수화물 함량 (g/1회 분량)	혈당부하(GL)
아이스크림	61	50	13	8
환타	68	250	34	23
수박	72	120	6	4
늙은 호박	75	80	4	3
게토레이	78	250	15	12
콘플레이크	81	30	26	21
구운감자	85	150	30	26
흰밥	86	150	43	37
떡	91	30	25	23
찹쌀밥	92	150	48	44

자료 : 보건복지부·한국영양학회, 2020

2) 충치

충치는 치아에 붙은 당이나 전분 등이 입 안의 세균에 의해 대사되면서 생성한 산에 의해 용해되는 치아 부식현상이다. 치아의 충치 유발 정도는 식품의 섭취 횟수와 속도, 식품의 점성도, 함께 섭취하는 식품의 종류, 섭취 후 양치질 여부, 침 분비량 등에 의해 달라진다. 충치균은 치아 표면에 덱스트란dextran을 만들어 서식하면서 산을 생성하여 치아에 산 접촉시간을 길게 한다. 보통 치아의 에나멜층은 pH 5.5에서부터 용해되기 시작하는데 치아 주위는 pH 4까지 내려가게 된다.

충치는 예방이 치료보다 중요하며, 충치 예방을 위해서는 구강 내 청결과 균형 잡힌 식사가 중요하다. 이에 잘 들러붙는 고농축 당류 음식보다는 물과 식이섬유가 많은 음식을 먹도록 하고, 또 음식을 먹은 후에는 빨리 이를 닦도록 한다. 자일리톨 같은 당알코올은 미생물이 에너지원으로 사용할 수 없으므로 충치 예방에 도움이 된다.

3) 식이섬유 관련 질병

식이섬유는 물을 보유하여 변의 부피를 증가시키고 장벽의 내압을 높여 변의 통과 속도를 빠르게 한다.

식이섬유의 섭취가 적으면 변이 작고 단단해져 변비constipation가 생기고, 배변 시 대장에 압력을 가하게 되면 대장벽, 근육층 사이에 작은 주머니인 게실을 만들어 게실증에 걸리게 된다. 게실에 식이섬유 찌꺼기residue가 들어가면 산과 가스를 생성하여 염증을 유발, 게실염diverticulitis이 된다. 이때는 항생제와 함께 식이섬유 섭취를 줄이고 염증이 가라앉으면 식이섬유 섭취를 늘린다. 치질도 배변 시의 강한 긴장감으로부터 생기며 식이섬유의 섭취 부족과 관련 있다.

과일과 채소 내의 셀룰로오스, 헤미셀룰로오스, 리그닌은 직장암 예방 효과가 있다. 그러므로 고열량, 고지방식이와 함께 저섬유식이는 직장암의 중요한 원인이 된다.

알아두기

식이섬유를 과다 복용하면?

최근 기능성 식이섬유제품의 이용이 크게 늘고 있어 식이섬유 과다 복용 문제가 우려되고 있다. 하루 60g 이상의 식이섬유를 섭취할 때 종종 위장에 피토베조로phytobezore라는 섬유소 덩어리가 생겨 소장의 흐름을 막을 수 있다. 고섬유식을 하고 물을 충분히 섭취하지 않으면 변이 오히려 더 단단해지고 장내 가스를 발생하여 장의 유동을 방해할 수도 있다. 반면, 물을 지나치게 섭취하면 설사나 탈수증상이 올 수 있고, 영양불량이나 체중 감소를 초래할 수 있다. 또한 많은 양의 식이섬유는 칼슘, 아연, 철 같은 중요한 무기물과 결합하여 무기질의 흡수를 저하시킨다. 결과적으로 다량의 식이섬유는 식사의 부피를 크게 하여 저열량식에 이용될 수는 있으나 장기간에 걸친 과잉 섭취는 피해야 한다.

7. 탄수화물의 섭취기준과 급원식품

1) 탄수화물 섭취기준

2020년 한국인 영양소 섭취기준에는 에너지적정비율, 평균필요량, 권장섭취량, 충분섭취량이 설정되어 있다. 에너지적정비율acceptable macronutrient distribution ranges: AMDR은 총 에너지섭취량 중 탄수화물로부터 에너지 섭취비율을 의미하며, 1세 이후 모든 대상자에서 55~65%로 정하고 있다.

한국인 영양소 섭취기준에는 탄수화물의 평균섭취량, 권장섭취량, 충분섭취량이 새로 설정되었다. 탄수화물 섭취량이 부족하면 체내 에너지원을 공급하기 위해 당신생합성이나 케톤체를 생성하게 되므로 케토시스와 근육 손실 방지를 위해서는 탄수화물을 적정량 섭취해야 한다. 한국인 영양소 섭취기준에는 1세 미만 영아에게는 충분섭취량으로 0~5개월까지는 60g, 6~11개월까지는 90g으로 정하였으며, 1세 이상에서는 평균필요량은 100g과 권장섭취량은 130g으로 설정하였다. 탄수화물의 섭취량이 많으면 여러 만성질환의 발생 위험이 증가하지만, 근거가 충분하지 않아서 상한섭취량은 설정하지 않았다표 3-3.

첨가당이나 가당음료의 섭취가 많을수록 비만, 당뇨병, 심혈관질환의 위험도가 증가한다. 한국인 영양소 섭취기준에서 당류 섭취기준은 총 에너지섭취량의 10~20%로 제한하고, 식품의 조리 및 가공 시 첨가하는 첨가당은 총 에너지섭취량의 10% 이내로 섭취하도록 정하였다. 첨가당의 주요 급원은 설탕, 액상과당, 물엿, 꿀, 시럽, 농축과일주스 등이다.

식이섬유를 과량 섭취하면 철, 칼슘, 아연 등과 같은 무기질의 흡수율과 비타민의 생체이용율이 감소되고 위장관 부작용이 있으나, 심각한 부작용은 보고되지 않았다. 식이섬유의 섭취기준은 상한섭취량을 설정하지 않았으며, 충분섭취량은 19~29세 성인 기준으로 남자는 1일 30g, 여자는 20g으로 정하였다.

표 3-3 한국인의 1일 탄수화물 섭취기준

성별	연령	탄수화물(g/일)			
		평균필요량	권장섭취량	충분섭취량	상한섭취량
영아	0~5(개월)			60	
	6~11			90	
유아	1~2(세)	100	130		
	3~5	100	130		
남자	6~8(세)	100	130		
	9~11	100	130		
	12~14	100	130		
	15~18	100	130		
	19~29	100	130		
	30~49	100	130		
	50~64	100	130		
	65~74	100	130		
	75 이상	100	130		
여자	6~8(세)	100	130		
	9~11	100	130		
	12~14	100	130		
	15~18	100	130		
	19~29	100	130		
	30~49	100	130		
	50~64	100	130		
	65~74	100	130		
	75 이상	100	130		
임신부		+35	+45		
수유부		+60	+80		

자료 : 보건복지부 · 한국영양학회, 2020

2) 급원식품

탄수화물은 에너지 공급원으로 매우 중요하며 소화가 쉽고 체내 대사과정 중 독성물질을 만드는 일도 드물다. 탄수화물의 급원식품은 대부분 식물성 식품이며 단당류는 과일과 채소에 함유되어 있다. 이당류 중 자당은 사탕수수와 사탕무, 꿀 등에 함유되어 있고 유당은 우유 및 유제품에 존재하며 맥아당은 전분의 가수분해 산물로 생성되며 맥아(엿기름)에 포함되어 있다. 올리고당은 주로 두류에 함유되어 있다. 탄수화물은 전분 형태로 섭취하는데 곡류 및 곡류제품, 감자와 같은 서류, 호박 등에 함유되어 있다.

국민건강영양조사(2017년) 자료에 따르면, 우리 국민의 탄수화물 섭취에 기여하는 대표적 급원식품으로는 백미, 라면, 국수, 빵, 떡, 사과, 현미, 과자, 밀가루, 고구마 순이었으며, 탄수화물의 주요 급원식품과 함량은 표 3-4와 같다.

표 3-4 탄수화물 주요 급원식품과 함량[1)]

순위	급원식품	함량(g/100g)	순위	급원식품	함량(g/100g)
1	백미	75	16	메밀국수	61
2	라면(건면, 스프 포함)	69	17	고추장	52
3	국수	60	18	감자	16
4	빵	50	19	바나나	22
5	떡	49	20	콜라	9
6	사과	14	21	과일음료	9
7	현미	74	22	맥주	3
8	과자	66	23	감	14
9	밀가루	77	24	양파	7
10	고구마	34	25	복숭아	13
11	보리	75	26	당면	89
12	찹쌀	82	27	만두	28
13	배추김치	6	28	물엿	83
14	설탕	100	29	포도	15
15	우유	6	30	배	12

1) 2017년 국민건강영양조사의 식품별 섭취량과 식품별 탄수화물 함량(국가표준식품성분표 DB 9.1) 자료를 활용하여 탄수화물 주요 급원식품 상위 30위 산출

자료 : 보건복지부 · 한국영양학회, 2020

2022년 국민건강영양조사 자료에 의하면, 우리 국민 1세 이상 1일 당류 평균 섭취량은 36.7g이고, 2021년 37.5g, 2020년 33.1g과 거의 비슷한 추세이다. 당류 주요 급원식품은 사과, 설탕, 우유, 콜라 순이었으며, 당류의 급원식품과 당 함량은 표 3-5와 같다.

표 3-5 당류 주요 급원식품과 함량

순위	급원식품	함량(g/100g)	순위	급원식품	함량(g/100g)
1	사과	11.1	16	아이스크림	17.3
2	설탕	93.5	17	참외	9.1
3	우유	4.1	18	포도	10.4
4	콜라	9.0	19	케이크	22.9
5	배추김치	3.1	20	가당 오렌지주스	6.5
6	과일음료	7.1	21	빵	4.1
7	바나나	14.6	22	요구르트(호상)	4.6
8	양파	5.7	23	초콜릿	43.9
9	감	10.5	24	귤	5.1
10	고추장	22.8	25	수박	5.1
11	고구마	9.8	26	불고기양념	28.2
12	복숭아	9.3	27	쌈장	25.7
13	국수	7.4	28	커피(믹스)	5.9
14	사이다	8.8	29	배	4.7
15	기타 탄산음료	10.7	30	양배추	4.8

[1] 2017년 국민건강영양조사의 식품별 섭취량과 식품별 당류 함량(국가표준식품성분표 DB 9.1) 자료를 활용하여 당류 주요 급원식품 상위 30위 산출

자료 : 보건복지부 · 한국영양학회, 2020

식이섬유는 과일류, 채소류, 곡류에 존재하며, 해조류나 콩류, 버섯류는 좋은 급원이다. 반면에 가공식품인 어묵, 햄, 소시지, 돼지고기 가공품, 과일채소음료, 탄산음료에는 식이섬유 함량이 매우 낮다. 국민건강영양조사 결과에 의하면, 우리 국민

에서 식이섬유 섭취의 주요 급원식품은 배추김치 > 사과 > 감 > 고춧가루 > 백미 순이었으며, 이는 식이섬유 함량이 높은 식품보다는 1일 섭취량이 높은 식품이 주요 급원식품인 것으로 나타났다표 3-6.

표 3-6 식이섬유 주요 급원식품과 함량

순위	급원식품	함량(g/100g)	순위	급원식품	함량(g/100g)
1	배추김치	4.6	16	깍두기	4.3
2	사과	2.7	17	고추장	5.2
3	감	6.4	18	라면(건면, 스프 포함)	2.2
4	고춧가루	37.7	19	감자	1.7
5	백미	0.5	20	현미	3.5
6	빵	3.7	21	고구마	2.0
7	보리	11.0	22	국수	1.8
8	대두	20.8	23	만두	5.8
9	두부	2.9	24	건미역	35.6
10	복숭아	4.3	25	양배추	2.7
11	샌드위치/햄버거/피자	7.2	26	상추	3.7
12	양파	1.7	27	열무김치	3.2
13	귤	3.3	28	바나나	1.9
14	된장	10.3	29	가당음료(오렌지주스)	1.8
15	토마토	2.6	30	당근	3.1

[1] 2017년 국민건강영양조사의 식품별 섭취량과 식품별 식이섬유 함량(국가표준식품성분표 DB 9.1) 자료를 활용하여 식이섬유 주요 급원식품 상위 30위 산출

자료 : 보건복지부 · 한국영양학회, 2020

CHAPTER

4

지질의 이해

1. 지질 / 2. 지질의 분류 / 3. 지질의 소화와 흡수 / 4. 지질의 수송 및 대사
5. 지질의 체내 작용 / 6. 지질의 섭취기준 / 7. 지질과 건강

지질lipids이란 물에 녹지 않는 다양한 종류의 화학물질을 총칭한다. 식품 내 또는 체내에 존재하는 지질은 여러 가지 중요한 기능을 수행한다.

여러 가지 지질 중에서 영양적으로 중요한 의미가 있는 것은 중성지방과 지방산, 지단백질 및 콜레스테롤이다. 중성지방은 농축된 주요 에너지원이며 필수지방산을 공급한다. 지단백질은 지질의 운반과 대사에 중요한 역할을 수행한다. 콜레스테롤은 세포막의 필수 구성성분이다.

그러나 지질이 체내에 과다하게 존재하게 되면 동맥경화성 질환을 유발하는 위험인자로 작용한다. 그러므로 건강을 유지하고 심 · 혈관계 질병을 예방하는 데 있어 적정량의 지질 섭취가 중요하다. 최근에는 한국인의 지질 섭취량이 점차 늘고 있으며 이와 관련된 질병의 발생률도 증가하고 있어 우리나라에서도 지질 영양에 대한 관심이 높다.

학 / 습 / 목 / 표

1. 체내에서 지질이 수행하는 작용을 서술할 수 있다.
2. 지질의 종류를 구분하고 각각의 구조적, 기능적 특성을 설명할 수 있다.
3. 필수지방산을 정의하고 결핍증에 대해 기술할 수 있다.
4. 콜레스테롤의 구조를 묘사하고 체내 기능을 서술할 수 있다.
5. 지질의 소화와 흡수 및 운반과정을 설명할 수 있다.
6. 지질의 적정 섭취량에 대해 말할 수 있다.

1. 지질

지질은 체내에서 여러 가지 중요한 기능을 수행한다. 그러나 체내에 지질이 과다하게 있으면 동맥경화성 질환을 발생시키는 위험인자로 작용한다. 최근 한국인의 지질 섭취량이 점차 늘고 있으며 이와 관련된 질병의 발생률도 증가하고 있어 우리나라에서도 지질 영양에 대한 관심이 높다.

1) 지질의 정의

지질lipids이란 식품이나 체내에 들어 있는 물에 녹지 않는 다양한 종류의 유기화합물, 즉 중성지방triacylglyceride, 인지질phospholipid, 콜레스테롤cholesterol 등을 총칭한다. 일반적으로 지질과 지방을 구별하지 않고 사용하는 것은 중성지방이 지질의 대부분을 차지하기 때문이다.

지질의 종류

- 중성지방(기름과 지방)
  - 글리세롤
  - 지방산
    - 포화
    - 단일불포화
    - 다가불포화
      - 오메가-6
      - 오메가-3
- 인지질(레시틴 등)
- 스테롤(콜레스테롤 등)

2) 지질의 일반적 특성

지질은 종류가 다양하여 물에 녹지 않고 유기용매에 녹는다는 성질 이외에 공통점을 말하기가 쉽지 않다. 분자의 구조와 형태 또는 체내 기능이 다양하다.

그러나 탄소C와 수소H 및 산소O로 구성된 유기화합물이며 농축 에너지원이라는 점이 공통적이다.

(1) 지질은 탄소, 수소, 산소로 이루어진 유기화합물

지질은 기본적으로 탄소와 수소 및 산소로 이루어진 유기화합물이라 할 수 있다. 이는 지질의 대부분이 중성지방이며, 중성지방은 지방산으로 구성되어 있는데, 지방산이 탄소와 수소가 결합한 탄화수소 사슬에 일부 산소가 결합한 구조를 하고 있기 때문이다. 지방산은 사슬의 길이와 불포화도에 따라 구분하는데 종류가 많으며 체내에서 수행하는 기능도 다양하다.

콜레스테롤과 피토스테롤도 이들 세 가지 원소로 구성되어 있다. 그러나 지방산이 사슬구조를 하고 있는 데 비해, 이들 스테롤은 탄소와 수소가 고리구조를 하고 있다.

인지질에는 인지질에는 인산염기PO_4^{2-}와 질소N를 포함하는 염기가 들어 있어 탄소, 수소 이외에 인P과 질소가 함유되어 있다.

(2) 단위 무게당 에너지 함량이 높은 영양소

체내에서 에너지를 발생하는 영양소는 지질과 탄수화물 및 단백질이다. 탄수화물과 단백질이 1g당 4kcal의 에너지를 내는 것과 달리 지질은 9kcal를 발생한다. 이는 지질이 탄수화물이나 단백질에 비해 탄소와 수소의 함량이 많고 산소 함량은 적기 때문이다. 이러한 이유로 체내의 잉여 에너지는 에너지 밀도가 높은 중성지방 형태로 저장된다. 물론 잉여 에너지를 지방조직에 중성지방의 형태로 저장함으로써 체온유지나 내부 장기보호 등의 기능을 수행하는 의미도 있다.

만약에 탄수화물이나 단백질 형태로 잉여 에너지를 저장한다면 체중 증가량이 상당히 많을 것이다.

2. 지질의 분류

지질을 분류하는 일반적인 방법은 지질의 구성성분에 의거해 단순지질, 복합지질 및 유도지질로 구분하는 분류한다표 4-1. 단순지질은 상온에서의 형태에 따라 기름oils과 지방fats으로 구분하기도 하는데, 참기름이나 올리브유처럼 액상을 기름이라고 하며, 쇠기름이나 버터처럼 고체상을 지방이라고 한다. 본 장에서 지방이라 할 때는 단순지질인 중성지방이다.

기름과 지방
실온에서 기름은 액상이며 지방은 고체상임

식품이나 체내에 함유된 지질의 98~99%는 단순지질이며, 중성지방이 대부분이다. 나머지 1~2%가 인지질과 당지질 및 지단백질과 같은 복합지질이거나 콜레스테롤과 같은 스테롤 또는 비타민 D 등의 유도지질이다.

표 4-1 지질의 분류

분류	정의	종류
단순지질	글리세롤과 지방산의 결합체	중성지방
복합지질	단순지질과 다른 성분의 결합체	인지질, 당지질, 지단백질
유도지질	스테롤 및 지질 분해산물	콜레스테롤, 피토스테롤, 글리세롤, 지방산, 비타민 D

1) 중성지방

중성지방은 글리세롤glycerol 한 분자에 지방산fatty acid 세 분자가 결합하고 있어 트리아실글리세롤triacylglycerol, triglycerides: TG이라고 부른다그림 4-1.

한편, 글리세롤에 지방산이 두 분자만 결합한 물질을 디아실글리세롤diacyl-glycerol, diglycerides: DG이라고 하며, 지방산이 한 분자만 결합한 물질을 모노아실글리세롤monoacylglycerol, monoglyceride: MG이라고 부른다.

대부분의 식용 유지나 기타 식품에 함유된 지질은 중성지방이다. 중성지방은 맛이나 냄새가 없다. 그러나 각각의 식용 유지가 독특한 향미를 갖는 것은 중성지방의 분해산물이나 지방산 또는 기타 혼합물에 의한 것이라고 볼 수 있다. 우리 몸의 체지방도 대부분 중성지방으로 구성되어 있다. 중성지방은 산이나 알코올 또는 소화효소에 의해 글리세롤과 지방산으로 분해된다.

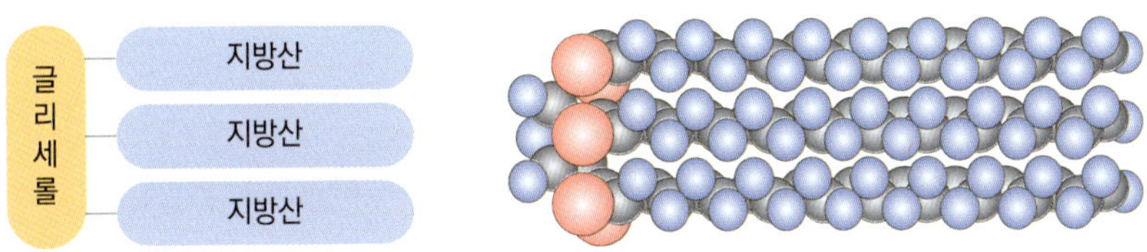

그림 4-1 중성지방의 구조

2) 지방산

중성지방에 함유된 지방산은 각기 탄화수소 사슬의 길이가 다양하고 탄소와 탄소 간 이중결합의 수가 다르다. 식품에 함유된 지방에는 4개에서 22개까지 짝수 개의 탄소로 이루어진 지방산이 들어 있다. 첫 탄소원자는 카르복실기carboxyl group: -COOH에 들어 있고 마지막 탄소원자는 메틸기methyl group: CH_3 안에 들어 있다. 지방산을 이루는 탄화수소 사슬은 물에 녹지 않는 비극성의 성질을 지니나 카르복실기는 물과 잘 섞이는 극성이다.

(1) 지방산의 분류

지방산을 분류하는 한 방법으로 탄화수소 사슬의 길이에 따라 구분하는 방법이 있고, 또한 탄화수소 사슬 내의 탄소와 탄소 간 이중결합의 수, 즉 불포화도에 따라서 분류하는 방법이 있다. 이 외에 체내에서의 합성 여부에 따라서도 분류한다 표 4-2.

표 4-2 지방산의 분류

탄화수소 사슬의 길이에 따른 분류		탄화수소 사슬 내 이중결합의 수에 따른 분류		체내 합성 여부에 따른 분류	
지방산	탄소 수	지방산	불포화도	지방산	체내 합성 여부
짧은사슬지방산	4~6개	포화지방산	0	비필수지방산	합성 가능
중간사슬지방산	8~12개	단일불포화지방산	1	조건적 필수지방산	합성 가능하나 불충분할 수 있음
긴사슬지방산	14개 이상	다가불포화지방산	≥2	필수지방산	합성 불가능

탄소 수가 6개 미만인 경우를 짧은사슬지방산short-chain fatty acids: SCFA이라 하고, 8~12개를 중간사슬지방산medium-chain fatty acids: MCFA이라 하며, 그 이상, 즉 14개 이상을 긴사슬지방산long-chain fatty acids: LCFA이라 한다. 짧은사슬지방산은 비교적 흔하지 않다. 중간사슬지방산은 식품에 함유된 지방산의 4~10%를 차지하는데, 이들 지방산은 긴사슬지방산에 비해 수용성이 크고 쉽게 흡수된다. 긴사슬지방산은 식품 지방산의 대부분을 차지한다.

이중결합은 탄소에 결합할 수 있는 수소가 부족한 상태임을 의미하므로 불포화 정도를 나타낸다. 이중결합이 전혀 없는 지방산을 포화지방산saturated fatty acids: SFA이라 한다. 이들 지방산의 탄화수소 사슬은 거의 직선과 비슷하다. 이중결합이 하나인 경우를 단일불포화지방산monounsaturated fatty acids: MUFA이라 하며, 두 개 또는 그 이상의 이중결합이 있는 지방산을 다가불포화지방산polyunsaturated fatty acids: PUFA이라 한다. 탄소 수가 20~22개인 지방산은 5개 또는 6개의 이중결합을 갖기도 한다. 이러한 지방산은 생선이나 어유에 주로 함유되어 있다.

불포화지방산의 탄화수소 사슬은 구부러진 형태를 보이는데, 이는 이중결합이 있는 부분에서 결합각이 감소하기 때문이다. 따라서 이중결합이 많을수록 점점 더 굽은 형태를 갖게 된다그림 4-2.

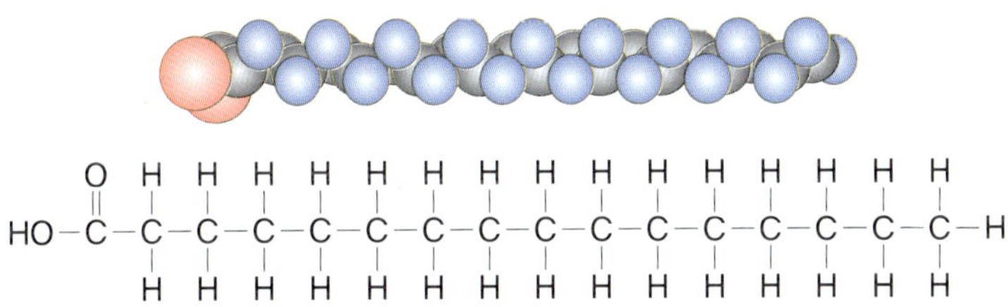

팔미트산(16:0)

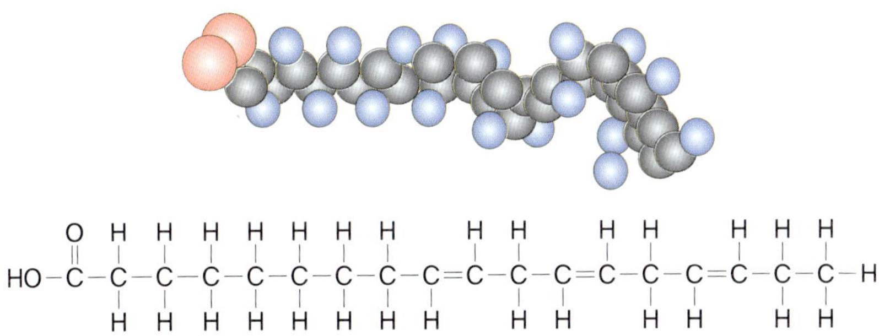

리놀렌산(18:3)

그림 4-2 포화지방산과 불포화지방산의 구조

오메가-3와 오메가-6 지방산
첫 이중결합의 위치가 메틸기로부터 세 번째 탄소에 있는 지방산을 ω-3 지방산이라 하고, 여섯 번째 탄소에 있는 경우를 ω-6 지방산이라고 함

우리가 흔히 섭취하는 유지의 포화지방산과 단일 및 다가불포화지방산의 함량 및 주요 불포화지방산의 조성은 그림 4-3과 같다. 버터, 쇠기름, 돼지기름(라드) 등 동물성 지방은 포화지방산 함량이 높은 데 비해 식물성 기름은 불포화지방산이 많이 함유되어 있다. 식물성 기름 중에서 올리브유와 채종유에는 단일불포화지방산이, 면실유, 홍화씨유나 해바라기씨유에는 다가불포화지방산이, 참기름이나 옥수수유에는 단일불포화지방산과 다가불포화지방산이 주로 들어 있다. 한편 들기름과 대구간유를 비롯한 어유에는 다가불포화지방산 중에서 오메가-3 지방산 함량이 높

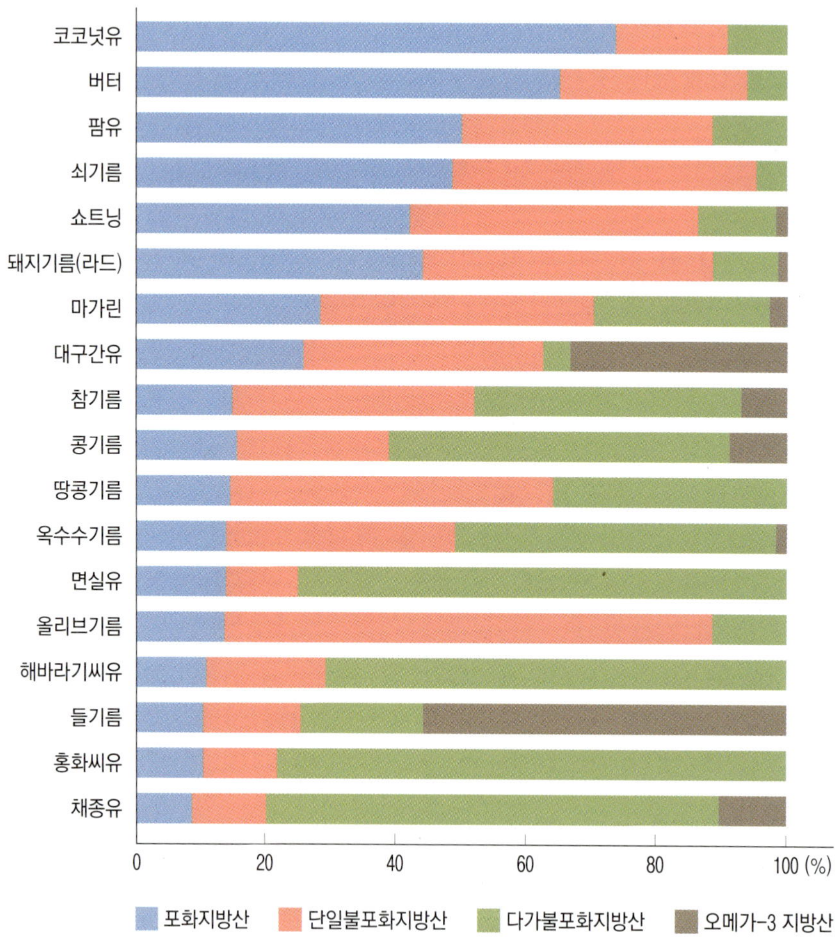

그림 4-3 식용 유지의 지방산 조성

다. 코코넛유나 팜유는 식물성 기름이지만 포화지방산 함량이 높은 특성이 있다. 지방산마다 체내 기능이 다르므로 지방산 조성의 차이는 만성 퇴행성 질환의 발생과 관련해 영양적으로 중요한 의미를 갖는다.

(2) 필수지방산

체내에서 합성되지 않거나 합성되더라도 그 양이 충분하지 않은 필수지방산 essential fatty acids에는 리놀레산(18:2), 리놀렌산(18:3) 및 아라키돈산(20:4)이 있다. 리놀레산과 리놀렌산은 체내에서 전혀 합성되지 않으며, 아라키돈산은 리놀레산으로부터 일부 합성되나 그 양이 충분하지 않을 수도 있다.

전통적으로는, 저지방 식사로 발생한 성장저해나 피부염 치료에 리놀레산과 리놀렌산 및 아라키돈산 모두가 효과를 보임으로써 이들 세 가지 지방산을 필수지방산이라 하였다. 그러나 아라키돈산은 생합성이 되므로 엄밀한 의미에서 영양적 필수지방산은 리놀레산과 리놀렌산 두 가지다. DHAdocosahexaenoic acid와 EPA eicosapentaenoic acid는 리놀렌산으로부터 생합성된다.

DHA와 EPA
DHA(22:6)와 EPA(20:5)는 고도 긴사슬불포화지방산이며, ω-3 지방산 계열임. 등푸른 생선과 어유에 다량 함유되어 있으며 심혈관계질환을 예방하는 효과를 나타냄

(3) 트랜스지방산

탄소와 탄소 간 이중결합은 탄소에 결합한 두 개의 수소 원자가 각기 다른 방향에 위치할 수 있기 때문에 입체적으로 두 가지 형태를 취할 수 있다. 즉 두 수소 원자가 동일한 방향에 놓인 경우를 시스*cis*형이라 하고, 다른 방향으로 놓인 경우를 트랜스 *trans*형이라 한다그림 4-4.

시스형의 경우 이중결합을 이루는 2개의 탄소원자가 각각 1개의 수소원자와 결합하고 있는데, 이 수소원자를 비롯해 다른 분자들 모두 같은 방향으로 배열해 탄화수소 사슬이 구부러진다. 반면에 트랜스형의 이중결합은 구부러지지 않아 탄화수소 사슬이 포화지방산처럼 직선 형태를 유지한다. 자연에 존재하는 대부분의 불포화지방산은 시스형이지만 마가린이나 쇼트닝을 만들 때에 상당한 양의 트랜스형이 만들어진다.

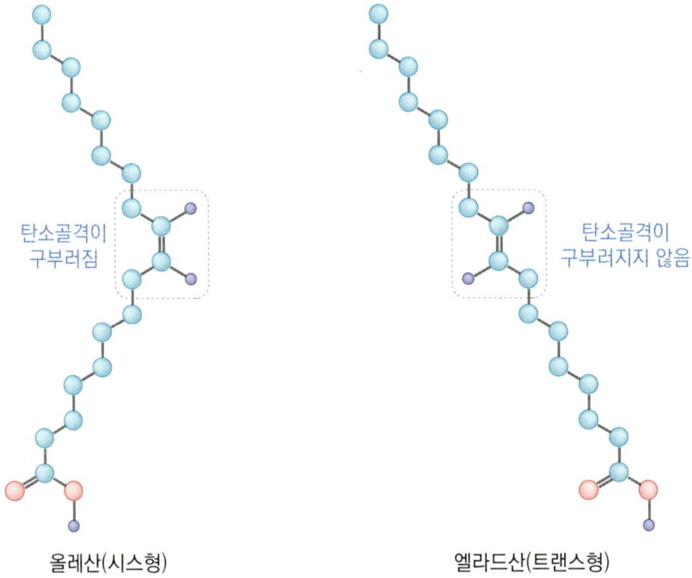

그림 4-4 시스형과 트랜스형 지방산의 구조

마가린이나 쇼트닝은 고체상의 질감이 있고 퍼짐성이 좋으며, 융점이 낮고 좋은 맛을 갖는다. 이러한 이유로 버터나 라드 같은 동물성 지방의 대체품으로 널리 이용되어 왔다. 그런데 최근에 트랜스지방산이 특정 암세포의 성장을 촉진하고 심·혈관계 질환에 대한 위험성을 높인다는 연구결과들이 발표되었다. 이후 식품의 트랜스지방산 함량을 줄이려는 시도가 이루어지고 있다.

알아두기

한국인의 트랜스지방산 섭취 실태

트랜스지방산의 과잉섭취는 혈중 LDL-콜레스테롤 수치를 높이고, HDL-콜레스테롤 수치를 낮추어 심혈관계질환의 위험을 높일 수 있다고 하였다. 국민건강영양조사 자료를 분석한 결과 트랜스지방산 섭취량은 평균 1% 미만으로 나타났으며 WHO의 권고 수준인 섭취 에너지의 1% 미만(2.2g/2,000kcal)을 초과하지 않았으나 성인에 비해 청소년과 어린이는 섭취량이 많았다.

이는 트랜스지방산이 청소년이나 어린이들이 즐겨 먹는 간식 종류에 주로 함유되어 있기 때문 이었다. 식품 100g당 트랜스지방산 함량은 튀김이나 도넛, 팝콘 등에 0.1~0.5g 수준이었다. 식품 산업체에서는 트랜스지방산 함량을 감소시키려고 하고 있다.

3) 인지질

인지질phospholipids은 그림 4-5에서 보는 바와 같이, 글리세롤에 결합한 세 분자의 지방산 중 하나가 인산염기로 대치되어 있다. 이 인산염기에 질소를 함유하는 분자가 결합하고 있다. 지방산 대신에 결합해 있는 분자들은 물에 대한 용해성이 크다. 그러므로 인지질은 물 분자와 지방 분자를 서로 혼합시켜 유화 상태를 만든다.

인지질
글리세롤 뼈대에 2개의 지방산이 결합되고 3번째 수산기(-OH)에 인산과 염기가 붙은 지질로, 주로 세포막을 구성하는 성분임

인지질 중에 가장 널리 알려진 물질로는 레시틴lecithin, 세팔린cephalin, 스핑고미엘린sphingomyelin 등이 있다. 이들은 세포막의 주요 구성성분이며, 특히 뇌와 신경조직에 함량이 높다. 레시틴은 식품산업에서 유화제로 쓰일 뿐만 아니라 동맥벽의 지방 축적을 예방하기 위한 건강기능식품으로 사용한다.

일반적으로 식사를 통해 섭취하는 인지질은 하루에 1~3g이며, 총지질 섭취량의 약 2%에 달한다. 인지질은 간에서 합성되므로 필수성은 없다.

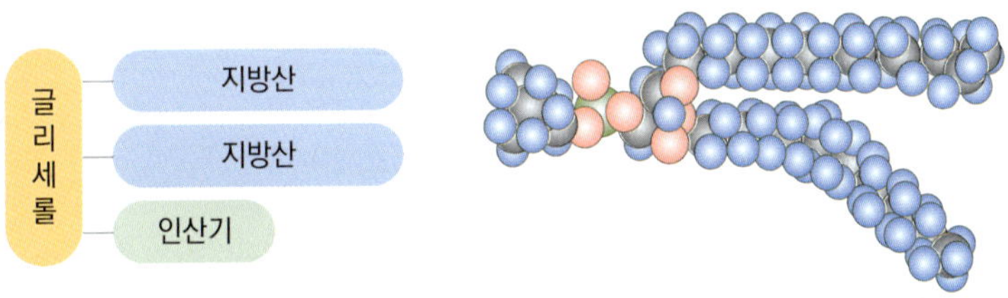

그림 4-5 인지질의 구조

4) 지단백질

지단백질lipoprotiens은 체내에서 지질의 운반과 대사에 중요한 역할을 하는 물질이다. 지단백질은 비극성의 중성지방과 콜레스테롤을 극성인 인지질과 단백질이 둘러싼 형태를 하고 있다그림 4-6. 혈액 등 체내의 수용성 환경에서 지질을 이동하려면 물에 용해되는 상태가 되어야 한다.

지단백질은 밀도에 따라 킬로미크론chylomicron, 초저밀도지단백very low density lipoprotein: VLDL, 저밀도지단백low density lipoprotein: LDL 및 고밀도지단백high

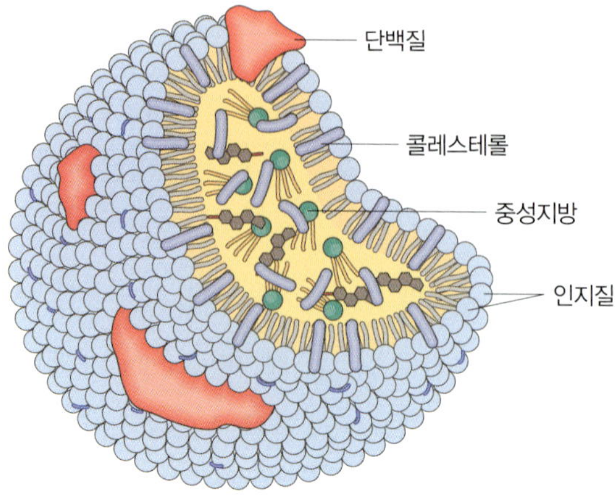

그림 4-6 지단백질의 기본 구조

density lipoprotein: HDL으로 나뉜다. 단백질에 대한 지질의 함량 비율이 낮을수록 밀도가 높다. 보다 자세한 내용은 지질의 수송에서 다룬다.

5) 스테롤

식품에 함유되거나 체내에 존재하는 콜레스테롤cholesterol을 비롯해 식물체에 함유되어 있는 피토스테롤, 에르고스테롤, 비타민 D 등이 스테롤sterols에 속한다. 스테롤은 그림 4-7과 같이 탄소로 이루어진 4개의 고리구조를 기본으로 하고 있다.

① 콜레스테롤

콜레스테롤은 스테롤의 기본 구조인 탄소로 이루어진 4개의 고리를 갖고 있다그림 4-7. 콜레스테롤은 인지질과 함께 세포막을 구성하는 중요한 성분이다. 특히 신경세포의 절연막인 수초myelin에 콜레스테롤이 많이 함유되어 있어 뇌를 비롯한 신경조직에 콜레스테롤 함량이 높다.

세포막의 구성성분으로 쓰이는 이외에도 콜레스테롤은 성 호르몬을 비롯한 여러 스테로이드 호르몬과 담즙산을 합성하는 전구체로 쓰인다. 그러므로 우리 몸은 일정 수준의 콜레스테롤 함량을 유지해야 한다.

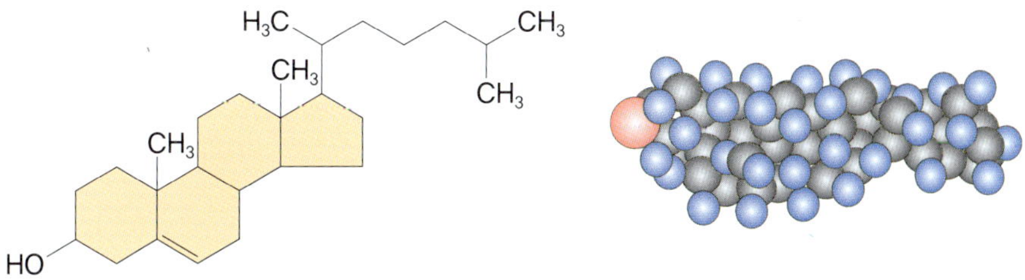

그림 4-7 콜레스테롤의 구조

콜레스테롤은 동물성 식품에만 함유되어 있으며 버터, 육류, 달걀 등이 콜레스테롤의 주요 급원식품이다. 표 4-3에 식품의 콜레스테롤 함량과 포화지방산함량을 나타내었고, 이와 함께 콜레스테롤-포화지방 지수cholesterol saturated fat index: CSI를 제시하였다.

콜레스테롤-포화지방 지수
각 식품별로 1인 1회 분량에 함유된 콜레스테롤과 포화지방 함량에 의거해 산출한 지수로 혈중 콜레스테롤 농도를 상승시키는 영향력을 나타냄

표 4-3 식품의 콜레스테롤과 포화지방산 함량 및 CSI 지수

식품	1인 1회 분량(g)	CSI 지수	콜레스테롤(mg)	포화지방산(g)
난황	25(1개)	17.8	298	2.7
달걀	50(1개)	13.7	235	1.9
돼지고기(삼겹살)	60	11.2	38	9.3
닭날개	60	5.8	70	2.7
쇠안심	60	5.7	40	3.7
닭다리	60	5.6	57	2.7
쇠갈비	60	5.5	33	3.8
우유	200(1컵)	5.0	22	1.9
치즈	20(1장)	4.2	16	3.4
새우	50	3.3	56	0.04
캔 참치	50	2.4	19	1.4

② 피토스테롤

식물성 식품에 들어 있는 스테롤을 피토스테롤phytosterols이라 한다. 이 중 식물성기름과 땅콩이나 아보카도에 있는 시토스테롤sitosterol은 장 내에서의 흡수단계에서 콜레스테롤과 경쟁하므로 콜레스테롤의 흡수를 감소시키는 효과를 나타낸다. 피토스테롤의 한 종류인 에르고스테롤ergosterol은 이스트에 다량 함유되어 있으며, 피부에서 비타민 D를 합성하는 데 전구물질로 쓰인다.

3. 지질의 소화와 흡수

식품에 함유된 지질은 주로 중성지방이며 약간의 인지질과 콜레스테롤이 함께 들어 있다. 이들 지질은 소화관을 거치면서 가수분해되고, 점막세포에서 흡수된 후 지단백질 형태로 림프순환을 통해 체순환에 들어간다. 분자량이 작은 지방산은 문맥순환을 이용한다그림 4-8.

지질의 합성과 산화 등 지질대사는 주로 간과 지방조직에서 이루어진다. 말초조직의 세포는 필요한 지질을 혈액의 지단백질로부터 공급받아 사용한다.

1) 소화

지질의 소화는 구강과 위에서 시작되나 매우 미약한 편이고, 주로 소장에서 이루어진다.

(1) 구강과 위

타액에 함유되어 분비된 구강 리파아제lingual lipase는 음식물이 식도를 통과하는 중에 일부 중성지방을 지방산과 디글리세리드diglyceride로 분해한다. 이 효소는 위에 도달한 후에도 작용을 계속하는데, 주로 짧은사슬이나 중간사슬지방산을 분해한다.

음식물이 위에 도달하면 위에서 위 리파아제gastric lipase가 분비된다. 이 효소도

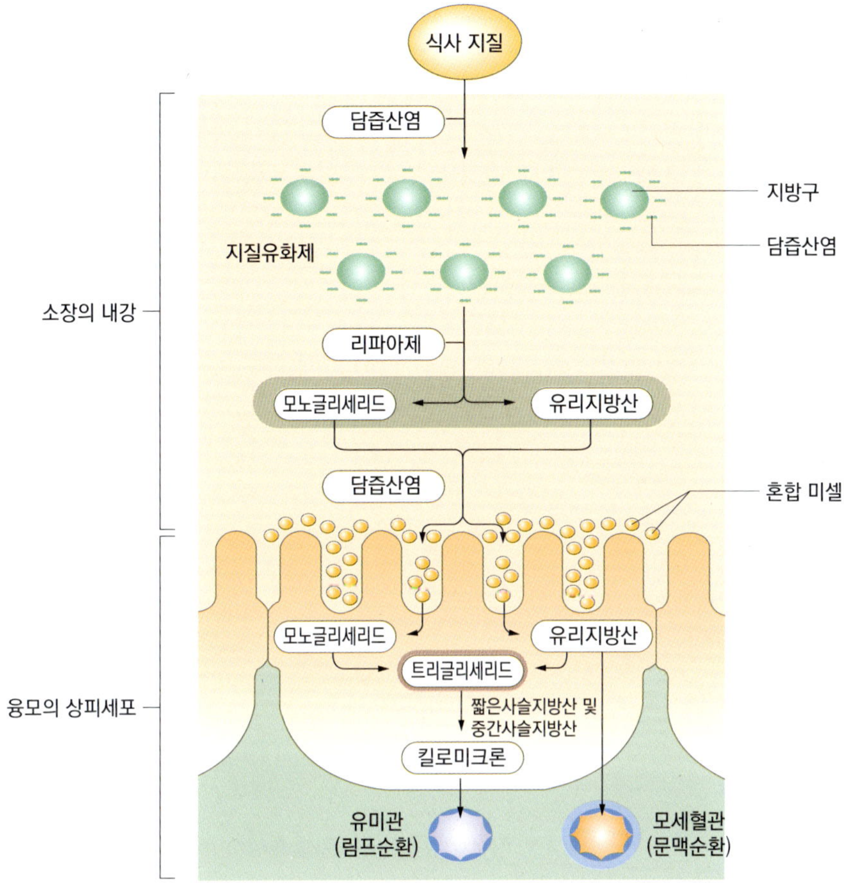

그림 4-8 지질의 소화와 흡수

역시 긴사슬지방산보다는 짧은사슬지방산 또는 중간사슬지방산을 주로 공격한다. 그러나 위에서 가수분해되는 지방의 양은 아주 적다. 이는 구강 및 위 리파아제가 수용성 환경에서 지질에 작용하기가 쉽지 않기 때문이다.

(2) 소장

지질의 소화는 대부분 소장에서 이루어진다. 위에 머물던 미즙이 십이지장으로 내려오면 소장 상부에서 세크레틴secretin과 콜레시스토키닌cholecystokinin 및 엔테로가스트론enterogastrone이란 소화기 호르몬이 분비된다. 세크레틴은 췌장액에 중탄산염이온HCO_3^-의 분비를 촉진하고, 콜레시스토키닌은 담낭을 수축시켜 담즙을 배출하게 하며 췌장액의 소화효소 분비도 자극한다. 엔테로가스트론은 위액 분비를 감소시키고 위 운동을 억제해 미즙이 소장으로 들어오는 속도를 늦춘다.

미즙이 담즙과 혼합되면 지방구가 담즙산염에 둘러싸여 유화상태가 된다그림 4-9. 이로 인해 지방구의 표면적이 넓어지고 수용성인 효소들이 지질과 쉽게 접촉할 수 있게 된다.

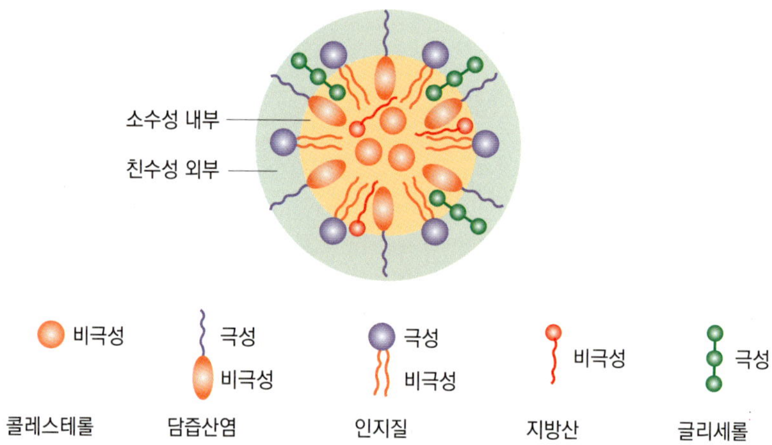

그림 4-9 지질과 담즙산염의 미셀 형성

췌장액에는 리파아제pancreatic lipase, 포스포리파아제phospholipase 및 콜레스테롤에스테라아제cholesterol esterase가 함유되어 있다. 담즙과 췌장액에 함유된 중탄산염이온은 장 내용물의 pH를 6.5로 높여 췌장 리파아제의 활성을 증가시킨다.

췌장 리파아제는 중성지방을 가수분해하는데 담즙산이 있을 때는 주로 긴사슬지방산에 작용한다. 인지질은 일부 소화되지 않은 채 흡수되기도 하지만 대부분 포스포리파아제에 의해 가수분해된다. 식품으로 섭취되는 콜레스테롤은 대부분 유리형이라 그대로 흡수되지만, 콜레스테롤에스테르는 콜레스테롤에스테라아제에 의해 콜레스테롤과 지방산으로 가수분해되어 흡수된다. 지질의 소화가 일어나는 부위와 소화효소의 작용은 표 4-4와 같다.

표 4-4 지질의 소화 부위와 작용 효소

소화 부위	작용 효소	소화 작용
구강, 식도 및 위	• 구강 리파아제 • 위 리파아제	• 중성지방 → 디글리세리드 + 모노글리세리드 + 지방산*(*주로 짧은사슬지방산과 중간사슬지방산)
소장	• 췌장 리파아제	• 중성지방 → 디글리세리드 + 모노글리세리드 + 지방산*(*모든 지방산)
	• 췌장 포스포리파아제	• 인지질 → 글리세리드 + 지방산 + 염기 + 인산
	• 췌장 콜레스테롤에스테라아제	• 콜레스테롤에스테르 → 콜레스테롤 + 지방산

알아두기

담즙bile juice

담즙은 간의 실질세포에서 합성되며 담낭에 농축 · 저장된다. 담즙에는 약 83%의 수분과 유화작용을 하는 주 성분인 담즙산염 10% 정도와 기타 성분으로 뮤신, 색소, 지방산, 콜레스테롤, 레시틴 등이 들어 있다. 식사로 지질을 섭취하면, 담즙이 십이지장으로 분비되는데 하루 분비량은 지질 섭취량에 따라 100~400mL 정도다. 담즙은 황갈색이며, 쓴맛을 띠고, pH는 7.8~8.6으로 염기성이다.

2) 흡수

지질은 주로 소장의 중간 부위와 하부에서 흡수된다. 지질의 소화산물은 여전히 물과의 친화력이 낮다. 그러므로 흡수과정에서도 담즙산염의 작용이 요구된다. 모노글리세리드, 디글리세리드, 지방산, 글리세롤, 콜레스테롤 등이 담즙산염과 미셀micelle을 형성한 상태로 소장의 점막세포에 접근하면 지질의 소화산물들은 수동확산으로 흡수된다. 지질의 소화·흡수는 매우 효율적이어서 섭취한 지질의 약 95%를 흡수한다.

(1) 림프순환

소장의 상피세포로 유입된 긴사슬지방산은 상피세포 안에서 중성지방으로 재합성한다. 재합성된 중성지방은 콜레스테롤과 함께 인지질과 단백질에 싸여 지단백질인 킬로미크론을 형성한다. 킬로미크론은 유미관을 통해 림프순환에 들어가며, 이어 체순환에 들어간 후 간으로 수송된다그림 4-8.

체순환을 거치는 도중에 킬로미크론 내 일부의 중성지방은 근육이나 지방조직 등 말초조직의 모세혈관에 존재하는 지단백질분해효소lipoprotein lipase: LPL의 작용을 받아 분해되어 일부 지방산을 말초조직 세포에 공급한다.

(2) 문맥순환

흡수된 짧은사슬 및 중간사슬지방산과 글리세롤은 킬로미크론을 형성하지 않고 혈장 단백질인 알부민과 결합한 상태로 간문맥을 통해 직접 간으로 운반된다그림 4-8.

4. 지질의 수송 및 대사

지질은 지단백질lipoprotein의 형태로 수용성 환경인 혈액 순환에 의해 수송된다. 혈액 중에는 여러 유형의 지단백질이 존재하며 소화관, 간, 지방조직 및 말초조직 간에 지질을 이동시킨다. 지질은 여러 경로로 대사되는데 주로 산화되어 에너지를 발생하며, 이외에 세포막 구성, 호르몬 합성, 에이코사노이드 등 생리활성물질의 합성에 쓰인다.

1) 수송

혈액에는 킬로미크론을 비롯해 VLDL과 HDL 및 VLDL의 대사과정에서 생성되는 LDL 등 각기 다른 밀도와 조성을 갖는 지단백질들이 순환한다. 각 지단백질의 구성성분은 그림 4-10과 같다.

킬로미크론은 소장의 흡수세포에서 만들어지며 식사로 섭취한 지질을 간 또는 말초조직으로 운반한다. 킬로미크론에는 식사로 섭취한 외인성 중성지방 함량이

지단백질의 밀도
- 킬로미크론 : 0.92~0.96
- VLDL : 0.95~1.00
- LDL : 1.00~1.06
- HDL : 1.06~1.21

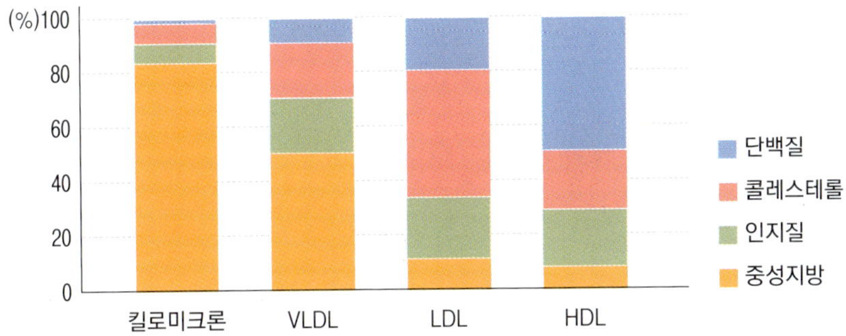

그림 4-10 지단백질의 종류와 조성

가장 높아 밀도가 가장 낮다.

VLDL은 간에서 만들어지고 간세포에서 합성된 지질, 즉 내인성 중성지방을 다량 함유하며 이들을 말초조직 세포에 공급한다. VLDL은 중성지방이 제거되면서 콜레스테롤과 단백질 함량이 상대적으로 많아지고, 다른 지단백질로부터 콜레스테롤과 단백질을 받아들이면서 밀도가 점차 높아져 LDL로 전환된다.

LDL은 콜레스테롤 함량이 대략 50%로 높으며 콜레스테롤을 말초조직 세포로 공급한다. 그러므로 혈액 중에 LDL 농도가 증가하면 동맥경화증이나 관상동맥 심장 질환의 발생 위험이 높아진다. LDL-콜레스테롤을 '나쁜 콜레스테롤'이라고 부르는 것은 이러한 이유 때문이다.

HDL은 간이나 소장에서 만들어지는데 말초조직에서 간으로 콜레스테롤을 운반하는 작용을 한다. HDL에 의해 간으로 돌아온 콜레스테롤은 담즙산을 합성하는 전구물질로 쓰이고, 또한 담즙에 포함되어 분비되므로 대변을 통해 체외로 배설되는 과정에 들어가게 된다. 그러므로 혈액 중에 HDL 농도가 낮으면 동맥경화성 질환의 위험도가 높아진다. 이러한 이유로 HDL-콜레스테롤을 '좋은 콜레스테롤'이라고 말한다.

동맥경화증arteriosclerosis
동맥의 내부에 콜레스테롤, 결합조직 및 기타 물질들이 침착되면서 혈관벽이 굳어지고 탄력성이 없어진 상태

2) 대사

소화와 흡수 및 수송을 통해 체세포에 들어온 지방산, 글리세롤, 인지질 또는 콜레스테롤 등 지질은 여러 가지 경로로 대사된다. 세포막을 구성하는 데 쓰이기도 하고, 생리활성물질을 합성하는 데 사용되기도 하며, 에너지를 발생하는 데 이용되기도 하고, 에너지의 저장에 활용하기도 한다.

이러한 지질 대사 중에서 중요한 내용은 체내 에너지의 균형 유지와 관련된 중성지방 대사와 콜레스테롤 평형 유지와 연관된 콜레스테롤 대사이다.

(1) 중성지방 대사

우리 몸은 지방세포에 중성지방의 형태로 잉여 에너지를 무제한 저장할 수 있으며, 필요할 때는 이를 분해해 에너지로 사용한다. 지방세포뿐만 아니라 간세포도 잉여의 탄수화물과 단백질을 지질로 전환시킨다.

① 지방산의 산화와 에너지 발생

휴식상태에서 우리 몸이 사용하는 에너지의 60% 정도는 지질에서 제공된다. 에너지 발생에 쓰이는 지질은 식후에는 주로 킬로미크론이 공급하고 공복 시에는 VLDL과 지방세포에서 방출된 지방산과 글리세롤이 공급한다. 공복 시에는 지방세포에 저장되어 있던 중성지방이 지방산과 글리세롤로 분해되어 혈액으로 방출되는데 이들은 알부민에 의해 운반된다.

에너지를 필요로 하는 세포들은 혈액으로부터 지방산과 글리세롤을 받아들이며, 이들을 여러 단계의 화학반응을 통해 탄소 두 개로 이루어진 아세틸 CoA로 분해하고, 최종적으로 이산화탄소CO_2와 물H_2O로 산화시킨다. 이러한 과정에서 지방산이나 글리세롤 분자에 들어 있던 에너지가 방출된다.

산화의 마지막 단계, 즉 아세틸 CoA가 이산화탄소와 물로 산화되는 과정에 포도당의 분해로 생기는 옥살로아세트산과 결합하는 반응이 필요하다. 그러므로 지방산의 완전 산화는 지방산이 포도당과 동시에 존재하면서 대사되어야 가능하다고 할 수 있다. 포도당이 부족하면 지방산이 완전하게 산화되지 못하고 중간 분해산물인 케톤체ketone body로 남게 되어 케톤증ketosis이 나타난다.

케톤체
아세톤, 아세토아세트산, 베타-히드록시부티르산 등이며, 지방산 산화과정의 중간 대사산물로 포도당이 부족할 때 생성됨

② 지방산의 합성과 에너지 저장

중성지방은 탄수화물이나 단백질에 비해 단위무게당 두 배 이상의 에너지를 함유하므로 에너지를 저장하는 효율적인 형태다. 우리 몸은 지방조직을 구성하고 있는 지방세포그림 4-11 덕분에 에너지를 저장하는 공간을 거의 무제한 가진다. 지방조직은 피하와 복강 내 장기 주변에 주로 발달하여 저장한다.

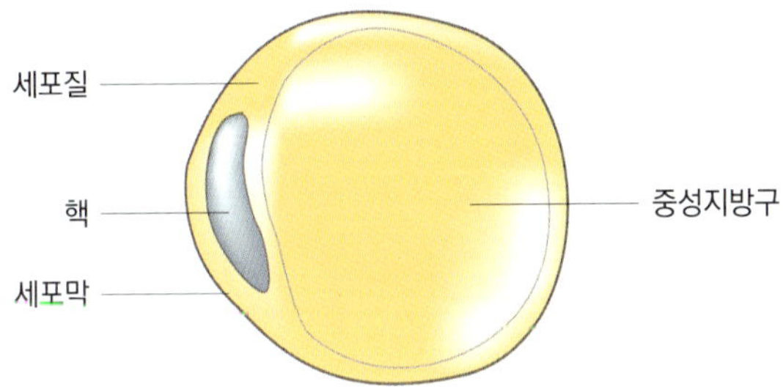

그림 4-11 지방세포

지방세포와 간세포는 지방산과 글리세롤을 결합시켜 중성지방을 만든다. 중성지방 합성에 쓰이는 지방산은 세포 내에서 합성되기도 하고, 혈액에서 얻기도 한다. 혈액에서 유입된 지방산은 중성지방의 합성에 바로 사용된다. 이 경우 중성지방 합성에 쓰이는 에너지 비용이 아주 적다. 지방산의 합성은 탄수화물이나 단백질이 잉여로 섭취되었을 때 일어난다. 지방세포 또는 간세포는 혈액으로부터 잉여 포도당이나 아미노산을 받아들여 지방산을 합성한다. 지방산은 아세틸 CoA가 계속 결합되면서 만들어지므로, 아세틸 CoA로 분해되는 포도당과 일부 아미노산은 지방산으로 전환될 수 있다. 그러나 이 경우 중성지방 합성에 드는 에너지 비용이 크다. 특히 아미노산으로부터 지방산을 합성하는 에너지 비용은 상당하다. 이러한 이유로 동일한 에너지를 섭취해도 지질 섭취량이 높을수록 체지방으로 축적되는 양이 많다. 한편, 중성지방 합성에 쓰이는 글리세롤은 포도당의 분해과정에서 생성되거나 또는 혈액에서 얻는다.

(2) 콜레스테롤 대사

체내에서 콜레스테롤은 세포막을 구성하고, 스테로이드 호르몬과 비타민 D의 합성에 사용되며, 담즙산의 전구물질로 쓰이고, 일부는 유리 형태로 담즙에 분비되는 경로로 대사된다.

콜레스테롤 대사에서 중요한 점은 콜레스테롤은 섭취와 합성, 대사 및 배설이 균형을 이루어 혈액 중에 정상 수준이 유지되어야 바람직하다는 점이다그림 4-12.

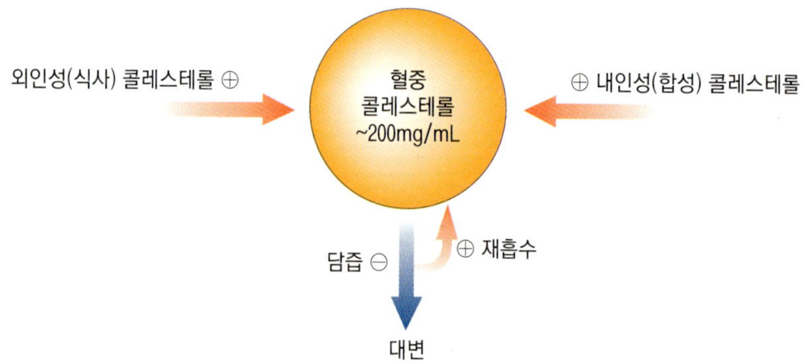

그림 4-12 체내 콜레스테롤의 항상성

콜레스테롤은 아세틸 CoA로부터 합성되는데, 주로 간세포와 소장의 상피세포에서 일어난다. 그러므로 콜레스테롤은 식사를 통해 섭취해야 할 필요는 없다. 식사를 통해 콜레스테롤을 다량 섭취하면, 항상성을 유지하기 위해 음성되먹이 기전이 작동해 체내 합성이 줄어든다.

담즙을 통한 담즙산과 유리 콜레스테롤의 분비는 체내 콜레스테롤을 체외로 배설하는 주요한 경로이다. 분비된 담즙의 약 95%는 재흡수되나, 5% 정도는 대변을 통해 배설되기 때문이다.

5. 지질의 체내 작용

체내에서 지질은 세포막을 구성하는 필수 성분이다. 세포의 구조적 성분으로서 뿐만 아니라 지질은 영양과 관련된 여러 가지 기능도 수행한다. 즉 에너지 저장, 신체기능의 조절, 열 손실 방어(체온 유지) 또는 물리적 충격에 대한 내장기관의 보호 등의 작용을 한다.

1) 신체 구성

지질은 세포막 및 세포 내 구조물들의 막을 구성하는 성분이다. 이들 생체막은 인지질의 이중층으로 되어 있으며, 콜레스테롤과 단백질 분자들이 인지질 사이에 자리 잡고 있다그림 4-13. 특히 신경세포의 세포막은 지질 함량이 높다.

뇌는 건조 중량의 52%가 지질이며, 이 중 필수지방산이 49%를 차지한다. 이 밖에 간, 심장, 신장, 폐 등 주요 장기 및 근육에도 15% 전후의 지질이 함유되어 있으며, 이 중 필수지방산 비율이 4~17%에 달한다.

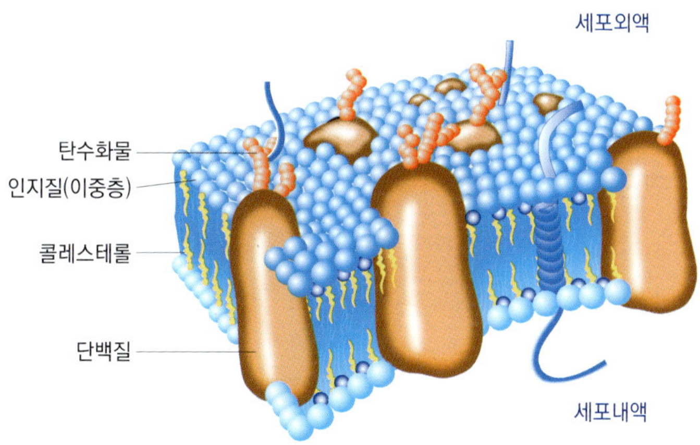

그림 4-13 세포막의 구조

2) 에너지 저장

체지방은 체내에 에너지를 저장하는 일차적 형태이다. 체지방 1kg은 약 7,500kcal의 에너지를 함유한다. 우리 몸을 구성하는 모든 세포는 약간의 지방을 저장할 수 있으나 지방세포adipocytes는 지방을 저장하기 위해 특별히 분화된 세포로 지방조직을 구성한다. 그림 4-11에서 볼 수 있는 것처럼 지방세포의 약 90%는 지방구로 채워져 있다. 성장기에 에너지 섭취량이 과다하면 지방조직의 세포 수가 많아지며, 성인기에 에너지의 양(+) 평형이 나타나면 지방세포의 크기가 커진다. 즉, 지방세포의 크기는 에너지 대사의 평형 정도에 의해 결정된다고 할 수 있다. 지방세포는 신체의 모든 부위에 존재하나 피하와 내장기관 주변에 특별히 많이 분포되어 있다.

정상적인 체지방 함량은 성인 남자의 경우 체중의 15~18%이며, 성인 여자는 18~24%이다. 이 수준을 넘으면 체지방이 과다한 상태, 즉 비만이라고 판정한다.

3) 신체기능 조절

앞서 설명한 바와 같이, 지질은 세포막을 구성하므로 세포막 내외의 물질이동에 영향을 미친다고 할 수 있다. 세포막의 인지질과 콜레스테롤 함량은 세포막의 유동성을 결정하므로 물질의 수송에 영향을 끼친다. 지질은 또한 세포의 성장과 관련해 세포의 크기와 형태를 변화시킨다.

이 외에도 긴사슬지방산은 에이코사노이드eicosanoids라 불리는 국소호르몬을 합성한다. 이들 국소호르몬은 혈관의 수축과 이완을 비롯해 혈소판의 응집, 혈전 형성 또는 염증반응을 조절한다.

아이코사노이드
탄소 수 20개의 지방산, 즉 아라키돈산(20:4)이나 EPA(20:5)로부터 합성되는 프로스타글란딘, 루코트리엔 등 광범위하게 생리기능을 조절하는 물질들을 총칭함

4) 체온 유지

체내 지질의 약 절반은 피부 밑에 존재하는데, 이를 피하지방이라고 한다. 피하지방은 체내에서 발생한 열이 외부로 방출되지 않도록 열 전달을 억제한다. 그러므로

체온을 유지하기 위해서는 적정량의 피하지방을 함유할 필요가 있다. 피하지방이 너무 적으면 열 손실이 많아 추운 환경에 적응하기 어렵고, 너무 많으면 열을 방출하기 어려워 더운 환경에서 쾌적한 체온을 유지하기 힘들다.

5) 주요 장기의 보호

주요 장기, 즉 신장이나 심장 주변에 지방조직이 발달해 있는데 이를 내장지방 또는 심부지방이라 한다. 내장지방은 이들 장기가 제 위치에 자리잡도록 지지하는 역할을 하며, 또한 외부로부터 가해지는 물리적 충격을 받지 않도록 보호한다.

6. 지질의 섭취기준

식사에 지질이 함유되면 음식의 향미가 향상되고 에너지 밀도가 높아지며, 필수지방산이 제공되고, 또한 지용성 비타민의 흡수를 촉진하게 된다. 지질을 지나치게 섭취하면 비만을 비롯해 만성 퇴행성 질환에 걸릴 위험이 높아진다. 따라서 적정량의 지질을 섭취하는 것이 바람직하다.

1) 영양소 섭취기준

(1) 총지질

지질은 주요한 에너지 공급원이다. 그러나 지질 섭취량이 얼마가 적정한지, 또한 가장 적합한 지질 에너지 비율이 얼마인지에 대한 해답은 분명하지 않다. 각 인구집단마다 식생활의 양상이 다르므로 일률적으로 말하기 어렵다. 다만, 식사를 통해 다량의 지질을 섭취하게 되면 에너지 섭취가 과다해질 수 있어 비만이 초래되기 쉽고 심·혈관계 질환이나 암 발생 위험이 높아질 수 있다.

한국인 영양소 섭취기준에서는 영아기를 제외한 각 연령층에 지질의 적정 섭취비율을 설정하였는데, 총에너지 섭취 대비 1~2세는 20~35%로, 3~18세 및 19세 이상 성인은 모두 15~30%로 정하였다**표 4-5**. 일본, 미국 또는 FAO/WHO의 기준과 크게 다르지 않다.

(2) 필수지방산

인체의 경우 반드시 식사를 통해 섭취해야 할 지질은 필수지방산인 리놀레산과 리놀렌산뿐이다. 하루에 총섭취 에너지의 1~2% 정도인 3~6g의 리놀레산을 섭취하면 ω-6 지방산의 요구량이 충족되며, ω-3 지방산인 리놀렌산의 요구량은 0.5% 미만인 1~2g 정도로도 충족되는 것으로 보인다.

한국인 영양소 섭취기준에는 1세 이상 성인의 ω-6와 ω-3 지방산의 섭취 수준을 각각 에너지의 4~10%와 1.0% 내외로 설정하였다. 따라서 ω-6과 ω-3 지방산의 비율은 4~10 : 1이다. 2020년에 지방산(리놀레산, 알파-리놀레산, DHA+EPA)에 대한 충분섭취량을 새로 제정하였다**표 4-5**. 한편 포화지방산은 1~2세는 정하지 않았고, 3~18세는 8% 미만으로, 19세 이상 성인은 7% 미만으로 설정했으며, 트랜스지방산은 3세 이상 모든 연령층에 1% 미만으로 설정했고, 콜레스테롤은 19세 이상 성인만 300mg 미만을 목표섭취량으로 정했다.

표 4-5 한국인의 1일 지질 섭취기준

(에너지적정비율; %E)

항목	한국(2020)		일본(2015)	미국(2010)	FAO/WHO(2003)
총지질	1~2세	20~35	20~30	20~35	15~30
	3~18세	15~30			
	≥19세	15~30			
포화지방산	3~18세	<8	4.5~7	-	<10
	≥19세	<7			
트랜스지방산	-	<1		-	
다가불포화지방산		-	P/M/S=1:1:1	-	~10
ω-6	≥1세	4~10	ω-6/ω-3	5~10	5~8
ω-3	≥1세	1% 내외	= 4~10	0.6~1.2	1.2
콜레스테롤(mg)	<300		<300	<300	<300

2) 섭취 현황

우리나라 국민의 지질 에너지 섭취비율은 2022년 국민건강영양조사 결과 25.9%이었다그림 4-14. 1998년부터 2022년까지 크게 증가하거나 감소하는 추세는 보이지 않았다. 지질 섭취의 식품군별 기여도는 육류가 가장 높았고, 다음으로 식물성 유지류와 곡류이었다. 이러한 현상은 지질 섭취량의 증가가 육류 소비의 증가에 기인한다는 점을 나타낸다. 물론 지질 함량이 높은 서구의 패스트푸드 섭취량 증가나 식물성 식용유의 공급량 증가 등도 영향을 끼쳤을 것이다.

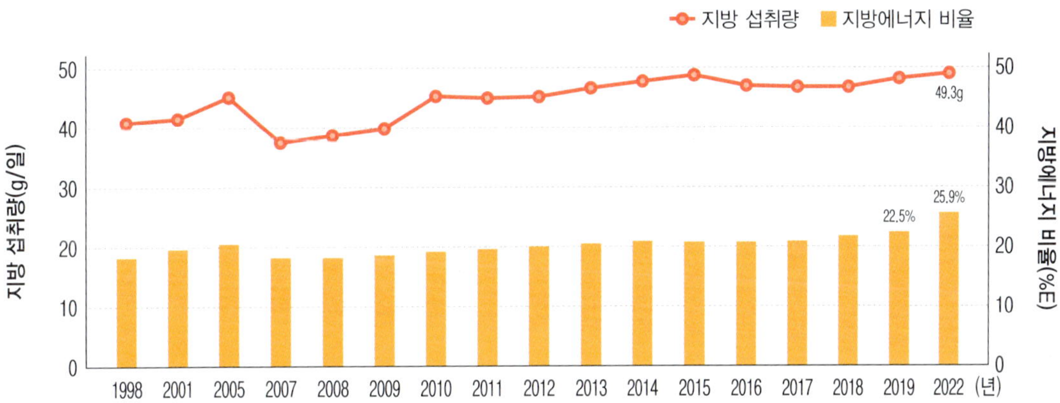

그림 4-14 한국인의 지질 섭취량과 에너지 섭취비율의 변화(2023년)

이러한 추세에 대한 반응으로 최근에는 동물성 지방 섭취를 줄이고 식물성 기름 섭취를 늘리려는 인식이 증가하고 있다. 올레산 함량이 높은 올리브유에 대한 선호가 유행하는 것도 이러한 추세를 반영한다.

7. 지질과 건강

지질은 과다 섭취 시 몇몇 암 발생과도 관련되나 심뇌혈관계 질환과 관련해 가장 중요한 영양소라고 할 수 있다. 고지방 섭취는 비만과 이상지질혈증을 일으키고, 이상지질혈증은 동맥경화증의 주요한 원인으로 작용하며, 동맥경화증은 허혈성 심장병이나 뇌졸중의 발생 위험을 높인다.

1) 이상지질혈증

이상지질혈증이란 혈액에 특정 지질 성분이나 지단백질이 과다하거나 부족한 상태를 이른다. 주로 고LDL-콜레스테롤혈증과 저HDL-콜레스테롤혈증 및 고중성지방혈증이 문제가 된다. 우리나라의 경우 표 4-6과 같이 2022년 이상지질혈증 진단 기준을 설정하였다.

표 4-6 한국인의 이상지질혈증(mg/dL) 진단 기준(2022년 개정)

총 콜레스테롤		LDL-콜레스테롤		HDL-콜레스테롤		중성지방	
높음	≥240	매우 높음	≥190	낮음	≤40	매우 높음	≥500
경계	200~239	높음	160~189	높음	≥60	높음	200~499
정상	<200	경계	130~159			경계	150~199
		정상	100~129			정상	<150
		적정	<100				

한국인의 이상지질혈증 유병률은 2020년도에 실시된 국민건강영양조사 결과에 의하면, 그림 4-15와 같이 성인의 고콜레스테롤혈증은 2009년 이후 지속적으로 증가하고 있으며, 고중성지방혈증은 2014년 이후 약간 감소한 상태를 유지하고 있다. 고콜레스테롤혈증 유병률은 여자가 높은 반면에 고중성지방혈증은 남자가 높은 경향을 보인다.

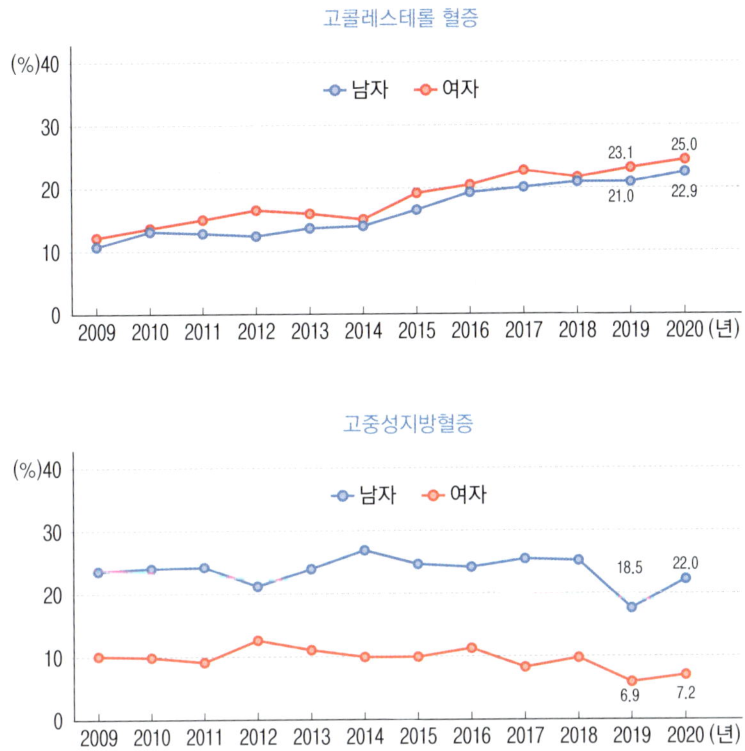

그림 4-15 한국인의 이상지질혈증 유병률 추이(2009~2020)

자료 : 질병관리청, 2023

2) 이상지질혈증 개선방안

이상지질혈증을 개선해야 동맥경화증을 예방하거나 진행을 억제할 수 있고 따라서 심뇌혈관계 질환 예방에 도움이 된다. 혈중 지질 양상을 개선하려면 식사요법을 포함해 생활습관을 수정하는 비약물적 방법을 수행하거나, 지질강하제를 복용하는 약물요법을 따라야 한다. 이상지질혈증은 식사 섭취나 운동 등 생활습관과의 관련성이 크므로 약물을 처방하기 전에 적어도 3~6개월간 생활습관 수정을 시도하도록 권장한다.

이상지질혈증의 식사요법 원칙은 에너지와 총 지방 및 포화지방산의 섭취를 줄이고, 콜레스테롤과 알코올의 섭취를 제한하며, 다가불포화지방산을 충분히 섭취

알아두기

지질 섭취와 관상동맥심장질환

관상동맥심장질환coronary heart disease: CHD은 심장에 분포된 혈관인 관상동맥에 콜레스테롤이 축적되어 경화되고 내강이 좁아지거나 혈전으로 인해 폐색되어 발생한다. 그러므로 혈중 콜레스테롤 농도의 증가, 특히 LDL-콜레스테롤 농도의 상승은 이 질환의 주요 위험인자이다.

한국인에게서 점차 고콜레스테롤혈증 유병률과 관상동맥심장질환으로 인한 사망률이 높아지고 있는 점은 식사를 통한 지질 섭취량의 증가와 관련된다. 콜레스테롤의 과다한 섭취는 혈중 콜레스테롤 농도를 상승시키나 그 효과는 포화지방산보다 작다. 포화지방산, 특히 라우르산(C_{12}), 미리스트산(C_{14}) 및 팔미트산(C_{16})은 혈중 총콜레스테롤과 LDL-콜레스테롤 농도를 크게 증가시킨다. 혈중 총콜레스테롤과 LDL-콜레스테롤 농도를 크게 증가시킨다. 혈액 중에 LDL 농도가 높으면 동맥의 내피세포로 이동하는 콜레스테롤이 많아지므로 동맥경화의 진행이 촉진된다. 앞서 설명한 콜레스테롤-포화지방 지수CSI가 중요한 점은 이러한 이유 때문이다.

단일불포화지방산 자체는 혈중 콜레스테롤 농도에 별다른 영향을 끼치지 않으나, 포화지방산을 올레산으로 대체하면 총콜레스테롤 및 LDL-콜레스테롤 농도가 감소된다. 다가불포화지방산은 총콜레스테롤과 LDL-콜레스테롤은 물론 중성지방 농도도 저하시킨다.

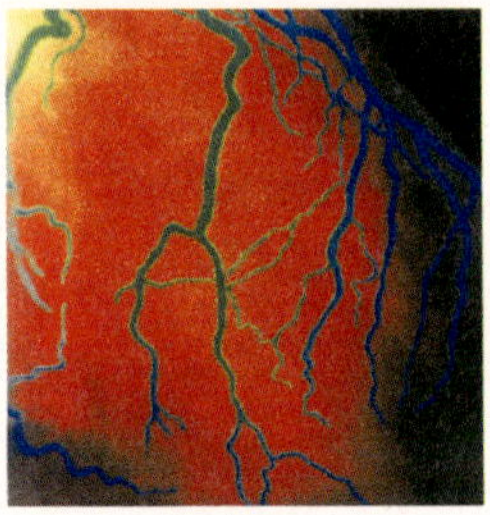

관상동맥

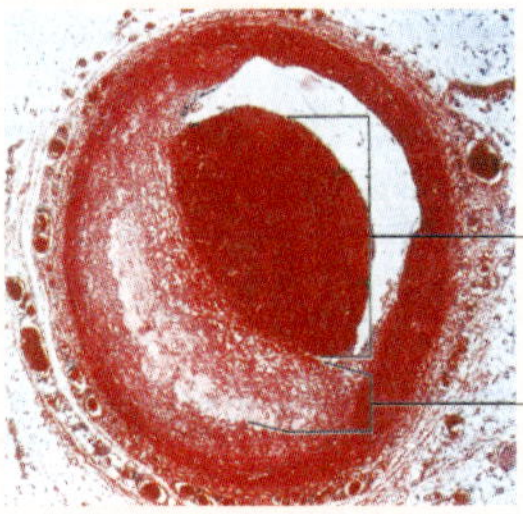

죽상종과 혈전

하고, 식이섬유 섭취를 늘리는 것이다. 육류 섭취를 줄이고 생선과 채소 및 과일류의 섭취를 늘리는 것이 바람직하다. 이렇게 하면 육류에 함유된 포화지방산과 콜레스테롤 섭취가 줄어들고 어유에 들어 있는 다가불포화지방산 섭취가 증가되며, 채소와 과일에서 상당한 식이섬유가 제공되기 때문이다. 각 지방산이 혈중 콜레스테롤 농도와 혈전 생성에 미치는 영향은 표 4-7과 같다.

표 4-7 혈중 콜레스테롤 농도에 미치는 지방산의 영향

지방산		영향
포화지방산	C_{12}~C_{16}	LDL-콜레스테롤 농도 증가
	C_{18}	콜레스테롤 농도에 무 영향, 혈전 생성 촉진
단일불포화지방산		LDL-콜레스테롤 농도 감소
다가불포화지방산	ω-6계 지방산	총콜레스테롤 농도 감소
	ω-3계 지방산	LDL-콜레스테롤 농도 감소, 중성지방 농도 감소, 혈전 생성 억제

생활습관 수정으로는 금연과 규칙적인 운동수행이 핵심이다. 금연은 혈중 총콜레스테롤 농도를 낮추면서 HDL-콜레스테롤 농도를 높이므로 상당히 바람직한 결과를 가져온다. 한편 규칙적인 운동은 체중 감량에 효과적이고 HDL-콜레스테롤 농도를 높인다.

CHAPTER

5

단백질의 이해

1. 단백질 / 2. 단백질의 분류 / 3. 단백질의 소화와 흡수 / 4. 단백질 대사
5. 단백질의 체내 작용 / 6. 단백질의 질 평가 / 7. 단백질의 상호 보조효과
8. 단백질 결핍증 / 9. 단백질의 섭취기준과 급원식품

단백질은 생명의 기본이라고 할 수 있으며 신체 세포의 기본성분으로서 체조직을 구성한다. 따라서 단백질은 식사를 통해 필요한 만큼 반드시 공급해 주어야 한다. 보신탕, 생사탕 등 예로부터 정력 증진이나 보신을 위해서 이용되던 식품은 거의 동물성 단백질 식품이다. 영양부족 상태에서는 이러한 식품이 큰 효과를 나타내었을 것이나 식생활이 풍요로워진 오늘날에도 정력 강장제들을 애용하고 있는 실정이다. 그러므로 단백질이란 어떤 물질이고 체내 작용은 무엇인지 아는 것이 중요하다.

단백질의 영양가와 필요량, 급원식품 등을 알아서 매일 충분한 단백질을 섭취하도록 하자.

학 / 습 / 목 / 표

1. 단백질과 아미노산의 특성 및 체내 작용을 설명할 수 있다.
2. 단백질의 영양적 분류와 단백질의 질 평가 방법을 설명할 수 있다.
3. 단백질의 소화 · 흡수 및 대사 과정을 기술할 수 있다.
4. 단백질의 질 평가방법과 상호 보조효과를 설명할 수 있다.
5. 단백질의 영양소 섭취기준을 기술할 수 있다.
6. 단백질 결핍증 및 급원식품을 알고 식생활에 활용할 수 있다.

1. 단백질

단백질은 신체를 구성하는 기본 성분으로 생명 유지에 필수적인 물질이며 에너지를 공급하는 영양소이기도 하다. 우리나라 사람들이 정력 증진에 좋다고 생각하고 있는 보신탕, 생사탕 등 보신식품은 거의 대부분이 동물성 단백질 식품이다. Protein(단백질)이란 말은 '으뜸가는 것to take the first place'이라는 뜻의 그리스어에서 유래된 것이다.

1) 단백질의 일반적 특성

단백질은 탄소, 수소, 산소, 질소로 이루어져 있으며, 그 외에 황, 철, 인 등을 함유한 것도 있다. 이 중에서 질소는 반드시 식품으로 섭취해야 한다. 체내에 존재하는 단백질은 체중의 약 16% 정도이며, 이 체조직 성분은 지질이나 수분 등으로 대신할 수 없다.

알아두기

질소계수

단백질에 들어 있는 질소 함량은 평균 16% 정도이다. 따라서 단백질을 분해하여 얻는 질소량에 6.25의 질소계수를 곱하면 식품 내 단백질의 양을 산정할 수 있으며, 이를 조단백질crude protein이라 한다. 조단백질은 비단백성 질소물질도 포함하는데 동물성 식품보다 식물성 식품에 많다. 동물성 식품에 함유된 비단백성 질소물질의 예로는 크레아티닌, 요소 등을 들 수 있다.

단백질의 질소계수는 식품마다 다르다. 우유 및 유제품의 질소계수는 6.38로 큰 편이며, 밀과 콩 및 콩제품은 5.7로 작은 편이다. 대체로 동물성 식품의 질소계수가 큰 반면, 식물성 식품의 질소계수는 작은 편이다.

$$\text{조단백질 함량} = \text{질소 함량} \times \text{질소계수}$$

알아두기

질소동화작용

사람들은 단백질을 식품으로 섭취함으로써 체내 단백질 필요량을 충당한다. 식물은 토양에서 얻은 무기물질과 대기 중 질소를 이용하여 단백질을 합성하며, 동물이나 사람들은 식물을 섭취함으로써 질소를 섭취하고 필요한 단백질을 체내에서 합성한다. 실제 식물체는 이산화탄소, 물, 암모니아, 질산염 및 황산염 등을 이용하여 단백질을 합성하며, 이를 질소동화작용이라고 한다. 만약 사람들이 대기 중 질소를 직접 이용할 수 있다면 어떠할까? 그러나 동물들은 대기 중 질소를 고정시킬 수 있는 능력이 없다. 반면 콩과식물의 뿌리혹에 있는 박테리아는 대기 중 질소를 질산염nitrate으로 전환하여 단백질 합성에 사용한다.

유기물질이 체외로 배설되어 분해되면 다시 토양의 질소로 돌아간다. 뿌리혹 박테리아는 분비물이나 분해물을 식물이 이용할 수 있는 질산염으로 전환시킨다. 이렇게 하여 효과적으로 질소 순환nitrogen cycle이 일어난다.

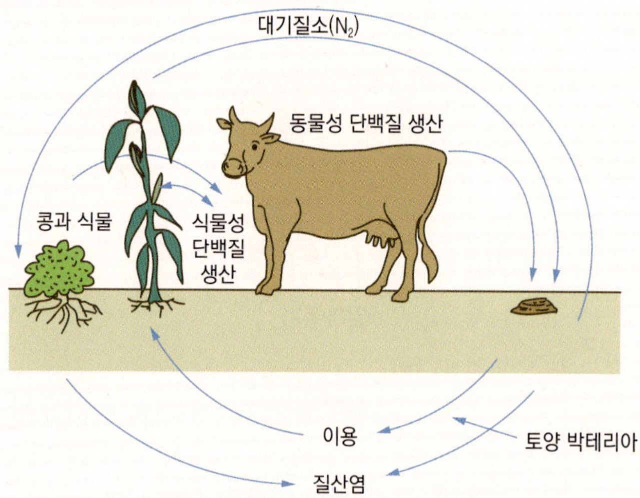

2) 화학적 특성

(1) 아미노산의 구조

단백질은 아미노산으로 구성된 고분자 화합물이다. 아미노산은 그 구조 내에 아미노기-NH_2와 카르복실기-COOH를 가진다. 가장 간단한 아미노산은 글리신glycine이며, 잔기인 R기에 의해 아미노산의 특성과 종류가 결정된다그림 5-1. 예를 들어 R

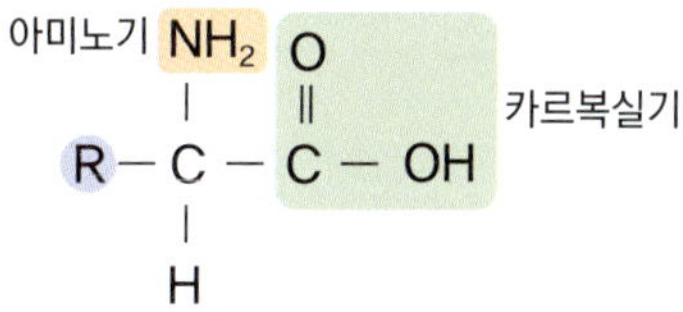

그림 5-1 아미노산의 기본구조

이 수소이면 글리신이고 R이 메틸기-CH_3이면 알라닌이 된다.

아미노산은 펩티드 결합peptide bond에 의해서 연결된다. 그 예를 그림 5-2에서 살펴보면 아미노산인 알라닌과 세린은 펩티드 결합으로 연결되어 디펩티드를 형성하며, 이러한 과정을 거쳐 여러 개의 아미노산이 결합되면 폴리펩티드polypeptides를 형성한다.

펩티드 결합
한 아미노산의 아미노기와 다른 아미노산의 카르복실기 사이에 물 한 분자가 빠져 나가면서 형성된 결합으로 단백질의 1차 구조를 이루는 주요한 결합

폴리펩티드
두 개 이상의 아미노산이 사슬 모양의 펩티드 결합으로 길게 연결된 것

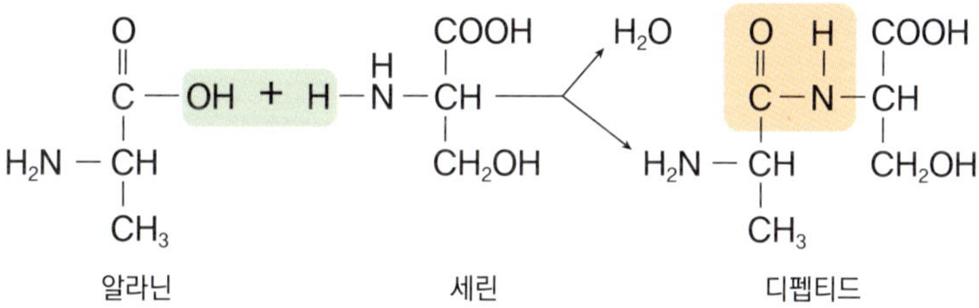

그림 5-2 펩티드 결합

(2) 아미노산의 특성

아미노산의 아미노기는 염기성이고, 카르복실기는 산성이므로 아미노산은 양성 물질이다. 아미노산은 R기의 화학적 조성에 따라 산성 아미노산, 중성 아미노산, 염기성 아미노산으로 나뉜다. 중성 아미노산은 그 구조 내에 한 개의 아미노기와 한 개의 카르복실기를 가지고 있는 것을 말한다. 산성 아미노산은 R기에 카르복실기가 더 첨가된 경우이고, 염기성 아미노산은 R기에 아미노기가 더 첨가된 것을 말한다.

대부분의 아미노산은 물에 잘 녹는다. 예외로 티로신이나 시스틴 등은 물에 잘 녹지 않으며, 프롤린은 물에 녹지 않지만 알코올에는 용해된다.

아미노산 분류

산성 아미노산
- 아스파르트산
- 글루탐산

염기성 아미노산
- 히스티딘
- 라이신
- 아르기닌

중성 아미노산
- 지방족 아미노산: 글리신, 알라닌, 프롤린, 세린, 트레오닌, 메티오닌, 시스테인, 글루타민, 아스파라긴
- 방향족 아미노산: 페닐알라닌, 티로신, 트립토판
- 곁가지 아미노산: 류신, 이소류신, 발린

필수아미노산

인체에서 합성되지 않거나 불충분하게 합성되는 아미노산

(3) 필수아미노산과 비필수아미노산

단백질을 합성하는 데 필요한 아미노산은 20여 개이다. 아미노산은 체내 합성 여부에 따라 필수아미노산과 비필수아미노산으로 분류된다. 체내에서 합성하지 못하거나 필요량보다 적게 합성되는 아미노산을 필수아미노산essential amino acid이라고 하며, 이는 반드시 식품으로 섭취하여야 한다. 체내에서 충분한 양이 합성되는 아미노산을 비필수아미노산이라고 하는데, 비필수아미노산도 충분한 단백질 공급을 위해 중요하다. 정상적 상황에서 체내 합성이 충족되어도 특정 생리상태에서 합성이 제한되는 7종의 아미노산을 조건적 필수아미노산으로도 분류한다. 필수아미노산, 비필수아미노산과 조건적 필수아미노산의 종류는 표 5-1과 같다.

표 5-1 필수아미노산과 비필수아미노산

필수아미노산	비필수아미노산	조건적 필수아미노산*
히스티딘	알라닌	아르기닌
이소류신	아스파라긴	시스테인
류신	아스파르트산	티로신
라이신	시스테인	글루타민
메티오닌	세린	글리신
페닐알라닌		프롤린
트레오닌		타우린
트립토판		
발린		

* 조건적 필수아미노산: 합성이 그 대사적 요구를 충족시키지 못할 경우 식이를 통한 공급이 필요한 아미노산

3) 단백질의 구조

단백질은 수백 또는 수천 개의 아미노산이 펩티드 결합으로 연결되어 폴리펩티드를 이루면서 여러 가지 형태를 가지게 된다. 즉, 둥글거나 긴 형태 또는 꼬이거나 접힌 형태로 되면서 단백질 고유의 기능을 수행한다. 이러한 단백질의 구조는 네 가지로 분류된다그림 5-3.

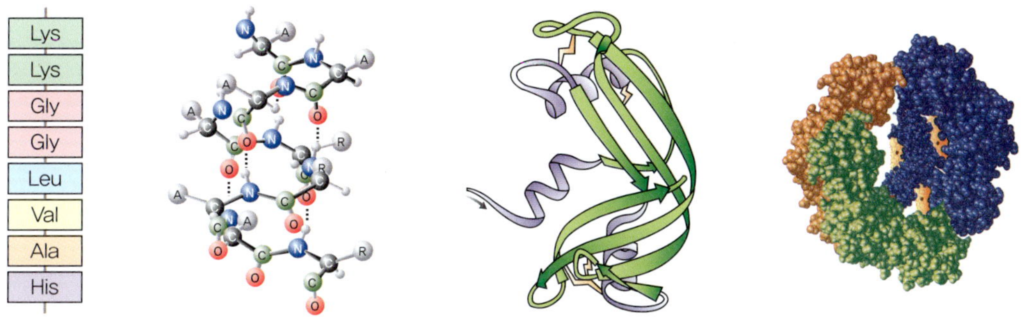

그림 5-3 단백질의 구조

(1) 1차 구조

단백질의 1차 구조는 아미노산의 종류와 배합 순서가 결정되어 펩티드 결합으로 이어진 구조를 말한다. 이러한 아미노산의 결합 순서는 단백질에 따라 다르다. 헤모글로빈, 인슐린, 콜라겐 등 대부분의 단백질 분자는 15~20가지의 아미노산을 함유하고 있다.

(2) 2차 구조

1차 구조로 생긴 폴리펩티드 사슬이 나선구조α-helix나 병풍구조β-sheet를 이룬 것을 2차 구조라 한다. 나선구조는 코일 형태이며, 병풍구조는 주름 스커트처럼 주름이 잡히는 구조를 형성한다.

(3) 3차 구조

폴리펩티드 사슬들이 서로 접히고 꼬임으로써 생리적 작용을 수행할 수 있는 특수한 단백질 구조를 이루는데 이를 3차 구조라고 한다. 2차와 3차 구조에 의해서 단백질 분자 모양은 섬유형과 구형을 나타낸다.

(4) 4차 구조

3차 구조를 가지는 폴리펩티드가 두 개 이상 모여서 하나의 구조적 기능단위를 형성한 경우를 말하며, 그 예로 헤모글로빈을 들 수 있다. 헤모글로빈은 4개의 폴리펩티드가 모여 두 쌍의 소단위subunit를 구성한다.

이상에서 살펴본 것처럼 모든 단백질은 1, 2, 3차 구조를 가지며 몇 가지 단백질만이 4차 구조를 가지면서 그들의 기능을 각각 반영한다.

알아두기

섬유형 단백질과 구형 단백질

섬유형 단백질fibrous protein

대체로 물에 용해되지 않으며 세포조직의 유지나 구조를 이루는 단백질이다. 모발에 함유된 케라틴, 결합조직에 함유된 콜라겐, 혈액의 피브린, 근육 섬유에 함유된 미오신 등이 있다.

구형 단백질globular protein

수용성으로서 대부분의 효소, 단백 호르몬과 혈장 단백질 등이 해당된다. 구형 단백질 중 영양적으로 중요한 것은 카세인, 알부민, 글로불린 등이다.

케라틴

섬유형 단백질

헤모글로빈

구형 단백질

2. 단백질의 분류

식품에 함유되어 있는 단백질은 구성성분, 생리기능, 필수아미노산의 조성 등에 따라 분류할 수 있다.

알아두기

단백질의 일반적 분류

단순단백질

아미노산과 그 유도체로 구성되며, 용해도와 조성에 따라 알부민, 글로불린, 글루텔린, 프롤라민, 알부미노이드, 히스톤, 프로타민 등으로 분류

복합단백질

단순단백질에 단백질 이외의 물질이 결합된 것

- 핵단백질 : 세포핵의 주성분, 어류정액성분, 체내의 단백질 합성 역할
- 당단백질 : 뮤신, 오보뮤코이드 등
- 인단백질 : 카세인, 오보비텔린 등
- 지단백질 : 킬로미크론, LDL, VLDL, HDL 등
- 색소단백질 : 헤모글로빈, 미오글로빈 등
- 금속단백질 : 페리틴, 헤모시아닌, 인슐린 등

유도단백질

단순단백질과 복합단백질이 산, 알칼리, 효소 또는 가열에 의해 변성된 것

- 변성단백질 : 파라카세인, 피브린, 젤라틴 등
- 유도단백질 : 프로테오스, 펩톤, 펩티드 등

1) 영양적 분류

영양적 분류는 오즈번Osburn과 멘델Mendel의 동물 성장실험을 통하여 밝힌 것으로, 단백질의 질을 분류하는 데 쓰이고 있다.

(1) 완전단백질

완전단백질은 모든 필수아미노산을 충분히 함유하고 있어서 정상적 성장을 돕고

체중을 증가시키며 생리적 기능을 돕는 단백질을 말한다. 완전단백질에 속하는 단백질은 우유의 카세인과 락트알부민, 달걀의 오브알부민, 콩의 글리시닌, 보리의 에데스틴, 밀의 글루테닌과 글루텔린 등이다.

(2) 부분적 불완전단백질

부분적 불완전단백질은 성장을 돕지는 못하지만 체중을 유지시키는 단백질이다. 밀의 글리아딘, 보리의 호르데인, 귀리의 프롤라민 등이 있다.

(3) 불완전단백질

불완전단백질은 단백질 급원으로 이것만을 섭취하였을 때 성장이 지연되고 체중이 감소하며, 장기간 지속되면 사망하는 단백질을 이른다. 종류에는 젤라틴, 옥수수의 제인 등이 있다. 그러나 불완전단백질에 다른 단백질을 보충해 줌으로써 단백질의 질과 이용효과를 높일 수 있다.

2) 기능적 분류

단백질의 체내 작용은 생명 유지와 성장 발달에 필수적이다. 단백질을 그 기능에 따라 분류하면 표 5-2와 같다.

표 5-2 생리적 기능에 따른 단백질의 분류

생리적 분류	기능	단백질 종류
효소	촉매기능, 체내 화학작용에 관여	소화효소: 펩신, 트립신, 아밀라아제, 리파아제 대사효소: 알코올 탈수소효소, 탄산 탈수효소, 탈탄산효소
운반 및 저장 단백질	영양소 운반과 저장	헤모글로빈, 미오글로빈: 산소 운반 트랜스페린: 철 운반 지단백질: 지질 운반
운동단백질	근육수축, 이완 작용	액틴, 미오신: 수축운동 튜불린: 편모 섬모운동

(계속)

생리적 분류	기능	단백질 종류
구조단백질	골격과 조직의 형태 유지	콜라겐: 피부, 골격 케라틴: 모발, 손톱
면역단백질	면역 및 방어 기능	항체: 면역작용 피브리노겐, 트롬빈: 혈액 응고
조절단백질	성장과 분화에 관여	인슐린, 글루카곤, 성장호르몬

3. 단백질의 소화와 흡수

1) 소화

단백질이 소화되기 위해서는 우선 2, 3, 4차 구조의 기능적 형태가 없어지고 직선에 가까운 폴리펩티드 구조만 남아 소화효소가 작용할 수 있도록 구조가 변성되며, 다음으로 단백질 분해효소에 의해서 펩티드 결합이 분해되어 소화가 진행된다.

변성
단백질의 활성 형태인 3차원적 입체구조가 가열, 산·알칼리 처리에 의해 1차 구조로 풀어지면서 활성을 잃게 되는 과정

단백질의 소화에 관한 전체적인 개요는 표 5-3과 같다. 식품 중의 단백질은 위액, 췌장액 및 소장액에 존재하는 소화효소에 의해 아미노산으로 분해된다.

표 5-3 단백질의 소화

위치	기질	효소	소화분해물
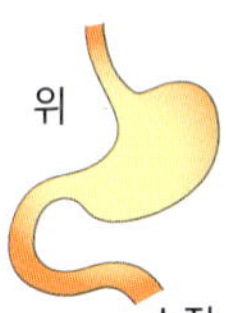	단백질	펩신(위액)	큰 폴리펩티드
	단백질, 큰 폴리펩티드	트립신(췌장액)	작은 폴리펩티드, 디펩티드
	단백질, 큰 폴리펩티드	키모트립신(췌장액)	작은 폴리펩티드, 디펩티드
	작은 폴리펩티드	카르복시펩티다아제(췌장액) 아미노펩티다아제(소장액)	디펩티드, 아미노산
	디펩티드	디펩티다아제(소장액)	아미노산

(1) 구강과 위

단백질은 구강 내에서는 소화효소가 없어 소화되지 않으나 침과 혼합되어 입안에서 씹는 작용에 의해 분해된 후, 위에서 비로소 소화가 시작된다.

위 속에는 단백질 소화효소인 펩신pepsin이 있다. 펩신은 불활성 형태인 펩시노겐으로 분비되며, 위액 내 염산HCl의 작용에 의해 펩신으로 전환되어 활성을 갖게 된다. 이미 형성된 펩신은 자가 촉매적으로 다른 펩시노겐의 활성화를 돕는다그림 5-4. 펩신은 단백질 중 특정한 펩티드 결합 부분을 가수분해한다.

단백질은 위 속에서는 일부만 소화되며, 죽 모양의 미즙chyme의 형태로 십이지장으로 내려간다.

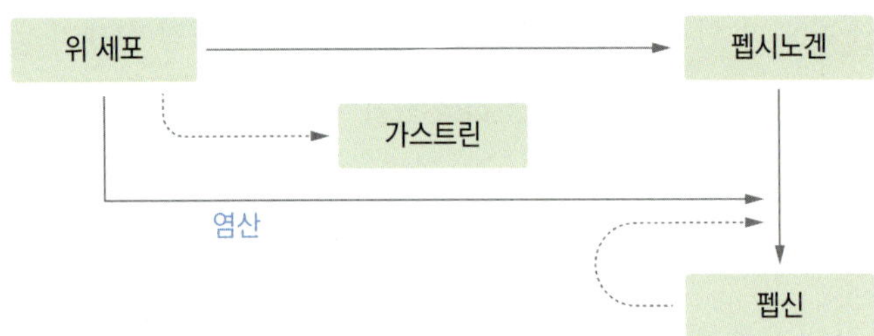

그림 5-4 위 펩신의 활성화

알아두기

단백질 소화효소가 위와 장을 소화시키지 않는 이유

체내 모든 조직은 그 자체가 단백질로 되어 있으므로, 이 조직들을 소화, 분해시키지 않으면서 식사로 섭취한 단백질만을 분해하여야 한다. 이를 위해서 체내에서는 단백질의 분해를 방지하기 위한 오묘한 보호 기작이 존재한다.

- 대부분의 단백질 분해효소는 음식이 없을 때에는 활성을 갖지 않은 상태의 불활성 효소로 존재한다. 단백질 식품을 섭취하면 그 식품의 자극으로 효소가 활성화되어 단백질을 분해할 수 있는 능력을 갖게 된다.
- 위벽과 장벽 세포가 분비하는 점성 물질인 점액 다당류가 소화기관을 둘러싸고 있어서 단백질 분해효소의 작용을 받지 못하도록 보호하고 있다. 만약 위의 염증이나 위장질환으로 점액물질이 부족해지면 위벽이 그대로 노출되어 강한 염산과 단백질 분해효소의 작용을 받게 된다. 그리하여 위염과 위장질환이 악화된다.

유아의 위 점막에는 카세인casein을 응고시키는 레닌rennin이 있다. 이 효소는 유즙 중 카세인을 파라카세인paracasein으로 응고시키며 여기에 칼슘이 결합하여 덩어리를 형성한다. 즉, 레닌은 액체인 유즙을 덩어리로 만들어 위에 머물게 함으로써 단백질 소화효소의 작용을 용이하게 한다.

(2) 소장

소장으로 배출된 췌장액과 소장액에 있는 단백질 분해효소들은 소장 내에서 단백질을 디펩티드와 아미노산으로 가수분해시킨다.

췌장에서는 트립시노겐, 키모트립시노겐 및 프로카르복시펩티다아제가 불활성 형태로 분비된다표 5-4. 소장에서 분비된 엔테로키나아제에 의해 트립시노겐은 트립신으로 활성화된다. 이 반응도 또한 자가촉매적으로 일어나 이미 형성된 트립신은 다른 트립시노겐과 키모트립시노겐 및 프로카르복시펩티다아제를 활성화시킨다. 췌장에서 분비되는 카르복시펩티다아제와 소장에서 분비되는 아미노펩티다아제는 각각 카르복실기와 아미노기가 말단을 이루는 폴리펩티드의 펩티드 결합을 분해하여 아미노산을 하나씩 끊어낸다. 이러한 효소들의 작용을 받아 단백질은 점차 작은 폴리펩티드를 거쳐 디펩티드dipeptide로 분해되며, 이때 아미노산도 일부 유리되어 나온다. 디펩티드는 소장에서 분비되는 디펩티다아제dipeptidase에 의해 아미노산으로 최종 분해되며, 일부는 디펩티드 상태로 흡수되기도 한다.

표 5-4 단백질 분해효소와 활성화 물질

효소	불활성 형태	활성화 물질
트립신 키모트립신	트립시노겐 키모트립시노겐	엔테로키나아제 트립신
카르복시펩티다아제	프로카르복시펩티다아제	트립신

2) 흡수

단백질의 소화산물인 아미노산과 디펩티드는 확산이나 능동수송을 통해 소장 점막세포 내로 흡수된다. 단백질의 흡수율은 90% 이상이며, 동물성 단백질은 식물성 단백질보다 흡수율이 높다. 소장세포 내에서 디펩티드는 아미노산으로 분해된 후 모세혈관으로 운반되고, 문맥을 통해 간으로 이동되어 다른 조직으로 운반된다그림 5-5.

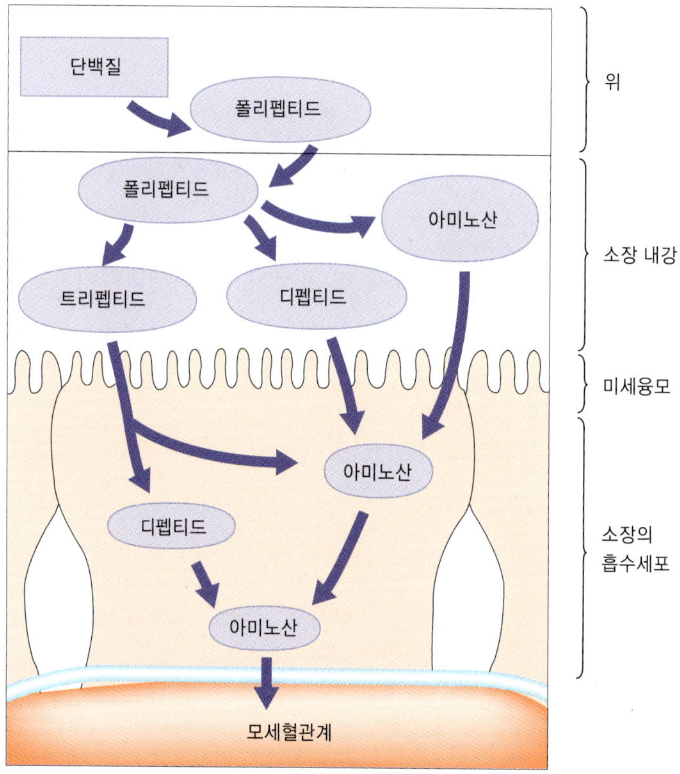

그림 5-5 단백질 소화와 아미노산의 흡수

알아두기

단백질 흡수와 알레르기

특이체질을 가진 사람의 경우 특정 단백질을 아미노산으로 분해하지 못해 단백질이 그대로 소화관을 통과할 수 있다. 만일 단백질이 장벽을 통과한다면, 체내에서는 마치 이물질이 흡수된 것으로 간주하여 항체를 생성한다. 후에 같은 단백질이 또 흡수되면 방어기능으로 알레르기 현상이 일어나 가려움, 발진 또는 호흡곤란 등이 발생한다. 이는 단백질 분자가 흡수되기 전에 반드시 각각의 아미노산으로 분해되는 것이 매우 중요하다는 점을 시사한다.

4. 단백질 대사

체내에서 단백질은 고유의 작용을 수행하기 위하여 아미노산 총량(풀)을 유지하게 된다. 체내 아미노산의 대사를 요약하면 그림 5-6과 같다.

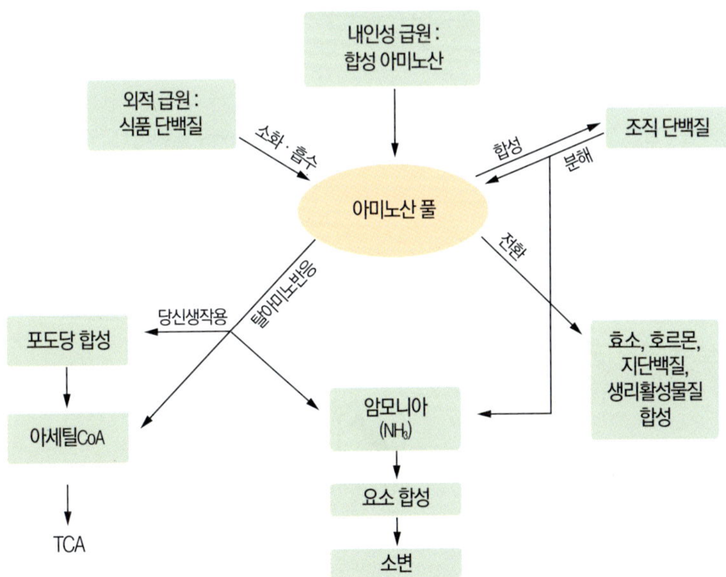

그림 5-6 단백질 대사 요약

체내 아미노산은 여러 경로를 통해 생길 수 있다. 즉, 섭취한 식품 단백질이 소화 흡수된 아미노산, 체조직의 분해로 생성되거나 체내에서 합성된 아미노산들이 간과 각 조직 내 아미노산 총량을 이룬다. 그러다가 아미노산은 필요에 따라 체조직 단백질, 효소, 호르몬 등을 합성하거나 에너지를 공급하는 등 다양하게 이용된다.

단백질 대사가 활발하게 이루어지는 조직은 혈장, 췌장, 간, 신장, 근육 등이다.

1) 아미노산 대사

(1) 아미노산 분해

탈아미노반응
아미노산에서 아미노기가 암모니아 형태로 떨어져 나오는 반응

단백질이 에너지를 발생하기 위해서는 먼저 아미노산에서 아미노기가 떨어져나가는 탈아미노 반응deamination이 일어나야 한다. 그 결과 생성된 아미노기는 다른 물질로 이전되며, 이를 아미노기 전이반응이라고 한다.

글루탐산의 탈아미노 반응을 보면 아래와 같다.

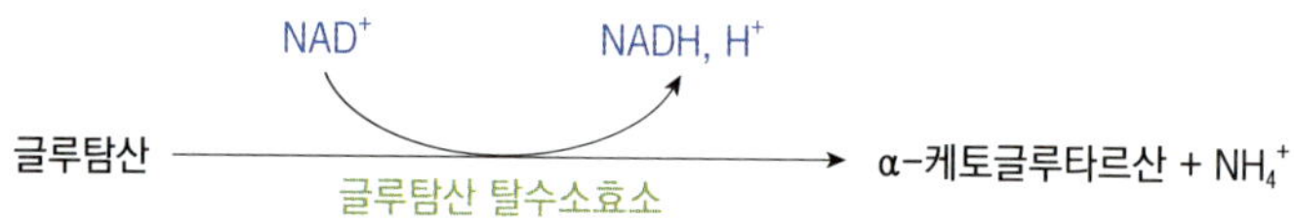

탈아미노 반응으로 생성된 아미노산의 탄소골격은 탄수화물이나 지질이 분해되는 대사경로에 합류하여 TCA 회로로 들어가 산화과정을 거쳐 에너지를 발생한다.

대사경로에 의해 분류하는 아미노산의 종류는 표 5-5와 같다.

알아두기

대사경로에 의한 아미노산 분류

- 탄수화물 대사의 경로에 의해서 연소되는 아미노산은 포도당 생성 아미노산glucogenic amino acid이라고 한다.
- 지질 대사의 경로에 의해 연소되는 아미노산은 케톤 생성 아미노산ketogenic amino acid이라고 한다.
- 탄수화물과 지질 대사의 두 회로를 통해서 연소되는 아미노산은 포도당 생성 · 케톤 생성 아미노산glucogenic & ketogenic amino acid이라고 한다.

표 5-5 포도당 및 케톤 생성 아미노산

분류	아미노산
포도당 생성	알라닌, 세린, 글리신, 시스테인, 아스파르트산, 아스파라긴, 글루탐산, 글루타민, 아르기닌, 히스티딘, 발린, 트레오닌, 메티오닌, 프롤린
케톤 생성	류신, 라이신
포도당 생성·케톤 생성	이소류신, 페닐알라닌, 티로신, 트립토판

(2) 아미노기 전이반응과 아미노산 합성

대부분 천연에 존재하는 아미노산L-amino acid의 아미노기들은 아미노기 전이반응transamination의 과정을 거쳐 케토산으로 되며 새로운 아미노산을 형성한다.

이 예로, 아스파르트산(아미노산)에서 α-케토글루타르산으로 아미노기가 전이되어 옥살로아세트산과 글루탐산(아미노산)을 합성한다.

아미노기 전이반응
한 아미노산의 아미노기가 케토산의 탄소골격에 전달되면서 새로운 아미노산이 형성되는 반응

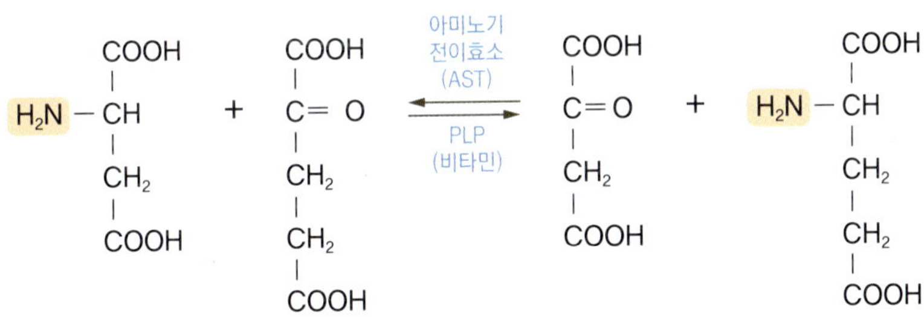

아스파르트산 α-케토글루타르산 옥살로아세트산 글루탐산

(3) 아미노산 대사산물과 요소 합성

아미노산의 분해, 즉 탈아미노 반응 결과 떨어져 나온 질소는 암모니아NH_3를 형성한다. 암모니아는 독성이 상당히 강하므로 독성이 없는 화합물인 요소로 전환, 배설하는 과정이 인체에 존재한다. 즉, 유독한 암모니아는 혈액을 통해 간으로 운반된 후 이산화탄소와 결합하여 무해한 요소로 전환되며, 이 과정을 요소회로라고 한다. 생성된 요소는 신장으로 가서 소변으로 배설된다. 고단백 식이 섭취 시 질소배설량은 저단백 식이 때보다 현저히 높으며, 대부분 요소 질소로 배설된다표 5-6.

알아두기

요소 생성과 배설

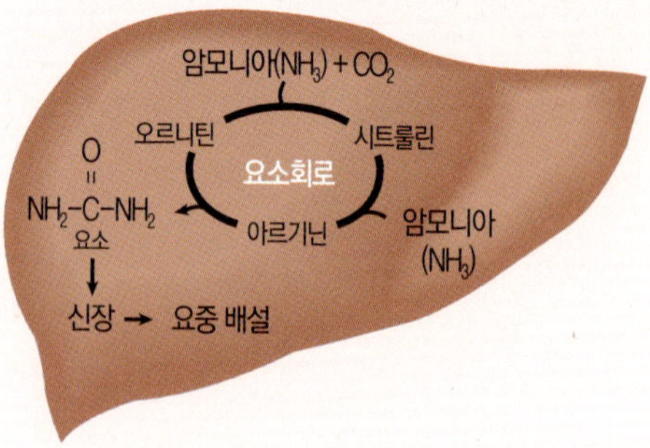

표 5-6 요중 질소배설물의 변화

요중 질소원	고단백 식이(g)	저단백 식이(g)
총질소	16.80	3.6
요소 질소	4.70	2.2
암모니아 질소	0.49	0.42
요산 질소	0.18	0.09
크레아티닌 질소	0.58	0.60
기타 질소	0.85	0.29

간기능 이상으로 암모니아가 요소로 전환되지 못하면 혈중에 암모니아 농도가 높아져 중추신경계에 장애를 일으키는 간성혼수를 유발할 수 있다.

2) 주요 조직의 아미노산 대사

소장에서 흡수된 아미노산은 대부분 간문맥을 거쳐 간으로 운반되며, 다시 필요에 따라 혈액을 통해 각 조직에 운반되어 사용된다. 간은 필요한 단백질을 합성하는 장기이며 각 조직으로 아미노산을 내보낸다.

주요 조직의 아미노산 대사를 보면 트립토판은 뇌로 가서 세로토닌 합성의 전구체로 사용하며, 곁가지 아미노산branched chain amino acid은 말초조직, 특히 근육과 지방조직에서 분해되어 이용한다. 근육에서는 알라닌과 글루타민이 주로 유출되며, 알라닌은 간으로 이동하여 당신생과정을 거쳐 혈당으로 재방출되어 근육으로 흡수되고, 글루타민은 장으로 이동하여 알라닌이 된 후 다시 간으로 이동한다. 신장은 질소 대사산물을 배설한다그림 5-7.

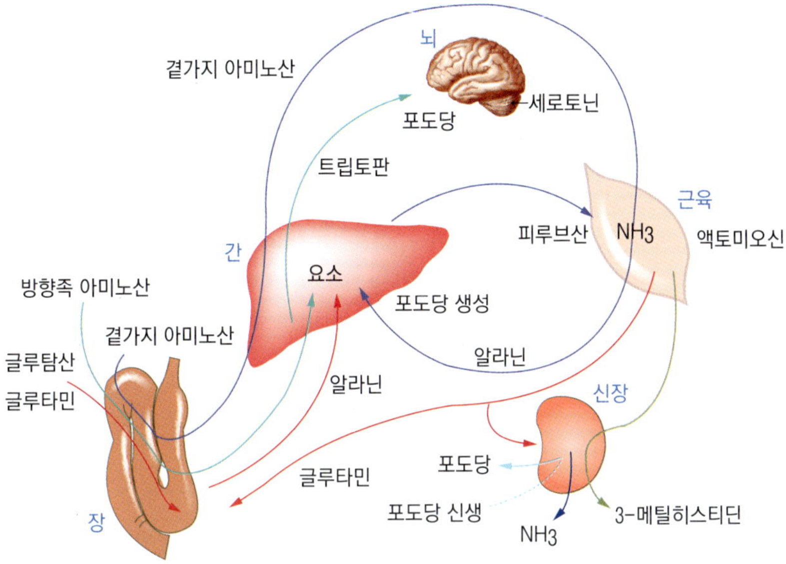

그림 5-7 주요 조직에서 아미노산 대사의 상호작용

3) 단백질 합성

식이에서 흡수된 아미노산은 간으로부터 세포와 조직이 필요로 하는 특정 단백질을 합성하기 위해 인체의 각 조직으로 이동된다. 필수아미노산뿐만 아니라 비필수아미노산도 많은 단백질을 합성하기 위해 반드시 각 조직에 공급되어야 한다. 만약 필수아미노산이 부족하면 단백질 합성이 일어나지 않는다.

단백질 합성량은 1g의 단백질 섭취 시 5g 정도 합성되며 연령에 따라 다르다표 5-7. 따라서 단백질 섭취 부족 시에도 체내에서 계속 단백질이 합성되므로 단시간 내에는 결핍증이 나타나지 않으나, 장기간 결핍 시에는 장애가 나타난다.

표 5-7 단백질 합성량

연령	체중(kg)	단백질 합성량		
		g/체중 kg	g	g/단백질섭취량(g)
영아(10~20개월)	9	6.9±1.1	62.1	5.3
젊은 성인(20~23세)	71	3.0±0.2	213.0	5.2
노인(69~91세)	56	1.9±0.2	106.4	4.5

DNAdeoxyribonucleic acid
유전정보를 가진 핵산 염기 단위체

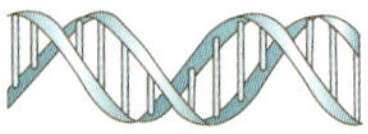

RNAribonucleic acid
DNA의 유전정보를 세포질로 운반하고 단백질 합성을 돕는, 리보스를 함유하는 핵산

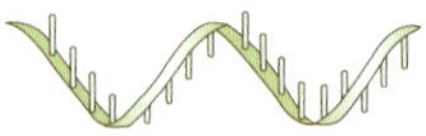

알아두기

단백질 합성과정

단백질 합성에서 아미노산의 종류와 배합순서를 나타내는 유전정보는 DNA의 코드에 따라 전달된다. 실제 단백질 합성장소는 세포 내 리보솜이며 정보전달물질인 DNA에서 명시된 단백질이 합성된다. 단백질 합성과정은 다음의 세 과정으로 단순화할 수 있다.

① DNA에서 세 개의 염기로 된 코드 그룹들이 각 아미노산을 합성하는 신호이다.
② mRNAmessenger RNA는 핵 속 DNA에서 이 아미노산 코드가 전사되는 세포질로 운반된다.
③ mRNA는 리보솜에 부착하여 tRNAtransfer RNA가 가지고 온 아미노산을 일렬로 연결한다. 그리하여 단백질이 합성된다.

이렇게 합성된 단백질은 음식으로 섭취한 양보다 훨씬 많아서 섭취량의 4~5배에 달한다. 단백질 합성률은 나이가 어릴수록 훨씬 높다.

DNA —전사→ mRNA —해독→ 단백질 합성

5. 단백질의 체내 작용

단백질은 조직세포의 생성과 보수, 혈청 단백질 형성, 체구성 성분, 에너지원, 체액 조절 등의 역할을 한다.

1) 조직의 생성과 보수

단백질은 인체를 구성하는 주요 성분이다. 음식으로부터 흡수된 아미노산은 각 조직으로 운반되어 새로운 조직을 구성한다. 일단 만들어진 세포는 수명을 다하고 나면 분해되어 배설되므로 새로운 세포가 다시 합성되어 보충해 주어야 한다.

따라서 성인의 경우에는 노쇠하여 분해된 조직을 보수하는 데에만 단백질이 사용되므로 단백질 필요량은 많지 않다. 그러나 성장기 아동, 임신부, 수유부, 폐결핵 등의 소모성 질환자, 고열을 동반하는 전염성 질환자, 화상환자, 수술환자, 심한 출혈이 있는 경우 등에서는 단백질 필요량이 증가할 뿐만 아니라 에너지필요량도 증가한다.

2) 영양소 운반과 항체 형성

혈청에는 많은 양의 단백질이 함유되어 있다. 혈청 단백질은 주로 알부민, 글로불린, 피브리노겐이 있으며 혈액에서 중요한 생리기능을 수행한다.

(1) 알부민

알부민albumin은 새로운 조직의 형성과 보수를 위하여 단백질이 필요할 때 가장 먼저 단백질을 공급해 준다. 또한 다른 영양소를 한 조직에서 다른 조직으로 운반해 주는 역할을 한다.

(2) 글로불린

글로불린globulin에는 알파α, 베타β, 감마γ의 세 종류가 있다. 글로불린은 조직에서 필요한 아미노산을 알부민이 부족하여 공급하지 못할 때, 이를 공급해주는 제2의 단백질 급원이다. α-와 β-글로불린은 혈액 내에서 각각 구리와 철을 운반한다. γ-글로불린은 항체로서 병원균에 대한 방어작용을 한다.

(3) 피브리노겐 합성과 혈액 응고작용

피브리노겐fibrinogen은 혈액이 몸 밖으로 노출되었을 때 응고되는 것을 돕는다. 이 단백질은 혈액이 체외로 나오면 피브린으로 변하여 응고한다.

3) 효소와 호르몬 합성

단백질은 효소와 호르몬을 합성하는 데 사용된다. 효소는 아포엔자임 부분에 조효소 또는 보결분자단이 결합되어 형성된다. 이 중 아포엔자임 부분은 모두 단백질이다.

호르몬 중에는 단백질과 아미노산의 유도체인 것이 많다. 갑상샘호르몬, 에피네프린, 인슐린, 글루카곤, 성장호르몬 등이 여기에 해당된다.

4) 포도당 신생과 에너지 급원

인체에서 뇌, 신경조직, 적혈구 등의 세포들은 포도당을 에너지원으로 이용하므로 혈당 유지가 매우 중요하다. 탄수화물 섭취 부족이나 과다한 운동에 의해 혈당이 떨어져서 에너지원이 부족해지면 체지방과 단백질이 포도당으로 전환되는 포도당 신생과정에 의해 혈당을 유지시키며, 또한 중간 대사물질로 전환되어 에너지원으로 사용된다. 단백질 1g은 약 4kcal의 에너지를 발생한다.

5) 체액의 수분 조절과 산·염기의 평형 유지

(1) 체액의 수분 조절

단백질은 체내 수분 함량을 조절하는 중요 요소이다. 단백질은 대부분 분자량이 매우 커서 혈관을 빠져나가지 못한다. 그러므로 단백질은 혈장의 삼투압에 영향을 미쳐, 혈중 삼투압이 조직세포 사이보다 높게 유지되도록 함으로써 수분이 혈관 안에 머물러 있도록 한다. 장기간 단백질을 충분히 공급하지 못하면 혈장 단백질 함량이 줄어 들어 조직세포 사이와 그 농도를 같게 하기 위하여 수분이 조직 세포 사이로 확산되어 들어가 부종이 나타난다.

(2) 체액의 산·염기 조절

체액은 항상 약알칼리성인 pH 7.4 정도를 유지하고 있으며, pH 0.2만 벗어나도 체내 대사에 이상 증상이 나타난다. 단백질을 구성하는 아미노산은 산성기와 염기성기를 모두 가지고 있어 산과 염기 양쪽의 역할을 다할 수 있다. 따라서 체액이 산성이나 염기성으로 기울면 단백질이 중화시킴으로써 산·염기 균형을 정상으로 유지시켜 준다.

6) 생리활성물질 합성과 지단백질 성분

단백질은 중요한 생리활성물질을 합성한다. 생리활성물질은 인체의 건강 유지와 질병에 대한 면역력 증강 등의 기능을 가진 물질이다. 생리활성물질에는 신경전달물질인 세로토닌, 뇌조직과 담즙의 구성성분이며 혈구 내 항산화작용을 하는 타우린, 산화환원작용 조절물질인 글루타티온 등이 있다.

단백질은 지단백질을 합성하여 중성지방, 콜레스테롤, 지질과 지용성 비타민의 운반에 작용한다.

알아두기

생리활성물질과 작용

생리활성물질	작용
세로토닌(트립토판)	신경전달물질
타우린(시스틴)	태아·뇌조직 구성, 담즙 구성, 항산화
글루타티온(글리신)	아미노산 운반, 생체 방어

6. 단백질의 질 평가

단백질의 질은 그것을 구성하고 있는 아미노산의 종류나 양에 의해서 결정된다. 일반적으로 동물성 단백질이 식물성 단백질에 비하여 필수아미노산을 많이 함유하고 있어 질이 높다고 할 수 있다. 단백질의 질을 평가하는 방법에는 크게 식품 단백질의 필수아미노산 조성을 화학적으로 분석하는 화학적 평가와 동물의 성장속도나 체내 질소 보유 정도를 측정하는 생물학적 평가의 두 가지가 있다.

1) 화학적 평가

(1) 화학가

화학가
식품 단백질의 제1 제한아미노산(1st limiting amino acid)의 함량을 기준단백질의 같은 아미노산의 함량으로 나눈 값의 백분율

화학가chemical serco는 단백가라고도 하며 식품 단백질의 아미노산 성분을 분석하고 그 수치를 기준이 되는 아미노산 조성과 비교하여 단백질의 질을 평가하는 방법이다. 달걀 단백질의 필수아미노산 조성이 인체가 필요로 하는 필수아미노산의 함량과 가장 일치하므로, 달걀 단백질을 기준으로 하여 다른 식품의 단백질 질을 비교, 평가할 수 있다. 한편, 유엔식량농업기구FAO와 세계보건기구WHO는 인체의 단백질 필요량에 근거한 필수아미노산의 표준구성reference amino acid pattern을 기준으로 하여 식품 단백질의 질을 평가하는 방법을 제창하였으며, 이 방법으로 구한 화학가를 아미노산가라 한다.

표 5-8 FAO의 표준구성 아미노산과 각 식품 단백질의 화학가 (단위: 단백질 질소 1g당 아미노산 mg)

식품	이소류신	류신	라이신	페닐알라닌	티로신	함황 아미노산		트레오닌	트립토판	발린	단백가
						합계	메티오닌				
아미노산 표준구성	270	306	270	180	180	270	144	180	90	270	100
우유	407	630	496	311	323	211*	154	292	90	440	78
달걀	428	565	396	368	274	342	196	310	106	460	100
카세인	402	628	497	334	367	215*	190	272	85	448	80
쇠고기	332	515	540	256	212	237*	154	225	75	345	83
돼지고기	320	462	515	240	225	233*	156	252	80	302	86
콩가루	333	484	395	409	201	197*	86	247	86	328	73
밀가루	262	442	126*	322	174	129	78	174	69	272	47
쌀	322	535	236	307	269	222	142	241	65*	27	72
옥수수가루	293	827	179	284	385	197	117	249	38*	327	42
감자	260	304	326	285	99*	159	87	237	72	339	56

*제1 제한아미노산

평가하려는 식품 단백질의 필수아미노산 조성을 기준 단백질의 필수아미노산 조성과 비교하여, 그중에서 표준구성에 비례적으로 가장 미달되는 아미노산을 제1 제한아미노산limiting amino acid이라 한다. 그 비율에 100을 곱한 수치가 화학가가 된다.

제한아미노산
식품에 들어 있는 필수아미노산 중 인체의 필요량에 비해 가장 적게 함유되어 있는 아미노산

$$\text{화학가(PS)} = \frac{\text{식품 중의 가장 부족한 아미노산}}{\text{표준구성의 그 아미노산 양}} \times 100$$

아미노산의 표준구성과 각 식품 단백질의 화학가는 표 5-8과 같다. 이 표에서 볼 때 달걀이 가장 질이 좋은 단백질임을 알 수 있고, 쌀은 단백가가 72이며 제1 제한아미노산은 트립토판이다. 반면, 밀가루는 단백가가 47이며 제1 제한아미노산은 라이신이다. 감자의 단백가는 56이고, 고구마는 81이다. 이로부터 쌀은 비교적 양질의 단백질을 함유하고 있다는 것을 알 수 있다.

(2) 소화율 고려 아미노산가

소화율을 고려한 아미노산가는 화학적 평가와 생물학적 평가의 단점을 보완한 방법으로, 최근 미국식품의약국FDA에서 4세 이상 어린이와 성인을 위한 식품에 단백질 효율을 대신하여 사용하도록 한 것이다. 단백질의 아미노산가를 100으로 나눈 값에 소화·흡수율을 곱한 값을 말한다.

2) 생물학적 평가

생물학적 평가는 성장하는 동물 또는 인체에 대한 실험을 근거로 한 단백질의 질 평가방법으로 단백질효율, 생물가, 단백질 실이용률 등이 있다.

(1) 단백질효율

단백질효율protein efficiency ratio: PER은 성장기 동물의 체중 증가량을 단백질 섭취량으로 나눈 값으로, 체중 증가가 체단백질 이용과 정비례한다는 가정하에 측정

단백질효율
어린 동물의 단백질 섭취량에 대한 체중 증가량

한다. FDA는 조제분유용 식품표시기준을 정하는 데 이 방법을 사용하고 있다.

단백질이 성장에 기여하는 정도는 식이섭취량에 따라 다르며, 체중 증가가 체단백질의 증가와 비례하지 않고 체지방 축적에 의한 것일 수도 있으므로, 에너지와 단백질 섭취량이 적절히 조절된 조건하에서 단백질효율을 측정하는 것이 중요하다. 단백질효율은 식물성 단백질에서 낮고 동물성 단백질에서는 높은 값을 보이지만, 젖먹이 외에는 식사 때 보통 여러 음식을 함께 섭취하므로 단일식품의 단백질효율이 크게 문제되지는 않는다.

$$\text{단백질효율(PER)} = \frac{\text{일정 기간 증가한 체중의 양(g)}}{\text{일정 기간 섭취한 단백질의 양(g)}}$$

(2) 생물가

생물가
흡수된 질소량에 대한 체내 보유 질소량의 백분율

생물가biological value: BV는 체내에 흡수된 질소의 체내 보유 정도를 나타내는 것으로서 흡수된 단백질이 얼마나 효율적으로 체단백으로 전환되느냐를 측정하는 방법이다. 생물가는 질소평형실험을 통해 평가한다. 각종 식품의 생물가는 표 5-9와 같으며, 생물가가 높을수록 양질의 단백질로 평가된다. 달걀의 생물가가 가장 높으며 우유, 육류의 순으로 나타난다.

$$\text{생물가(BV)} = \frac{\text{보유된 질소량}}{\text{흡수된 질소량}} \times 100$$
$$= \frac{\text{식이질소량} - (\text{소변 중 질소량} + \text{대변 중 질소량})}{\text{식이질소량} - \text{대변 중 질소량}} \times 100$$

표 5-9 식품의 생물가와 단백질 실이용률

식품명	생물가(BV)	단백질 실이용률(NPU)
달걀	94	94
우유	85	82
육류, 어류, 가금류	74~76	57~80
대두	71	61
밀가루	52~65	40
옥수수	60	51

(3) 단백질 실이용률

단백질 실이용률net protein utilization: NPU은 섭취된 질소의 체내 보유 정도를 나타낸 것이다. 생물가BV는 흡수된 단백질이 체내에서 이용되는 정도를 나타내나 소화율을 고려하지 않은 데 비하여, 단백질 실이용률은 생물가에 소화율을 고려한 값이다.

단백질 실이용률
섭취한 질소량에 대한 체내 보유 질소량의 백분율

$$\text{단백질 실이용률(NPU)} = \frac{\text{보유된 질소량}}{\text{섭취된 질소량}} \times 100 = \text{생물가} \times \text{소화흡수율}$$

7. 단백질의 상호 보조효과

식품에 따라 단백질을 구성하는 아미노산의 종류와 양이 서로 다르므로 부족한 아미노산과 다른 단백질을 같이 섭취함으로써 필수아미노산의 상호 보완이 일어나는 것을 단백질의 상호 보조효과라고 한다.

일반적으로 양질의 단백질이 부족한 곡류의 아미노산 보조효과에 관해서는 많은 연구가 실시된 바 있다. 식물성 식품에 부족한 아미노산과 단백질의 상호 보조효과에 대한 예를 표 5-10에 나타냈다.

표 5-10 식품 단백질의 상호 보조효과

식품	부족한 아미노산	상호 보조효과 증진법
콩류	메티오닌	두부와 쌀밥
곡류	라이신, 트레오닌	콩밥, 팥밥
견과류 및 종자류	라이신	콩과 참깨가루를 섞어 만든 미소된장 땅콩과 완두 등의 콩을 섞은 샐러드
채소류	라이신	나물과 쌀밥, 채소와 견과류를 섞은 샐러드
옥수수	트립토판, 라이신	옥수수와 달걀을 섞은 볶음밥

알아두기

단백질 상호 보조효과 실험

오즈번과 멘델은 옥수수 단백질인 제인의 영양가를 알기 위하여, 쥐의 사료에 다른 영양소는 필요량을 넣고 단백질 급원으로는 제인만을 18% 섞어서 넣었다. 그 결과 쥐의 체중이 감소하였다. 제인에는 라이신과 트립토판의 함량이 적으므로 우선 트립토판을 보충해 주었을 때 체중이 유지되었고, 다시 라이신을 보충해 주었더니 성장이 계속되었다.

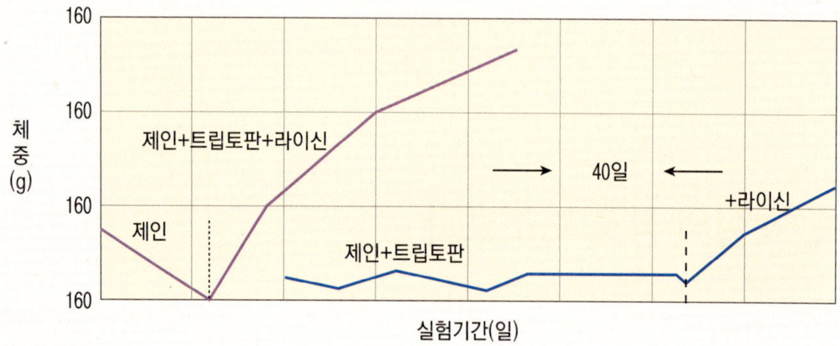

8. 단백질 결핍증

단백질 결핍증은 성인의 경우 단시간에 나타나지 않으며, 장기간에 걸친 단백질 결핍 시 발생한다. 초기 단백질 부족 증상으로는 체중감소와 피로, 초조감 등이 나타난다. 단백질 결핍증은 성인보다 성장기 아동에게서 많이 나타나는데, 대표적으로 콰시오커와 마라스무스가 있다그림 5-8.

1) 콰시오커

콰시오커
이유기 이후의 유아에게서 발생하는 단백질 결핍증상으로 부종, 성장저해 등 발생

콰시오커kwashiorkor는 단백질 섭취량이 극도로 적고 장기간 계속될 때 나타난다. 주로 저개발국가인 아프리카, 남아메리카, 동양의 여러 지역, 서인도 제도 등에서 흔히 볼 수 있다. 특히 이유기 또는 그 직후의 아이들에게서 가장 많이 볼 수 있으며, 여기에서 살아 남은 아이들만이 성장을 계속하여 성인이 된다. 콰시오커의 증

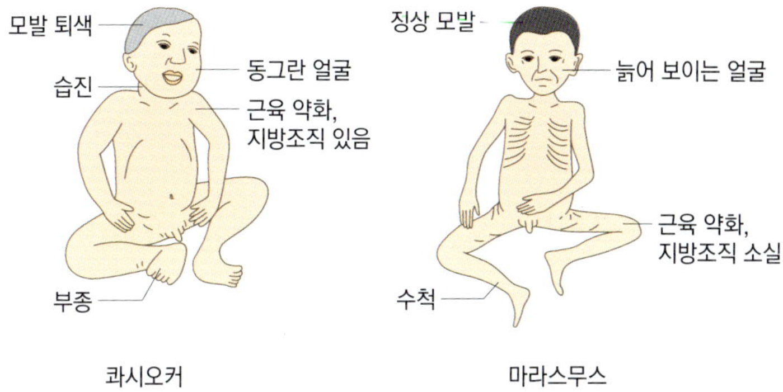

그림 5-8 콰시오커와 마라스무스의 기본 증상

세는 다음과 같다.

- 성상이 지연되며 머리와 배만 커지고 팔, 다리가 무섭게 말라 심지어는 앉거나 걷지 못하게 된다.
- 지방간이 생기고, 간세포가 파괴되며 섬유조직이 증식하여 간의 기능이 저하된다.
- 머리카락의 색이 검은색에서 오렌지색으로 변한다.
- 피부가 약해져 쉽게 피부염이 발생하고 잘 아물지 않는다.
- 소화기계에 장애가 생겨 소화·흡수가 제대로 이루어지지 않는다.
- 신경계통에 장애가 와서 신경질적이 되고 후에는 무감각해진다.
- 증세가 심해지면 부종이 생겨 일단 말랐던 조직에 수분이 고여 붓고, 결국에는 사망한다.

콰시오커는 다른 영양결핍증과 마찬가지로 원인을 확인하여 영양소를 공급하면 완치될 수 있다. 이 증세에 대한 가장 효과적인 치료법은 환자에게 탈지분유를 제공하는 일이다. 탈지분유는 환자가 거의 절망적이라고 생각되는 상태에 있을 때에도 2~3주 내에 거의 완전히 건강한 상태로 회복시켜 준다. 다른 고단백식품인 콩가루, 두유, 생선가루도 좋은 양질의 단백질 급원이다.

2) 마라스무스

마라스무스
이유기 이후의 유아에게서 발생함. 단백질-에너지 결핍 증상으로 심하게 마름

마라스무스marasmus는 단백질과 에너지가 동시에 결핍protein energy malnutrition : PEM될 때 나타난다. 아프리카 지역에서 식량 부족으로 인해 이유기 또는 그 직후의 유아에게서 흔히 발생한다. 콰시오커에 비해 심하게 마르는 증상이 나타나나 피부, 모발, 간기능은 정상으로 나타나며 부종은 일어나지 않고 극도로 체중이 감소한다. 또한 얼굴과 몸은 살이 없어서 애늙은이 같은 형상이 된다.

알아두기

선천성 아미노산 대사 이상

아미노산 대사에 관계하는 효소 유전자에 이상이 생기면 여기서 합성된 아미노산 이상 대사물질의 축적, 대사물질의 결핍 등이 발생하여 질병을 초래할 수 있다. 선천성 아미노산 대사 이상 중 영유아에게 발생빈도가 높은 것은 페닐케톤뇨증, 호모시스틴뇨증을 들 수 있다. 이 질병들은 생후 초기에 발견하여 치료하지 않으면 심각한 지능장애를 보이고, 심하면 사망하게 된다. 원인 아미노산을 적게 함유한 식품과 특수분유를 섭취시켜야 한다.

선천성 아미노산 대사 이상

질병명	장애효소	증상
고암모니아혈증 I	카르바모일인산 합성효소	구토, 의식장애, 지능장애
고암모니아혈증 II	오르니틴 카르바모일 트랜스페라아제	구토, 의식장애, 지능장애
페닐케톤뇨증	페닐알라닌 히드록시라아제	지능장애, 경련
티로신	P-히드록시 페닐피루브산 옥시다아제	간비종, 소경변, 구루병
선천성 백피증	티로시나아제	흰피부, 백발
호모시스틴뇨증	시스타티오닌 합성효소	수정체 편위, 경련, 지능장애
시스틴뇨증	시스타티오나아제	지능장애
히스티딘증	히스티다아제	언어발달 지체
		지능장애

9. 단백질의 섭취기준과 급원식품

1) 영양소 섭취기준

단백질 필요량은 적정한 신체활동 시 에너지평형을 유지하며 단백질 합성과 분해가 평형을 이루어 질소평형을 유지하는 최소필요량을 의미한다.

단백질의 섭취기준은 질소균형 실험 자료를 바탕으로 평균필요량과 권장섭취량을 설정하였다. 평균필요량은 성인의 경우 성별과 무관하게 질소평형을 위한 0.66g/kg에 이용효율 90%를 적용하여 0.73g/kg/일을 질소평형 유지를 위한 필요량으로 정하였다. 권장섭취량은 평균필요량에 권장량 산정계수 1.25를 적용하여 0.91g/kg/일을 기준으로 하였다. 여기에 성별·연령별 표준체중을 곱하여 1일 권장섭취량을 산출하였으며, 19~49세 남자는 65g이고, 19~29세 여자는 55g이다. 또 50세 이상의 남자는 60g, 30세 이상의 여자는 50g이다.

표 5-11 한국인 성인 단백질의 섭취기준

연령	남자		여자	
	평균필요량	권장섭취량	평균필요량	권장섭취량
19~29세	50	65	45	55
30~49세	50	65	40	50
50~64세	50	60	40	50
65~74세	50	60	40	50
75세 이상	50	60	40	50

자료: 보건복지부·한국영양학회, 2020

알아두기

아미노산 필요량

단백질과 각 필수아미노산의 필요량은 체중당으로 계산하면 연령이 증가할수록 감소한다. 총단백질 필요량보다 필수아미노산 필요량이 현저히 감소되는 것은 그림에서 볼 수 있다. 즉, 단백질 필요량 중 필수아미노산이 차지하는 비율은 신생아에서 43%로 가장 높고, 성인기에는 19%로 낮다. 따라서 연령이 낮을수록 양질의 단백질 공급이 필요하다.

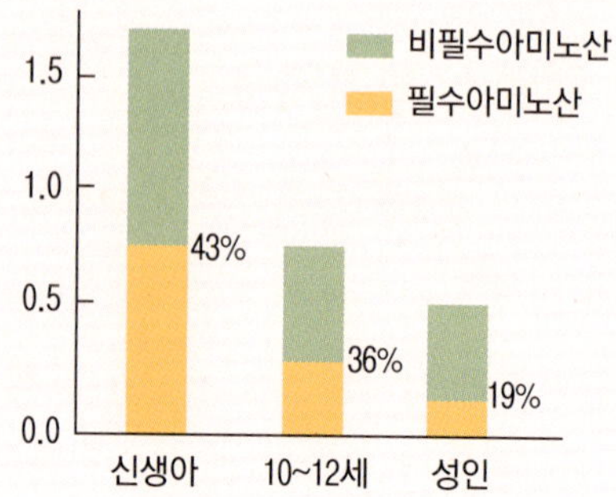

2) 단백질 필요량에 영향을 주는 요인

(1) 생리상태

체격이 크거나 근육조직 증가 시 체중당 단백질 필요량은 증가한다. 또 성장기, 임신·수유기, 소모성 질환자, 고열환자도 단백질 필요량을 증가시킨다.

(2) 에너지 섭취량

적은 에너지를 섭취하면 단백질이 에너지원으로 사용되어 질소평형은 음(-)이 되고 단백질 필요량이 증가한다. 적절한 에너지 섭취 시에는 단백질 절약작용이 일어난다. 그리고 많은 에너지 섭취 시에는 단백질이 부족한 상태에서도 질소평형이 양(+)으로 호전된다.

표 5-12 질소평형

양(+)의 질소평형 (섭취 > 배설)	질소평형 (섭취 = 배설)	음(-)의 질소평형 (섭취 < 배설)
성장 임신 질병 회복기 신체훈련 인슐린, 성장호르몬 분비 증가 남성호르몬 투여	정상 성인	단백질, 필수아미노산 부족 기아, 소화기 질환 에너지 섭취 부족 발열, 화상, 감염, 수술 오랜 질병 신장질환 갑상샘호르몬 분비 증가

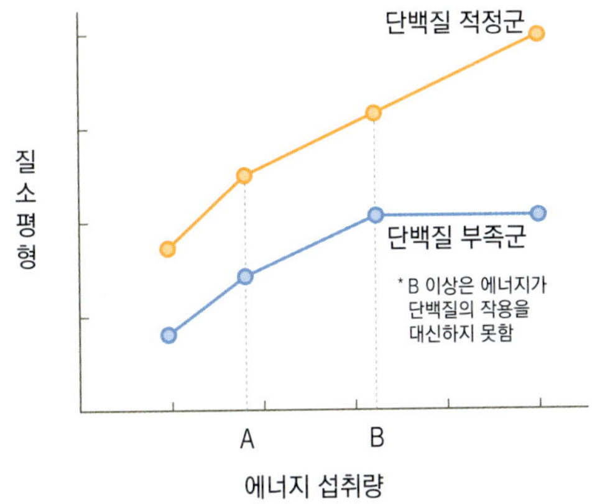

그림 5-9 에너지 섭취량과 질소평형과의 관계

(3) 단백질의 질과 양

단백질의 생물가가 높으면 단백질 필요량은 감소하므로 총단백질 섭취량이 중요하다.

(4) 식품 종류

함께 섭취하는 식품의 종류에 따라 필요량이 다르다. 소화율이 낮으면 그만큼 필요량은 증가한다.

3) 급원식품

단백질은 동물성 식품과 식물성 식품에 골고루 들어 있지만, 곡류나 채소류에 비해 주로 어육류, 콩류, 달걀, 유제품 등에 많이 함유되어 있다표 5-13. 이들 식품은 단백질뿐만 아니라 지질, 에너지 등을 같이 공급하게 되며 가정의 식품 선택에서는 가격을 고려하지 않을 수 없다. 2021년 국민건강영양조사에 의하면, 우리나라 국민의 단백질 섭취분율은 육류, 곡류, 어패류 순으로 높으며 다음으로 채소류, 난류, 두류 순이다.

표 5-13 단백질 주요 급원식품과 함량[1)]

순위	급원식품	함량(g/100g)	순위	급원식품	함량(g/100g)
1	백미	9.3	16	새우	28.2
2	돼지고기(살코기)	19.8	17	고등어	21.1
3	닭고기	23.0	18	오징어	18.8
4	소고기(살코기)	17.1	19	요구르트(호상)	5.2
5	달걀	12.4	20	명태	17.5
6	우유	3.1	21	밀가루	10.3
7	두부	9.6	22	떡	3.7
8	멸치	49.7	23	샌드위치/햄버거/피자	9.6
9	빵	9.0	24	가다랑어	29
10	햄/소시지/베이컨	20.7	25	간장	7.4
11	배추김치	1.9	26	어묵	11.4
12	라면(건면, 스프포함)	8.6	27	보리	8.7
13	국수	7.3	28	된장	13.7
14	돼지 부산물(간)	26	29	현미	6.3
15	대두	36.1	30	소 부산물(간)	29.1

[1)] 2017년 국민건강영양조사의 식품별 섭취량과 식품별 단백질 함량(국가표준식품성분표 DB 9.1) 자료를 활용하여 단백질 주요 급원식품 상위 30위 산출

자료 : 보건복지부·한국영양학회, 2020

알아두기

단백질 보충제와 아미노산 불균형

최근 영양보충제의 하나로 단백질이나 아미노산 등이 많이 시판되고 있다. 이들은 노약자, 식사를 할 수 없는 환자에게 알부민 등의 주사 형태로 공급하여 단백질 보충효과를 나타낼 수 있다. 그러나 메티오닌, 티로신, 글루타민, 글루코사민 등 특수 아미노산의 보충은 아미노산 불균형을 초래하여 독성을 나타낼 수 있다.

트립토판의 과잉 섭취에 의한 세로토닌 합성 증가는 졸음, 우울증, 정신착란증을 초래할 수 있으며, 조미료에 들어 있는 글루탐산의 과잉 섭취는 두통, 매스꺼움, 불안증을 유발할 수 있다. 최근 미국에서는 단백질 권장섭취량의 2배 이상은 섭취하지 말 것을 권하고 있다.

CHAPTER

6

에너지 대사의 이해

1. 에너지 대사 / 2. 인체의 에너지 필요량
3. 에너지의 섭취기준 / 4. 에너지 균형과 건강

에너지는 생명현상을 유지하는 원동력의 근원이다. 인간이 호흡, 혈액순환, 근육활동 등과 같은 다양한 신체 대사와 기능을 수행하고 체온을 유지하려면 무엇보다도 에너지를 필요로 하며 식품 섭취를 통해 에너지를 공급받는다. 인체가 여러 대사과정에 사용하는 에너지는 ATP 형태인데 이것은 식품을 섭취하고 소화, 흡수, 대사과정을 통해 얻거나 이미 체내에 저장되었던 탄수화물, 단백질, 지질로부터 유래한 것이다.

개인의 활동량과 활동의 종류에 따라 소비하는 에너지는 많은 차이를 보이며 에너지 섭취량과 소비량이 같을 때 체중은 변동없이 일정한 상태를 유지하게 된다. 오랜 기간 동안 에너지 섭취가 적은 경우에는 영양부족현상이 나타나고 체중이 감소하며, 지속적으로 과다하게 에너지를 섭취하면 여분의 에너지는 체내에 지방으로 변하여 축적되고 체중이 증가하게 되며 비만으로 연결된다. 따라서 에너지 섭취량과 소비량의 균형을 잘 유지하는 것이야말로 건강유지를 위한 영양관리의 핵심적 요소이다.

학/습/목/표

1. 에너지 대사량의 측정원리를 설명할 수 있다.
2. 기초대사량의 개념을 설명할 수 있다.
3. 1일 에너지 필요량을 산출할 수 있다.
4. 에너지 균형과 건강과의 관계를 설명할 수 있다.
5. 비만을 판정하는 방법을 설명할 수 있다.

1. 에너지 대사

1) 에너지 대사

에너지는 생명현상을 유지하는 원동력으로서 호흡작용, 혈액순환, 근육활동, 신경전달 등과 같은 신체 대사를 수행하고 체온을 유지하는 데 사용된다. 우리는 식품을 섭취하여 체내에서 탄수화물, 지질, 단백질과 알코올로부터 에너지를 얻는다. 인체가 여러 대사과정에 사용하는 에너지는 고에너지 화합물인 ATP 형태인데, 이것은 식품으로부터 얻거나 저장되었던 탄수화물·단백질·지질에서 유래한 것이다. 즉, 이들은 소화·흡수과정을 거쳐 작은 분자로 분해되어 세포 내로 이동되며, 단계적인 산화과정을 거쳐 ATP를 생성하게 된다그림 6-1.

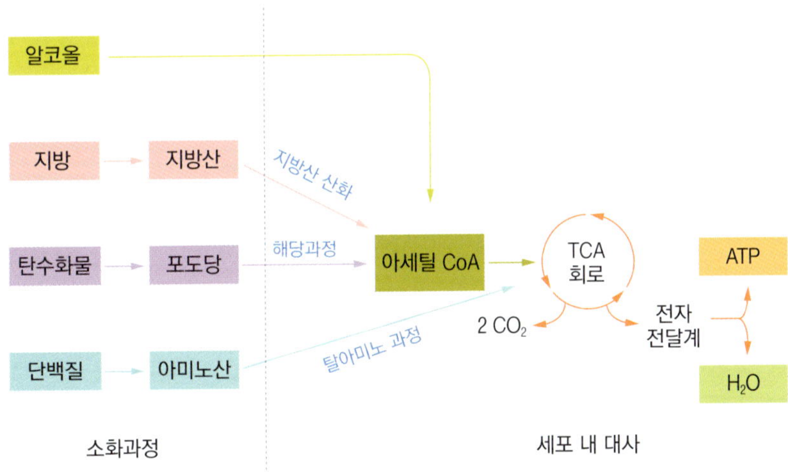

그림 6-1 에너지 영양소와 대사 개요

ATP는 인산기가 분해되면서 에너지를 방출하는데, ATP는 생체 내에서 에너지가 필요할 때 체내의 열량영양소로부터 계속 합성되어 사용된다그림 6-1.

알아두기

에너지의 단위

식품에 포함된 에너지나 인체가 사용하는 에너지의 단위는 킬로칼로리kcal, 또는 킬로줄kilojoule, kJ로 나타낸다.

- 1kcal : 정상 기압하에서 1kg의 물을 1℃ 올리는 데 요구되는 열에너지의 양
- 1kJ : 1뉴턴N의 힘으로 1m 움직이는 데 필요한 에너지의 양

킬로칼로리와 킬로줄의 관계는?
1kcal = 4.18kJ

2) 식품의 열량가

식품에 포함되어 있는 에너지의 총량은 그림 6-2와 같이 봄bomb열량계를 이용하여 식품의 연소열을 측정하면 알 수 있다. 단열 밀폐된 내부 공간의 중앙에 위치한 용기에 식품시료를 넣고 산소를 공급해 연소시키고 이때 발생하는 열로 인해 물의 온도가 상승하는 정도로부터 연소열을 계산한다.

식품으로부터 섭취하는 열량 영양소들의 연소열은 탄수화물 4.15kcal/g, 지질 9.45kcal/g, 단백질 5.65kcal/g, 그리고 알코올 7.1kcal/g이다. 그러나 실제로 체내에서 이용할 수 있는 에너지는 이 수치보다 적은 값이다. 그 이유는 식품을 섭취하였을 때 불완전하게 소화·흡수되며, 또한 단백질의 일부는 요소로서 체외로 배설되기 때문이다.

따라서 체내에서 열량 영양소가 대사될 때 생성하는 에너지는 평균적으로 탄수화물 4kcal/g, 지질 9kcal/g, 단백질 4kcal/g, 알코올 7kcal/g이다. 이것은 식품의 총에너지 함량에 평균 소화율을 적용하고, 체내에서 불완전 연소로 손실되는 에너지를 고려하여 산출한 것이다. 이것을 대사 에너지, 생리적 열량가 또는 애트워터 계수Atwater Factor라고 한다. 표 6-1은 식품의 연소 열량가와 소화율, 생리적 열량가와의 관계를 나타낸 것이다.

생리적 열량가
각 열량 영양소가 체내에서 실제로 사용되는 에너지. 탄수화물 4kcal/g, 지질 9kcal/g, 단백질 4kcal/g

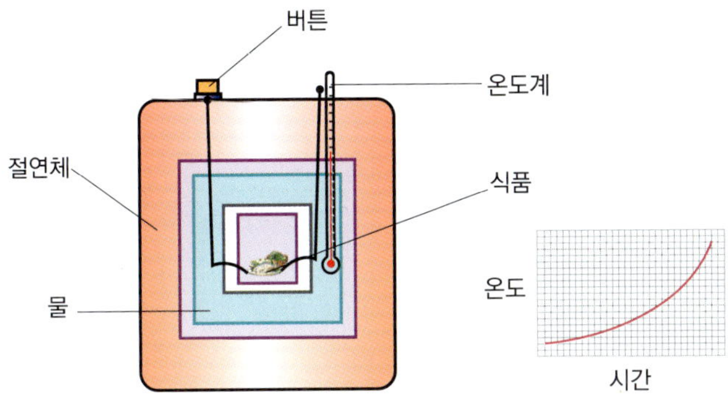

그림 6-2 봄열량계

표 6-1 열량 영양소의 연소열, 소화율 및 생리적 열량가

영양소	연소열(kcal/g)	소화율(%)	생리적 열량가(kcal/g)
탄수화물	4.15	97	4.0
지방	9.45	95	9.0
단백질	5.65(−1.25)*	92	4.0

*소변을 통해 요소로 손실되는 에너지

식품의 에너지 함량을 계산할 때에는 각 식품에 들어 있는 열량 영양소의 함량에 각 영양소에 해당하는 생리적 열량가를 곱해서 나온 값들을 합하면 된다.

2. 인체의 에너지 필요량

체중의 변동이 없는 건강한 사람의 경우 하루에 소비하는 에너지는 에너지 요구량과 같다. 사람은 일상생활을 영위해 나가면서 매일매일의 에너지 섭취량과 소비량에 차이가 조금 나타날 수 있는데, 이러한 차이가 지속될 경우 체중의 변화를 가져오게 된다.

인간이 소비하는 에너지는 기초/휴식대사량, 신체활동대사량, 식사성 발열효과 Thermic Effect of Food: TEF 및 적응대사량으로 분류할 수 있다.

알아두기

에너지 대사량의 측정

에너지 대사량은 직접측정법이나 간접측정법으로 측정할 수 있다. 최근에는 안정동위원소를 이용하는 이중표시수분방법이 개발되었는데, 이 방법은 인간 행동을 제약하지 않아 그 사용이 점차 확대되고 있다.

직접측정법

식품의 열량을 측정하는 것과 같은 원리를 이용하는 방법으로 대사열량계metabolic chamber를 사용하여 이 안에 사람이 들어가 활동을 하면서 사람의 몸에서 발생하는 열량을 온도 변화로 직접 측정하는 것이다. 이 방법은 특수한 시설과 장치가 필요하며, 측정할 수 있는 활동의 종류가 제한적이고 비용이 많이 드는 단점이 있다.

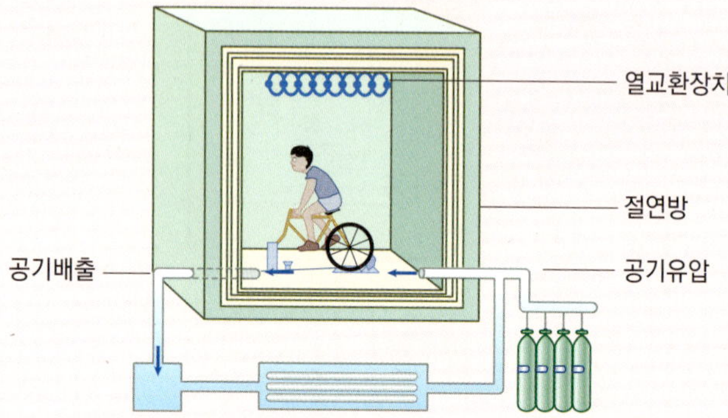

대사열량계

간접측정법

호흡가스 측정기를 이용하여 5~10분간 피실험자의 산소 소모량과 이산화탄소 배출량을 측정해 열량 영양소의 산화로 얼마의 에너지가 방출되었는지를 산출하는 방법이다. 열량 영양소의 종류에 따라 소비되는 산소와 생성되는 이산화탄소의 양이 달라지므로 호흡계수Respiratory quotient : RQ 또한 변한다. 즉, 식사 내 열량 영양소의 구성비에 따라, 전체 호흡계수가 달라진다. 만일 탄수화물만이 에너지원으로 산화되었다면 RQ값은 1이며, 지질만 쓰인 경우는 0.7, 단백질은 약 0.8 정도이다. 일상적인 식사를 하는 보통 사람의 호흡계수는 0.85 정도이다.

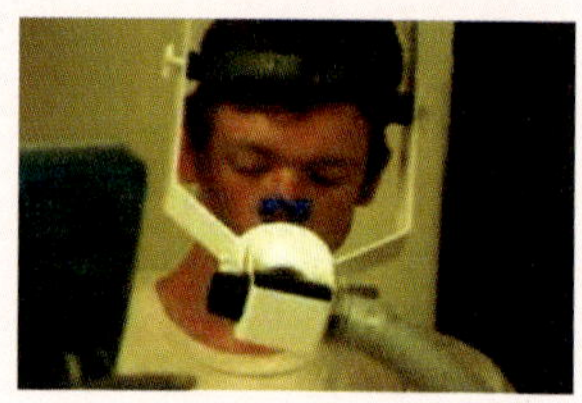

호흡가스 측정기

호흡계수RQ
호흡으로 생성된 CO_2를 소비된 O_2로 나눈 값

$$\text{호흡계수} = \frac{\text{생성된 } CO_2 \text{ 용량}}{\text{소비된 } O_2 \text{ 용량}}$$

기초대사량
생명을 유지하는 데 필요한 최소 에너지. 식후 12~14시간이 경과한 후에 심장박동, 호흡, 체온조절 등에 필요한 에너지를 침대에 누운 안정상태에서 측정한다.

1) 기초대사량

기초대사량은 인체가 정상적인 신체기능을 유지하고, 체내 항상성을 유지하며, 기본적이고 필수적인 신체 활동을 하는 데 필요한 최소한의 에너지이다. 성장기에는 여기에 적정 속도로 성장하는 데 필요한 에너지를 추가로 포함한다. 그러므로 기초대사량에는 신경활동, 호흡, 혈액순환을 위한 심장박동, 내분비선의 호르몬 분비, 항상성 유지 등을 수행하기 위한 에너지가 포함된다.

기초대사량은 아침 잠에서 깬 직후 침대에 누운 안정상태에서 측정한다. 즉, 식사

후 12~14시간이 경과하여 식사성 발열효과의 영향이 배제된 공복 상태로 심리적·신체적 스트레스가 전혀 없는, 쾌적한 환경 조건에서 측정한다.

(1) 기초대사량에 영향을 주는 요소

기초대사량은 체격 및 신체 조성에 의한 영향을 가장 많이 받으나 그 외에도 성별, 연령, 호르몬, 임신, 체온, 환경온도 등에 따라 차이가 있다.

① 체격과 신체 조성

기초대사량은 키, 체중 등 체격에 따라서 차이가 나타나는데, 이것은 체표면적의 크기 차이 때문이다. 체표면적이 클수록 피부를 통해 발산하는 에너지의 양이 많아져 기초대사량이 증가한다. 신체조직은 크게 지방조직과 근육, 골격 등의 제지방조직으로 구분할 수 있다. 지방조직은 대사활동이 활발히 일어나지 않는 조직이다. 체중에서 체지방 무게를 뺀 나머지를 제지방조직lean body mass: LBM 또는 fat free mass: FFM이라고 하는데 기초대사량은 제지방조직의 양과 밀접한 관련이 있다. 체중이 동일하더라도 골격근이 잘 발달해 있고 지방조직이 적은 사람은 기초대사량이 높다.

② 성별

기초대사량은 성별에 따라서 상당한 차이가 있다. 남성은 골격근의 비율이 높으므로 체중과 신장이 동일하더라도 여성에 비해 기초대사량이 6~10% 정도 높다.

③ 호르몬

부신에서 분비되는 에피네프린이나 갑상샘에서 분비되는 호르몬인 티록신은 기초대사율을 높인다. 갑상샘 기능이 저하되면 티록신 분비 감소로 기초대사량이 30%까지도 저하할 수 있다.

④ 연령

기초대사량은 연령에 따라 변한다. 생후 수개월 동안에 가장 높다가 그 후에 서서히 감소하고 사춘기 시기에 다시 증가한다. 그 이후 노년에 달할 때까지 계속 감소된다.

⑤ 임신

임신 후반기가 되면 태아와 모체조직의 대사활성이 높아져서 기초대사량이 30% 정도 증가한다.

⑥ 체온

체온의 상승은 기초대사율을 항진시킨다.

⑦ 환경온도

주변의 환경 온도가 영하로 내려가서 몹시 춥거나 무더운 여름철과 같이 기온이 높게 오르면 기초대사량이 증가한다.

(2) 기초대사량 추정법

기초대사량을 직접법이나 간접법으로 측정하는 것은 많은 노력과 비용, 설비를 필요로 한다. 따라서 키, 체중, 연령 등을 이용하여 기초대사량을 추정하는 방식들이 여러 가지 고안되었다. 표 6-2는 기초대사량 산출에 사용되는 대표적인 방법들이다.

표 6-2 기초대사량 산출방법

종류	방법
체중으로 산출하는 법	남 : 1kcal/kg/시간 여 : 0.9kcal/kg/시간
해리스와 베네딕트 공식(10세 이상)	남 : 66.5 + 13.5 × 체중(kg) + 5.0 × 신장(cm) − 6.8 × 나이 여 : 655.1 + 9.6 × 체중(kg) + 1.8 × 신장(cm) − 4.7 × 나이
허리둘레 FAO/WHO/UNU 공식	남 : 18~30세 15.3 × 체중(kg) + 679 여 : 18~30세 14.7 × 체중(kg) + 496

2) 활동대사량

활동대사량
의식적인 신체활동에 의해 소비되는 에너지를 의미하며, 개인의 생활양식에 따라 많은 차이를 보임

신체활동을 하면 활동강도에 따라 심장박동과 호흡이 증가한다. 표 6-3은 다양한 신체활동에 대한 에너지 소비량을 제시한 것이다. 신체활동에 따른 에너지 소비량은 사람에 따라 차이가 많다. 즉, 활동량이 적은 사람은 활동에너지 소비량이 기초

대사량의 절반에도 미치지 못하는 반면, 활동량이 많은 일부 노동자나 운동선수는 기초대사량의 2배 이상을 활동에너지로 소비하기도 한다. 여가 시간에 규칙적으로 운동을 하지 않는 일반 사무직 종사자들은 대부분 저활동적 수준에 해당된다.

표 6-3 신체활동 종류별 에너지 소요량

신체활동	에너지 소요량(kcal/kg/시간)
수영	7.9
달리기	7.0
스케이트 타기	3.5
자전거 타기	2.5
계단 오르기	1.2
설거지, 다림질	1.0
자동차 운전	0.9
식사	0.4

3) 식사성 발열효과

식사성 발열효과는 식품섭취에 따른 영양소의 소화와 흡수, 이동, 대사, 저장 등의 과정에 소요되는 에너지를 말한다. 식품섭취 후 나타나는 에너지 소비량 증가분을 식사성 발열효과로 지칭하며, 식사성 발열효과는 영양소별로 차이가 있다. 지질은 흡수, 분해, 저장 과정이 비교적 쉽게 이루어지기 때문에 열량영양소 가운데 가장 적어 0~5%에 불과하며, 탄수화물은 5~10%, 단백질은 20~30%로 가장 많다. 단백질에서 식사성 발열효과가 높은 이유는 아미노산의 흡수, 체단백질 합성, 요소합성, 포도당 신생합성 등과 같은 복잡한 대사과정을 거치기 때문이다. 일상적인 식사를 할 때 식사성 발열효과는 섭취하는 총에너지의 10% 정도이다.

식사성 발열효과
섭취한 식품의 소화, 흡수, 운반, 저장 등에 필요한 에너지를 의미하며, 하루에 섭취하는 총에너지의 약 10% 정도를 차지함

4) 적응대사량

적응대사량이란 환경변화에 적응하는 데 필요한 대사량이다. 즉, 추운 환경이나 과식, 스트레스 등에 의해 열 발생으로 소모되는 에너지를 말한다. 대표적인 예로서 추운 온도에 노출되면 떨림현상이 일어나 열을 발생함으로써 체온의 저하를 막는 것을 볼 수 있는데, 이때 필요한 에너지가 적응대사량이다. 과식을 하였을 때 섭취한 과잉의 에너지가 그대로 체중증가량으로 나타나지 않는 것은 잉여 에너지가 열로 발산되어 에너지 효율을 떨어뜨리기 때문인데 이것도 적응대사량으로 설명할 수 있다.

3. 에너지의 섭취기준

1) 총에너지 필요량

사람이 생활하면서 하루에 필요로 하는 에너지, 즉 총에너지 필요량은 성인의 경우 에너지 소비량과 동일하다. 성장기에 있는 영·유아, 아동 및 청소년은 에너지 소비량에 성장에 소요되는 에너지를 추가하여 필요량을 구한다.

2) 섭취기준

에너지의 섭취기준은 에너지 필요추정량으로 제시한다. 에너지 필요추정량은 건강하면서 적정 활동을 수행하는 정상체격의 사람이 에너지 평형을 유지하는 데 필요한 양이다.

한국인 영양소 섭취기준에 제시된 우리나라 사람들의 연령별 남녀 평균 신장과 에너지 평균 필요추정량은 표 6-4와 같다.

신장과 체중이 표준체격과 상이한 경우가 많으므로 각 개인별 성인의 에너지필요량을 추정하려면 추정량 산출 공식을 이용하여 산출하는 것이 바람직하다.

성인의 에너지 필요추정량은 하루 에너지 소비량을 의미하는데, 우리나라 성인의 평균 에너지필요추정량은 남녀 각각 저활동적 수준에 해당하는 신체활동계수인 1.11과 1.12를 적용하여 산출하였다. 이 공식은 이중표식수법에 의한 인체실험결과를 토대로 만들었다.

이중표식수법
doubly labeled water method
안정동위원소를 가진 수분 ^2H와 ^{18}O 두 가지 형태를 이용하여 에너지소비량을 측정하는 방법

표 6-4 한국인의 에너지 섭취기준

연령		신장(cm)	체중(kg)	에너지 필요추정량(kcal/일)
남	19~29세	174.6	68.9	2,600
	30~49세	173.2	67.8	2,500
	50~64세	168.9	64.5	2,200
	65~74세	166.2	62.4	2,000
	75세 이상	163.1	60.1	1,900
여	19~29세	161.4	55.9	2,000
	30~49세	159.8	54.7	1,900
	50~64세	156.6	52.5	1,700
	65~74세	152.9	50.0	1,600
	75세 이상	146.7	46.1	1,500

자료: 보건복지부·한국영양학회, 2020

성인 남자의 에너지필요량 추정공식

662 − 9.53×연령(세) + PA[15.91×체중(kg) + 539.6×신장(m)]

PA=1.0(비활동적), 1.11(저활동적), 1.25(활동적), 1.48(매우 활동적)

성인 여자의 에너지필요량 추정공식

354 − 6.91×연령(세) + PA[9.36×체중(kg) + 726×신장(m)]

PA=1.0(비활동적), 1.12(저활동적), 1.27(활동적), 1.45(매우 활동적)

표 6-5는 신체활동 수준별 일상생활 패턴과 1일 활동 구성을 나타낸 것이며, 표 6-6은 신체활동 수준별 활동의 예를 정리한 것이다.

표 6-5 신체활동 수준별 일상생활 패턴과 1일 활동 구성

신체활동 수준		저활동 1.50* (1.40~1.60)	활동적 1.75* (1.60~1.90)	매우 활동적 2.00* (1.90~2.20)
일상생활		대부분의 시간을 앉아서 하는 정적 활동으로 보냄	주로 앉아서 보내지만 서서 하는 작업, 통근, 물건 구입, 가사, 가벼운 운동 등 포함	주로 서서 하는 작업에 종사, 또는 운동 등 활발한 여가 활동 실시
1일 활동 구성 (시간/일)	수면(1.0*)	8	7~8	7
	휴식 및 여가활동 (1.5 : 1.1~1.9*)	13~14	11~12	10
	저강도 활동 (2.5 : 2.0~2.9*)	1~2	3	3~4
	중강도 활동 (4.5 : 3.0~5.9*)	1	2	3
	고강도 활동 (7.0 : 6.0 이상*)	0	0	0~1

*신체활동 수준(PAL)

표 6-6 수준별 신체활동

PAL	활동 예
1.0	수면
휴식, 여가 활동(1.1~1.9)	옆으로 눕기, 앉아서 책읽기, 서예, TV 시청, 대화, 요리, 식사, 세면, 배변, 바느질, 재봉일, 꽂꽂이, 다도, 카드놀이, 악기연주, 운전, 서류정리, 워드작업, 사무용 기기 사용 등
저강도 활동(2.0~2.9)	지하철/버스 서서 탑승, 쇼핑, 산책, 세탁(세탁기 사용), 청소(청소기 사용) 등
고강도 활동(6.0 이상)	근력 트레이닝, 에어로빅, 노 젓기, 조깅, 테니스, 배드민턴, 배구, 스키, 축구, 스케이트, 수영, 달리기 등
중강도 활동(3.0~5.9)	정원 손질, 보통속도 걷기, 목욕, 자전거 타기, 아기 업고 보행, 게이트볼, 캐치볼, 골프, 가벼운 댄스, 하이킹(평지), 계단 오르기, 이불 널고 걷기, 체조 등

4. 에너지 균형과 건강

에너지 균형이란 섭취한 에너지와 소비한 에너지가 일치하는 상태를 의미한다. 성인의 경우 에너지 균형이 잘 유지되면 체중은 일정한 상태를 유지할 것이다. 그러나 섭취한 에너지가 소비한 에너지보다 많거나 적으면 에너지 균형이 깨지게 되고, 이러한 변화는 체중의 감소나 증가로 나타난다. 최적 건강을 유지하려면 지속적으로 적정 체중을 유지하는 것이 바람직하다.

1) 에너지 섭취 부족

에너지 섭취량이 소비량보다 적은 에너지 결핍 상태가 되면 인체는 생리적인 적응 현상으로서 기초 대사량과 식사성 발열효과를 감소시킨다. 따라서 일시적으로는 소비량보다 에너지를 적게 섭취하더라도 체중에 큰 변동이 없다. 즉, 체중 감소를 위해서 에너지 섭취를 감소시켜도 빠르게 체중이 감소하지 않는다. 그러나 장기간 에너지 소비량에 비해 에너지 섭취가 적은 경우에는 영양부족현상이 나타나고 체중이 감소하게 된다.

장기적인 에너지 섭취 부족상태가 계속되면 면역능력이 손상되어, 쉽게 감염을 일으키는 등 건강이 위협을 받게 된다. 특히, 여성의 경우 무리한 다이어트로 체중을 감소시키면 월경불순 증상이 일어나기도 하는데, 이는 성장과 건강에 치명적인 영향을 주게 된다.

2) 에너지 섭취 과잉과 에너지 저장

에너지 섭취량이 소비량보다 많을 때 단기적으로는 기초대사량과 식사성 발열효과가 증가하여 체중의 증가가 크게 일어나지 않는다. 그러나 장기간 에너지소비량에 비해 에너지를 과다하게 섭취하면 여분의 에너지는 단위중량당 에너지 밀도가 높은 지방으로 전환되어 지방세포에 축적되어 크기가 커지고 체중이 증가한다. 지방세포

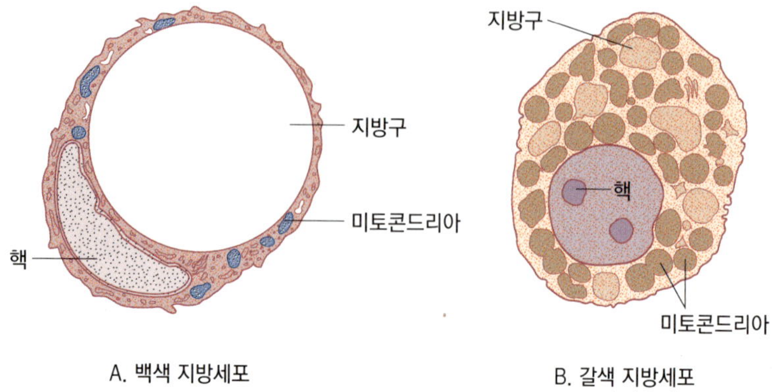

그림 6-3 백색 지방세포와 갈색 지방세포의 구조

알아두기

식품 섭취 유발행동의 조절과 렙틴

식품 섭취에 영향을 미치는 요인은 매우 다양하지만 식품섭취를 유발하는 행동에 강력한 영향을 미치는 요인을 두 가지로 요약하면 공복감과 식욕이다. 공복감hunger은 음식을 찾아 먹도록 하는 생리적인 반응인데 시상하부의 섭식중추를 자극하면 계속적으로 식품을 섭취하며, 반대로 포만중추를 자극하면 배고픔을 느끼지 못하게 된다. 반면에 식욕appetite은 공복감과 상관없이 특별한 음식이나 식품을 먹고자 하는 욕구이다. 음식을 보거나 냄새를 맡게 될 때 스트레스, 감정적인 자극 등이 음식 섭취 욕구가 증가한다. 배고픔보다 식욕에 의해서 음식을 섭취할 때 과잉 에너지를 섭취하게 되고, 비만의 위험성이 증가한다.

최근에는 식품 섭취 조절에 지방세포에서 분비되는 렙틴leptin 호르몬이 핵심적 역할을 하는 것이 알려졌다. 렙틴은 지방세포에서 분비되어 포만감 신호를 시상하부의 포만중추에 전달하여 식욕을 떨어뜨려 식사 섭취를 감소시킨다. 따라서 적정 수준의 지방조직을 유지시키는 작용을 한다.

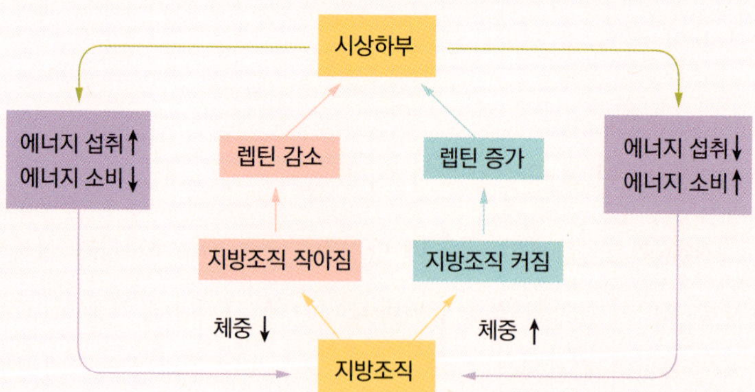

는 지방이 대부분이고 핵과 활동력이 있는 부분이 작다그림 6-3.

대부분 여분의 에너지는 탄수화물에서 유래된 포도당이 가장 쉽게 중성지방으로 전환되고, 아미노산은 질소가 분리되는 탈아미노 과정 후 에너지를 쓰는 아세틸 CoA로 되는 과정을 거치므로 지방 전환이 잘 일어나지 않는다. 체지방은 중요한 에너지 저장고이다. 질병이나 식이 섭취 부족 시 에너지로 사용된다.

3) 비만

비만의 원인
- 유전적 요인
- 정신·신경인자
- 내분비 요인
- 환경인자와 활동량 감소
- 에너지 과잉 섭취
- 식습관과 식사행동

비만은 체지방이 과다 축적된 상태로, 이로 인해 체중이 많이 나가는 것을 이른다. 체중이 많이 나가더라도 운동을 많이 하여 근육량이 증가한 경우는 비만이라고 하지 않는다.

비만인 사람은 체지방이 많고 고혈압, 당뇨병, 암, 관절염, 담낭질환, 호흡기장애 등 다양한 질병이 초래될 수 있다. 비만은 체내 지방이 축적된 부위에 따라 복부에 축적이 많은 상체비만형(복부 비만형)과 엉덩이에 축적이 많은 하체비만형으로 나눈다. 상체비만형은 주로 남성, 하체비만형은 여성에게 많다. 상체비만형에서 복강 내 지방의 축적이 많을 때 만성질환의 발병 위험이 높아진다그림 6-4. 대부분 여성은 피하지방이 많다.

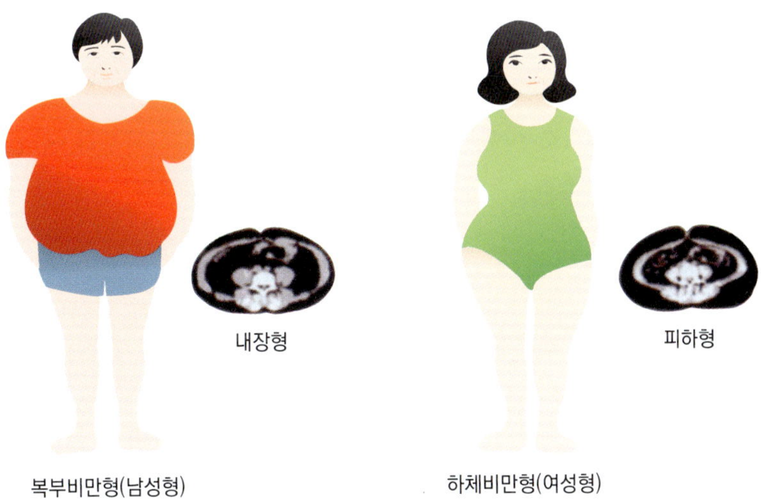

그림 6-4 체지방의 분포 형태

(1) 우리나라 비만 실태

2022년도 국민건강영양조사에서 우리나라 사람들의 비만 유병률은 만 19세 이상 성인의 비만 유병률이 남자는 47.7%로 여자의 25.7%보다 약 22.0%나 높아서 심각한 상태로 나타났다. 전체 성인의 과거 비만 유병률은 1998년에 26%, 2005년 31.3%에서 2015년에는 33.2%, 2022년에는 37.2%로 증가하였다그림 6-5.

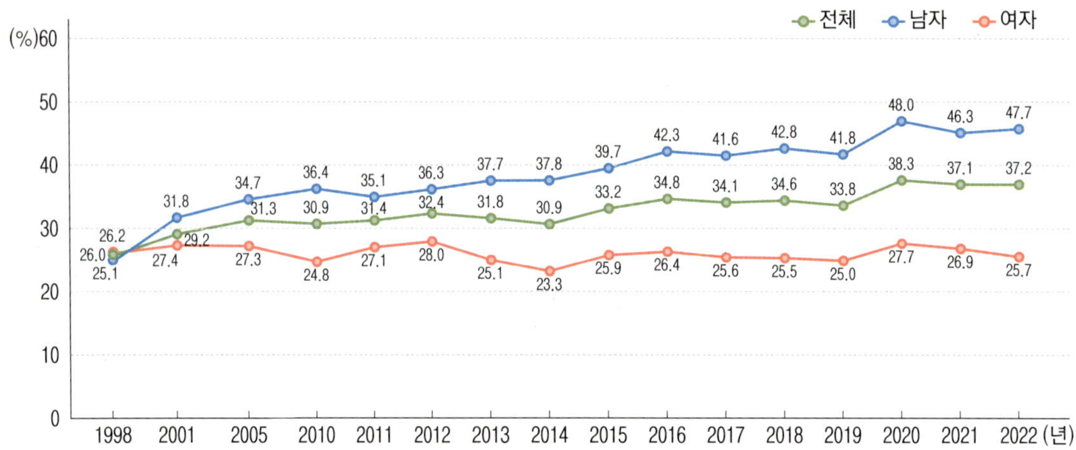

그림 6-5 우리나라 비만 유병률 변화

※ 비만 유병률 : 체질량지수 25kg/m^2 이상인 분율, 만 19세 이상

자료 : 보건복지부 · 질병관리청, 2023

성인의 비만 증가는 활동량의 감소와 불규칙한 식생활, 각종 인스턴트식품이나 패스트푸드, 외식 등과 관련이 있다. 또한 소아나 청소년의 비만도 심각하게 증가하고 있어서 성인기 비만으로 이행될 가능성이 높으므로 어린 시기부터 에너지를 과잉 섭취하지 않도록 유의해야 한다.

(2) 비만의 진단

비만의 판정에는 키와 체중을 이용한 신체지수로 판정하는 법과 신체 조성 또는 체지방량을 측정하거나 추정하는 방법이 사용된다.

① 신체지수를 이용하는 법

체지방량을 정확하게 반영하지는 않지만 간단하게 비만을 판정하는 방법이다. 체중과 신장을 이용하여 표준체중, 비만도, 체질량지수 등을 산출한 후 비만도를 판정한다표 6-7. 비만도는 현재 자신의 키에 대해 표준체중을 구한 후 현재 체중과 비교하여 비만도를 구하는 방법이다. 또한 현재 자신의 키와 체중을 이용하여 체질량지수Body mass index: BMI를 구한 후, 체질량지수가 25 이상(아시아인 기준)이면 비만으로 분류할 수 있다. 한편, 허리와 엉덩이 둘레를 측정하여 그 비(허리·엉덩이 둘레비)를 구하여 비만을 판정할 수 있는데 특히 복부의 비만 정도를 알 수 있다. 남자는 0.95 이상, 여자는 0.85 이상일 때 복부비만의 정도가 높다.

표 6-7 신체지수에 의한 비만 체형 판정법

표준체중 비만도(체형) 키 : ______cm 현재 체중 : ______kg 표준체중 = (키 − 100) × 0.9		
1. 비만도(브로카법)	$비만도(\%) = \frac{현재체중 - 표준체중}{표준체중} \times 100$	10% 이상 부족 : 저체중 10~20 % 초과 : 과체중 20% 이상 초과 : 비만
2. 체질량지수(BMI)	$체질량지수 = \frac{체중(kg)}{신장(m)^2}$	18.5kg/m^2 미만 : 저체중 18.5~22.9kg/m^2 : 정상 23.0~24.9kg/m^2 : 비만전단계 25.0~29.9kg/m^2 이상 : 1단계 비만 30.0~34.9kg/m^2 이상 : 2단계 비만 ≥35 : 3단계 비만
3. 허리·엉덩이 둘레비 (WHR, waist to hip ratio)	$WHR = \frac{허리(cm)}{엉덩이둘레(cm)}$	(대학비만학회 기준) 남자 0.95 이상 비만 여자 0.85 이상 비만
4. 허리둘레	갈비뼈 가장 아래 위치와 골반의 가장 높은 위치의 중간 부분 위를 줄자로 측정	성인 남자 : 90cm 이상 비만 성인 여자 : 85cm 이상 비만

체질량지수BMI는 가장 유용하게 사용되는 지표이다. 체질량지수와 질병에 의한 사망률과의 관계를 보면 체질량지수가 정상 범위인 경우에는 사망 위험이 낮으나, 정상보다 낮아지면 소화기계나 호흡기계 질환에 의한 사망률이 높아지며, 아울러

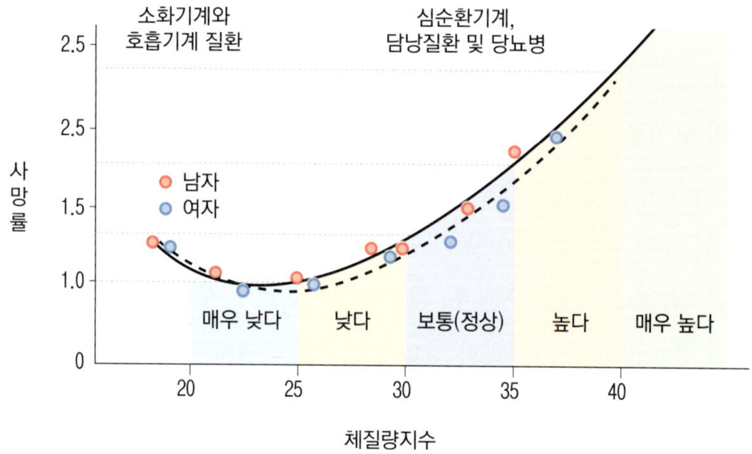

그림 6-6 체질량지수와 사망률과의 관계

심순환기계 질환과 당뇨병에 의한 사망 위험도 증가한다그림 6-6. 그러므로 정상체중을 유지하는 것이 건강을 지키는 데 무엇보다 중요하다.

② 신체 조성을 측정하는 법

수중체중이나 피하지방을 측정하거나 전기저항의 원리로 체지방량을 측정하여 체중에 대한 지방 비율을 산출하여 비만을 판정하는 방법이 있다. 생체전기저항의

캘리퍼

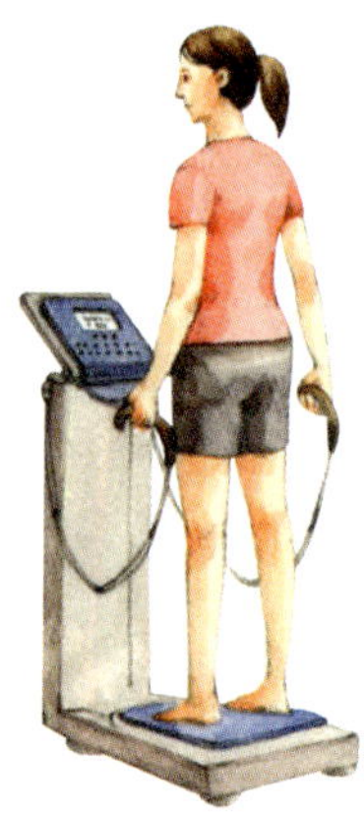

생체전기저항 측정기

그림 6-7 체지방 측정기기

원리를 이용하여 체지방을 측정하는 간편한 장치와 캘리퍼caliper 측정기기는 그림 6-7과 같다. 이러한 장치를 이용하면 체지방률을 측정할 수 있다.

체지방률 측정에 의한 비만 판정은 표 6-8과 같으며 남자는 체중의 25% 이상, 여자는 30% 이상이면 비만으로 분류한다.

표 6-8 지방에 의한 비만(체형) 판정법

판정	남자	여자
정상	8~15%	13~23%
약간 체중 과다	16~20%	24~27%
체중과다	21~24%	28~32%
비만	≥25%	≥33%

(3) 체중의 관리

체중을 조절할 때 가장 중요한 것은 균형적인 영양 섭취를 하면서 건강을 해치지 않게 점진적으로 체지방을 감소시키고 체중 감량을 하고 난 후에 다시 체중이 증가하여 원상태로 되돌아가는 요요현상이 생기지 않도록 하는 것이다. 상업적인 비만 관리 프로그램에서 단시간에 체중 감량이 이루어진다고 광고를 하는 수가 있으나 이러한 경우 요요현상이 일어나 다시 살이 찌는 경우가 많다.

체중 감량은 일반적으로 식사요법, 운동요법, 행동수정요법을 함께 병행하는 것이 가장 효과적이다.

① 식사요법

체중 조절에서 가장 중요한 것은 영양의 균형을 이루는 식사를 하며 에너지 밀도가 낮은 식품과 조리방법을 선택하는 것이 바람직하다표 6-9. 단식요법은 전문가의 도움 없이 시행하는 경우 위험하므로 피하는 것이 좋다. 특정 음식에 의존하는 다이어트는 영양의 불균형을 초래할 우려가 높다. 섬유질이 풍부한 채소·해조류를 많이 섭취하고 수분이 많은 조리법을 이용하며 저열량식과 함께 만복감을 주는 식사를 지속하는 것이 중요하다.

표 6-9 일상 식품의 에너지 함량 (100g당)

식품	에너지(kcal)
초콜릿, 감자칩, 버터쿠키, 호두, 땅콩	500 이상
설탕, 치즈, 돼지고기, 삼겹살	300~400
아이스크림, 달걀, 쇠고기	150~200
밥, 국수	100~150
무, 바나나, 감자	50~100
사이다, 사과, 배, 귤	25~50
당근, 시금치, 양배추, 오이, 미역	0~25

② 활동량 증가와 운동요법

매일 신체활동량을 높여서 에너지 소모를 증가시키는 것이 필요하다. 운동은 에너지를 더 많이 소모함으로써 체지방을 감소시킬 수 있는 방법이다. 체지방을 연소시키려면 중강도의 유산소운동을 최소한 30분~1시간 정도, 일주일에 3회 이상 실시하는 것이 필요하다. 한편, 무산소운동은 체지방 연소와는 관련이 없으나 근육을 증가시키므로 대사율을 높여 체중조절에 도움이 된다. 체중조절에는 매일 꾸준히 걷기나 층계 오르기, 체조 등 활동에너지를 증가하는 것이 효과적이다표 6-10.

표 6-10 활동에 따른 에너지소비량

활동의 종류	에너지(kcal/시간)	활동의 종류	에너지(kcal/시간)
잠자기	54.8	층계 오르기	948
앉아 있기	85.8	수영	428.4
설거지	123.6	뛰기	488.4
보통 걷기	256.8	빨리 걷기	556.8
층계 내려가기	312	빨리 타이프 치기	120

③ 행동수정요법

비만은 잘못된 생활습관과 식습관에서 비롯되는 경우가 많다. 식습관과 운동습관을 면밀히 분석한 후에 체중을 정상적으로 유지할 수 있는 새로운 생활습관을 확립하는 것이 필요하다. 배고프지 않아도 음식을 충동적으로 먹게 되는 계기, 스트레스 해소와 빨리 먹는 식습관과 외식·과식을 하는 습관을 개선해야 한다. 그리고 이러한 음식을 과다 섭취해서 유발하는 상황에 대한 분석을 한 후에 그것을 벗어날 수 있는 대처방법을 수립해야 한다. 개선된 식습관과 생활습관을 계속 유지하는 것이 체중관리의 관건이다.

알아두기

다이어트 보조제

최근 들어 정상체중이거나 저체중인 여성들이 무리하게 결식을 하거나 다이어트 보조제를 이용함으로써 영양불량, 월경불순, 골다공증 등을 유발하는 경우가 많아지고 있다. 각종 다이어트 식품과 약품들이 체중감량에 효과적이라고 광고매체를 통해 선전되고 있다. 이러한 제품의 성분은 대부분 이뇨제, 탈수제, 식욕저하제, 섬유질농축제 등이다. 식욕저하제를 장기간 복용하면 신경기능에 이상이 생길 수 있으며 거식증을 초래할 수 있다. 이뇨제는 설사나 수분의 배설을 촉진하여 일시적으로 체중을 감소시키지만, 장기간 복용하면 섭취한 영양소가 흡수되지 않아서 빈혈이나 영양불량이 나타난다. 약품이나 다이어트 식품들은 체지방의 감소보다 체단백질의 손실을 가져와 근육의 탄력성을 잃게 한다. 그러므로 약제를 복용하기보다는 천연식품을 이용하는 것이 좋다.

CHAPTER

7

수분의 이해

1. 수분 / 2. 인체의 산 · 염기평형

물은 산소 다음으로 생명을 유지하는 데 절대적으로 필요한 물질이다. 물H_2O은 두 개의 수소원자와 한 개의 산소원자로 구성되어 있으며, 에너지를 내지는 않지만 신체를 구성하고 있는 영양소 중 가장 많은 부분을 차지한다. 다른 영양소는 섭취하지 않고도 몇 주 이상 생존할 수 있으나 물 없이는 며칠밖에 살 수 없는데, 그 이유는 체내에 에너지의 저장고는 있으나 물은 저장고가 존재하지 않기 때문이다.

그러므로 충분한 수분을 공급하는 것은 건강상 매우 중요하며, 우리 체내에서는 여러 방법을 동원하여 수분의 섭취량과 배설량을 조절함으로써 체내 수분 함량을 일정하게 유지하고 있다.

학/습/목/표

1. 체내 수분의 분포와 역할을 설명할 수 있다.
2. 체내 수분의 평형과 필요량을 설명할 수 있다.
3. 수분과 건강의 관계에 관해 설명할 수 있다.
4. 체내 전해질의 평형 조절을 설명할 수 있다.
5. 체내 산 · 염기평형 조절을 설명할 수 있다.

1. 수분

수분은 신체를 구성하는 주요 성분이며, 생명유지와 대사과정에 없어서는 안 되는 중요한 물질이다. 체내에서 생성되는 양이 미량이므로 반드시 외부에서 섭취해야 한다.

1) 체내 분포

수분은 인체를 구성하고 있는 성분 중 가장 많은 부분으로 체중의 50~70%를 차지한다. 인체에서 수분이 차지하는 비율은 성, 연령, 체조직의 구성에 따라 다르다. 일반적으로 신생아는 약 75%의 수분을 함유하고 있는 데 비해, 연령이 증가할수록 서서히 감소하여 성인 남자의 수분 함량은 약 60% 정도이다.

수분은 각 기관 및 조직에 함유되어 있으나 부위에 따라 그 비율이 다르다. 즉, 혈장은 약 90%의 수분을 함유하고 있고 간, 근육, 신장, 신경조직은 70% 이상, 그리고 뼈와 지방조직은 약 20%의 수분을 함유하고 있다. 여성은 같은 체중의 남성보다 근육량이 적은 대신 지방조직이 많으므로 남성에 비해 수분을 적게 함유하고 있으며, 마른 사람보다 비만인 사람에서 수분 비율이 더 낮다그림 7-1.

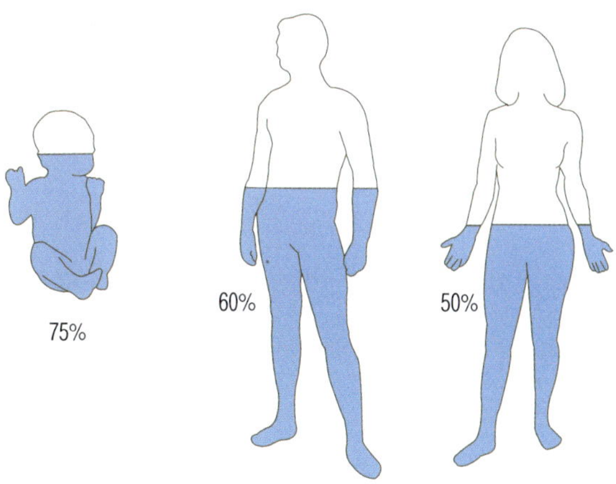

그림 7-1 신생아, 성인 남자 및 여자의 수분 함량

세포내액
세포 안에 존재하는 액으로 세포 소기관 내에 있는 액까지 포함함

세포간질액
세포를 둘러싸고 있는 액으로 세포외액의 대부분을 차지하며, 혈장(혈구를 둘러싸고 있는 액)은 제외함

체내에 있는 물은 그 안에 여러 물질을 함유하여 체액body fluid을 이루고 있다. 체액은 인체 세포를 중심으로 세포 안에 있는 세포내액intracellular fluid: ICF과 세포 밖에 있는 세포외액extracellular fluid: ECF으로 구분되며, 세포내액이 체내 총수분량의 약 2/3를, 세포외액은 1/3 정도를 이루고 있다. 세포외액은 다시 혈장과 세포간질액으로 구분되는데, 혈장은 혈관 내에 있는 액체이며 간질액은 세포와 세포 사이에 위치하여 세포를 둘러싸고 있는 액체이다. 그 외 세포외액에는 림프액과 세포횡단액transcellular fluid이 있는데, 세포횡단액에는 뇌척수액, 관절액, 늑막액, 복강액, 안구액, 소화액 등이 있으며 그 양은 극히 적다그림 7-2.

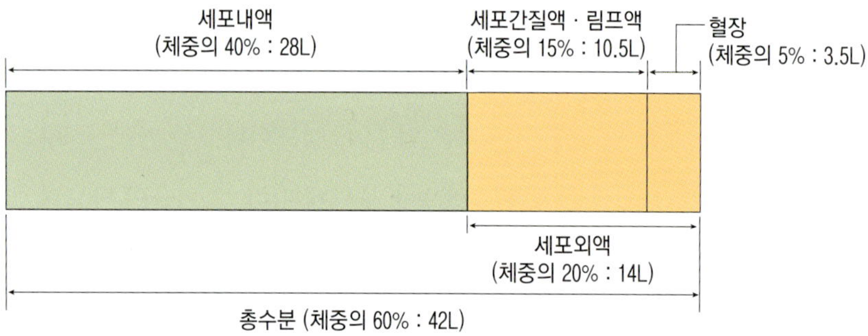

그림 7-2 **체내 수분분포**(체중 70kg, 남자)

2) 체내 작용

(1) 영양소와 노폐물 운반

신체에 필요한 여러 영양소는 소화관에서 작은 분자로 분해되어 흡수된 다음 혈액이나 림프액을 통해 필요한 조직으로 운반된 후 사용되거나 저장된다. 그리고 혈액은 대사과정에서 생성된 질소화합물, 이산화탄소 등의 노폐물을 신장이나 폐 또는 피부로 운반하여 소변과 호흡 및 땀을 통해 체외로 배출시킨다. 세포간질액은 조직세포와 혈액 사이에서 물질교환이 일어나는 장소로서의 역할을 한다.

(2) 대사과정 관여

체내에서 여러 가지 대사반응이 일어나려면 영양소가 물에 용해되어 있는 상태로 있어야 한다. 수분은 체내 각 조직에서 여러 물질을 녹이는 용매로 작용하여 대사반응이 일어날 수 있도록 돕는다. 또한 수분은 탄수화물, 지질, 단백질의 가수분해 등 세포 내에서 일어나는 많은 화학반응에 중요한 역할을 한다.

(3) 체온 조절

수분은 체온 조절을 돕는다. 영양소의 대사 결과 열이 계속해서 발생하는 데, 체온을 정상으로 유지하기 위해서는 필요 이상의 열을 체외로 발산시켜야 한다. 물은 좋은 열전도체이므로 우리가 의식하지 않는 동안에도 계속해서 피부와 폐를 통해 열을 발산하며, 그 양은 하루에 350~700mL 정도이다.

심한 운동이나 발열, 높은 기온 등으로 체온이 높아지면 인체는 체표면을 통해 땀의 형태로 열을 발산하며, 이를 통해 체온이 정상 상태로 내려간다.

(4) 전해질의 평형 유지

세포내액과 세포외액에 존재하는 각 전해질 이온들의 농도는 서로 상당히 다르지만 총 양이온과 음이온의 농도는 정확하게 평형을 이루고 있다표 7-1. 나트륨, 칼륨, 염소 등의 전해질은 세포내액과 세포외액의 균형을 유지하는 데 중요한 역할을 하며, 칼륨은 주로 세포내액에, 나트륨과 염소는 세포외액에 많다. 수분은 세포내외에 존재하는 전해질의 농도에 따라, 주로 삼투현상에 의해 세포의 안과 밖으로 빠르게 이동함으로써 전해질의 평형을 조절한다.

전해질
물에 용해되었을 때 양이온과 음이온으로 해리되는 물질

(5) 윤활 및 신체 보호

수분은 안구, 척추, 관절, 태아를 둘러싼 양수 등의 성분으로서 외부의 충격으로부터 이들 조직을 보호하고 부드럽게 해주는 작용을 한다.

표 7-1 체내 전해질의 농도

구성	전해질	세포외액의 농도(mEq/L)	세포내액의 농도(mEq/L)
양이온	나트륨(Na^+)	142	10
	칼륨(K^+)	5	150
	칼슘(Ca^{2+})	2	
	마그네슘(Mg^{2+})	3	40
	합계	155	202
음이온	염소(Cl^-)	103	2
	중탄산(HCO_3^-)	27	10
	인산(HPO_4^{2-})	2	103
	황산(SO_4^{2-})	1	20
	유기산(젖산, 피루브산)	6	10
	단백질	16	57
	합계	155	202

자료 : Whitney EN · Rolfes SR, 2002

알아두기

삼투osmosis

인체의 세포막은 반투막으로 물은 쉽게 통과시키고, 용질은 잘 통과시키지 못하는 선택적 투과성을 가지고 있다. 따라서 용질의 농도가 낮은 쪽에서 용질의 농도가 높은 쪽으로 수분이 이동하여 농도를 같게 하려는 현상이 일어나는데 이를 삼투라고 하며, 삼투현상을 일으키는 힘을 삼투압이라고 한다. 즉, 용액 내 존재하는 용질의 수가 많을수록 그 용액의 삼투압은 높아진다. 한 예로서 김치를 담글 때 배추를 소금물에 담그면 배추세포의 내부에 비해 외부의 삼투압이 더 크므로 배추 내 수분이 소금물 쪽으로 이동하여 배추가 절여지게 된다. 이와 마찬가지의 현상이 인체세포에서도 발생한다.

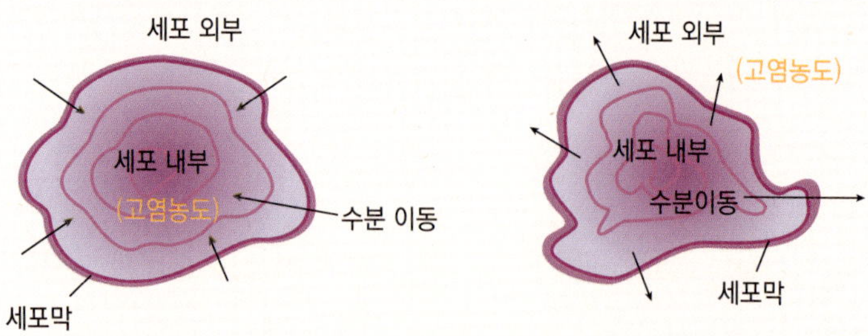

세포 내외의 수분 이동

(6) 분비물 성분

수분은 체내에서 대사과정이 원만히 진행되도록 작용하는 타액, 위액, 장액, 담즙 등 여러 가지 분비물의 구성성분이다.

3) 수분평형

수분평형water balance은 체내 수분 함량을 일정하게 유지하기 위하여 수분의 섭취량과 배설량이 균형을 이루는 것을 말한다그림 7-3.

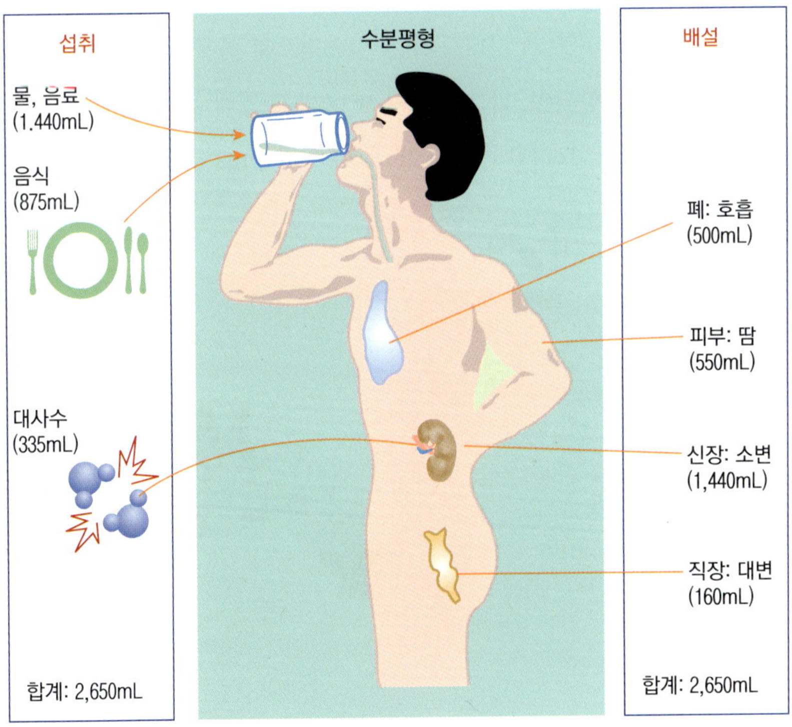

그림 7-3 성인의 수분평형 예

(1) 수분 공급

수분은 대부분 우리가 마시는 물과 음료 및 음식의 섭취를 통해 체내에 공급된다.

불감수분손실량
insensible water loss
우리가 느끼지 못하는 사이에 피부와 폐(호흡)를 통해 손실되는 수분의 양

물이나 우유, 커피, 차, 주스, 콜라 등의 음료를 마심으로써 공급되는 수분의 양은 하루 1,000~1,600mL 정도이며 밥, 국, 어육류, 채소, 과일 등의 음식을 통해서도 800~1,400mL가량의 수분이 공급된다. 또한 체내에서 열량영양소가 대사될 때 에너지 발생과 함께 하루에 200~400mL의 수분이 생성되는데, 이를 대사수라고 한다. 탄수화물, 지질, 단백질이 100g 연소할 때마다 각각 55mL, 107mL, 41mL의 대사수가 생성된다.

(2) 수분 배설

체내의 수분은 소변, 피부, 호흡 및 대변을 통해 배설된다. 수분의 배설 정도는 신체가 처한 상황에 따라 다르게 나타나지만, 일반적으로 하루 약 1,200~1,700mL의 수분이 소변을 통해 배설되며, 피부에서 땀 및 증발을 통해 450~900mL, 폐에서 호흡을 통해 250~500mL, 그리고 대변을 통해 100~200mL 정도 손실된다.

알아두기

음료수와 갈증 해소

갈증이 났을 때 청량음료나 주스와 같은 음료들을 마시면 처음에는 갈증이 해소되는 듯하지만 시간이 지나면서 다시 갈증이 생기는 것을 느낄 수 있다. 그 이유는 이들 음료수에 다량 함유된 설탕이나 다른 염류 등이 혈장의 농도를 증가시켜 갈증을 유도하기 때문이다. 또한 알코올 음료와 카페인 음료(커피, 차 등)의 섭취는 항이뇨호르몬의 분비를 억제하여 소변량을 증가시키므로 갈증을 더욱 느끼게 한다. 따라서 갈증이 났을 때 인체에 필요한 수분을 충분히 섭취하기 위해서는 순수한 물의 형태로 섭취하는 것이 가장 바람직하다.

다양한 음료수

(3) 수분평형 조절

인체는 생리적 상태, 활동정도, 외부 환경의 변화 등에 대처하여 여러 방법을 통해 수분의 섭취량과 배설량을 조절함으로써 체내 수분 함량을 일정하게 유지하고

있다. 예로서 탈수로 인해 혈액량이 감소하거나 짠 음식을 먹으면 뇌의 시상하부에서 이를 감지하여 갈증을 느껴 물을 마시게 한다. 그리고, 뇌하수체 후엽에서는 항이뇨호르몬antidiuretic hormone: ADH이 분비되어 소변으로 배설되는 수분의 양을 줄임으로써 체수분이 균형을 이루게 한다그림 7-4.

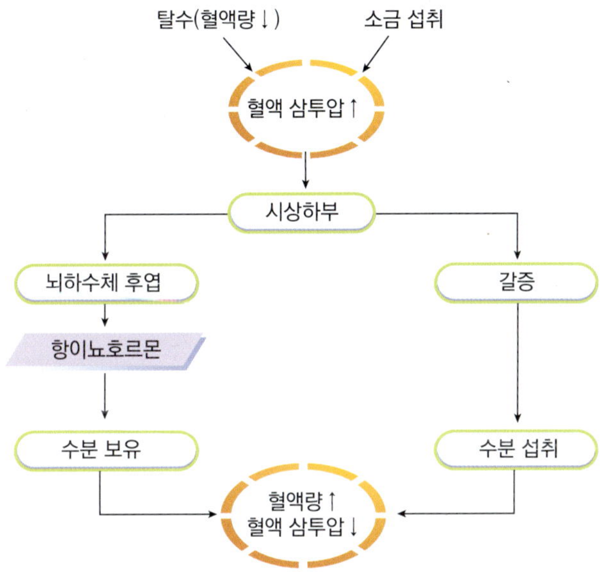

그림 7-4 체내 수분평형 조절

4) 수분과 건강

(1) 탈수

운동으로 인한 과다한 발한, 지속적인 설사 및 구토, 출혈, 화상 등에 의해 체내 수분 함량이 저하되면 탈수현상이 나타날 수 있다. 정상 체중의 1~2%에 해당되는 수분을 손실하게 되면 갈증을 일으키고, 수분 손실이 체중의 4%에 이르면 근육의 강도와 지구력이 떨어진다. 탈수가 진행되어 10~12%의 수분이 손실되는 경우에는 근육경련이나 정신착란 증세를 보인다. 그리고 체중의 20% 이상에 해당하는 수분을 손실하면 의식을 잃고 사망하게 된다그림 7-5. 고열, 구토, 설사 등이 지속되는 영

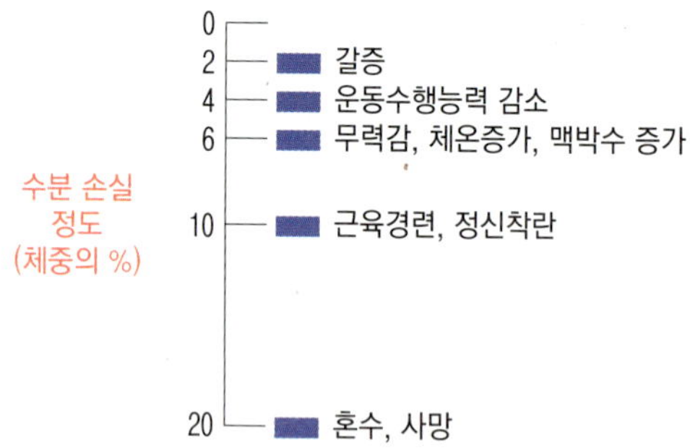

그림 7-5 탈수에 의한 인체의 영향

아나 장시간 비행기 여행을 하는 사람에게서 특히 탈수증세가 나타나기 쉽다.

(2) 수분 과잉

필요 이상으로 섭취한 수분은 소변으로 배설되어 문제가 없지만, 과도한 수분을 섭취하면 인체에 해로울 수 있다. 특히, 전해질 섭취가 동반되지 않으면 수분중독증 water intoxication이 일어날 수 있다. 체내 수분이 과잉상태가 되면 세포외액의 전해질 농도가 낮아져서 세포외액의 물이 세포내액으로 이동한다. 세포내액의 증가는 세포, 특히 뇌세포의 팽창을 초래하여 두통, 메스꺼움, 구토, 근육경련, 발작 등을 일으키며 심하면 혼수 및 사망에까지 이른다.

(3) 부종

부종
세포간질액에 수분이 과다하게 축적되어 있는 상태

부종edema은 체내 단백질 결핍 및 나트륨 보유 시 발생한다. 오랫동안 단백질 섭취가 부족하여 혈장 단백질 농도가 저하되면 혈장의 삼투압이 저하되어 혈액 중의 수분이 세포간질액으로 빠져 나가 부종이 나타난다. 특히 손, 발과 같은 조직의 말초모세혈관에서 수분의 이동이 활발히 일어나 부종이 발생한다그림 7-6.

체내에 나트륨이 과잉 보유되면 세포외액의 삼투압이 증가하게 된다. 뇌하수체 후엽에서는 삼투압을 저하시키기 위하여 항이뇨호르몬이 분비된다. 이에 따라 체내 수분의 보유가 증가하게 되어 부종이 발생한다.

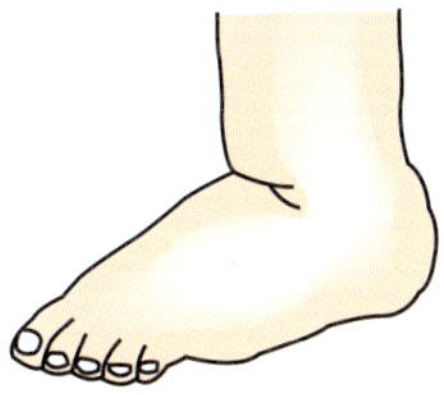

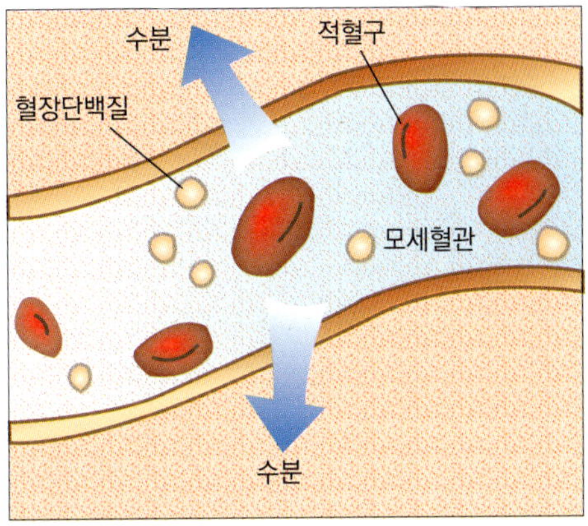

그림 7-6 단백질 결핍에 의한 부종

5) 수분의 섭취기준과 급원식품

수분 필요량은 연령, 체표면적, 활동정도, 기온, 식사, 건강상태 등의 영향을 받는다. 나이가 어릴수록, 체표면적이 클수록, 주위 환경의 온도가 높고 습도가 낮을수록, 그리고 운동량이 많을수록 수분 필요량은 증가한다. 또한 고단백·고염식사와 고열, 지속적인 설사 및 임신·수유 등의 생리적 상태에서도 수분 필요량이 증가한다.

그러나 대체로 수분 필요량은 소비한 에너지의 양에 비례하며, 일반 성인의 경우 소비에너지 1kcal당 1.0mL, 유아의 경우는 1.5mL 정도이다. 우리나라 성인에 대한 수분의 충분섭취량은 액체(물과 음료, 우유) 섭취량과 음식으로 섭취한 수분량을 합하여 설정하였으며, 19~29세 성인 남자의 경우 2,600mL(이 중 물과 음료, 우유가 1,200mL), 여자는 2,100mL(이 중 물과 음료, 우유가 1,000mL)이고, 그 이후에는 연령이 증가함에 따라 감소한다.

수분의 상한섭취량을 제시하지 않은 만큼 건강을 유지하기 위해서는 갈증을 느끼지 않더라도 수시로, 그리고 의도적으로 충분한 수분을 섭취하는 것이 바람직하다. 특히, 노인은 갈증에 대한 감각이 둔해지고 인체의 수분 보유능력이 저하되어 수분섭취량이 부족할 수 있으므로 수분섭취에 각별히 신경을 쓰도록 한다.

식품 중 수분 함량은 그림 7-7과 같이 매우 다양하여, 오이의 경우 96%가 수분으

알아두기

수분 필요량을 증가시키는 요인

- 연령 : 영 · 유아
- 체온 상승 : 운동, 높은 기온, 고열 상태
- 식사 : 고단백식, 고염식
- 생리적 상태 : 설사, 다뇨증, 이뇨제 복용, 임신 · 수유부

로 구성되어 있는 반면, 사과는 87%, 쇠고기는 64%, 그리고 쌀은 16%의 수분을 함유하고 있다. 우리가 마시는 물과 다양한 형태의 음료로부터 공급되는 수분량은 총 수분 섭취량의 1/2~2/3를 차지하며, 음식으로부터 공급되는 수분량은 1/3~1/2을 차지한다.

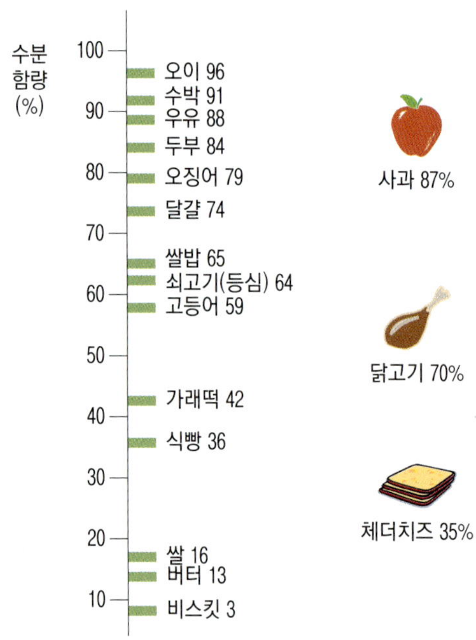

그림 7-7 식품 중 수분 함량

2. 인체의 산 · 염기평형

1) 체액의 산도pH

체내에서는 끊임없이 화학반응이 일어나고 있어 여러 가지 산성 또는 염기성 물질이 많이 생성된다. 그럼에도 불구하고 건강한 사람의 혈액은 pH 7.35~7.45의 매우 좁은 범위 내에서 일정하게 유지됨으로써 세포 대사가 정상적으로 일어나도록 하고 있다. 만일 혈액의 pH가 7.55 이상이면 알칼리증alkalosis, 7.3 이하일 때는 산증acidosis이라고 하는 병적인 상태가 되며, pH 8.0 이상 또는 6.8 이하가 되면 인체는 사망에 이르게 된다그림 7-8.

pH
산성도, 즉 산성이나 염기(알칼리)성의 척도가 되는 수소이온 농도 지수

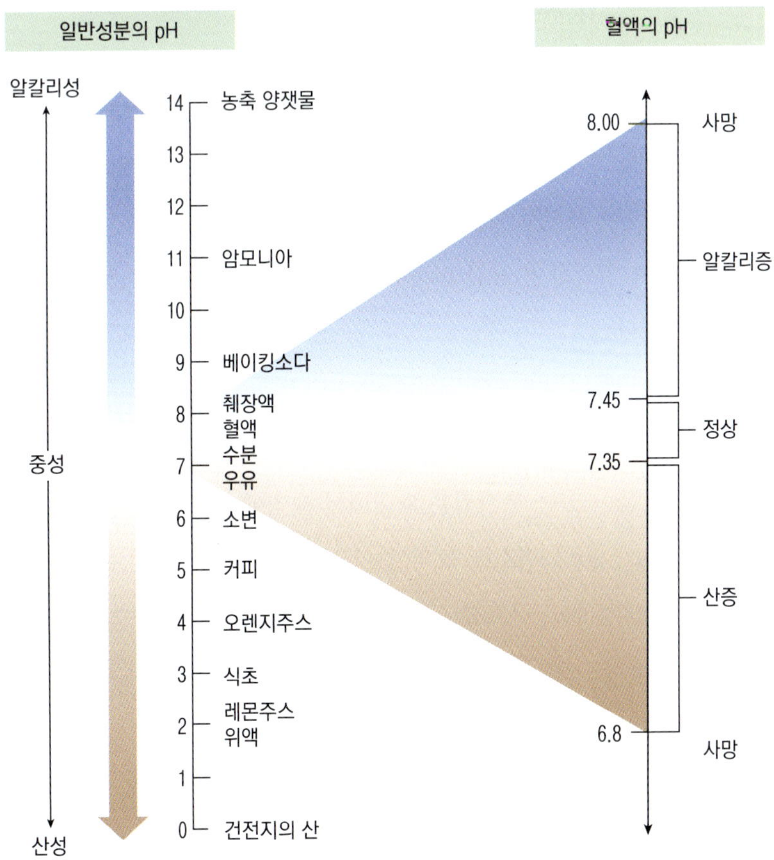

그림 7-8 여러 물질의 pH 수준과 혈액의 pH 범위

알아두기

산증acidosis과 알칼리증alkalosis

체액의 산 · 염기평형이 깨지는 경우는 발생 원인에 따라 호흡 변화로 인한 호흡성과 대사 이상에 의한 대사성으로 나눌 수 있다.

- 호흡성 산증 : 만성 폐질환이나 신경계 장애로 인해 폐에서의 이산화탄소 배출 저하 시 발생
- 호흡성 알칼리증 : 고산지대, 저산소증, 체온 증가 등에서 호흡 과다로 인해 이산화탄소 배출 증가 시 발생
- 대사성 산증 : 계속되는 설사로 인해 중탄산이온을 함유한 췌장액 및 장액의 손실 증가 시 또는 당뇨와 기아상태의 케톤체 형성 증가 시 발생
- 대사성 알칼리증 : 구토로 인한 위산 손실, 제산제 등 알칼리의 과다 복용, 변비, 결장에서의 중탄산이온 재흡수 증가 시 발생

2) 체내 산과 염기의 생성

우리가 섭취한 식품은 체내에서 대사되어 산성 물질이나 염기성 물질을 만든다. 식품 중의 탄수화물, 지질, 단백질은 에너지를 발생하는 과정에서 이산화탄소, 물 또는 요소를 생성하여 체외로 배설시킨다. 대사과정에서 다량 생성된 이산화탄소는 일시적으로 물과 결합하여 약산인 탄산을 생성하며, 이로 인해 체내 대사산물은 대부분이 약산성이다.

$$CO_2 + H_2O \leftrightarrow H_2CO_3(\text{탄산}) \leftrightarrow H^+ + HCO_3^-(\text{중탄산이온})$$

한편, 식품 속에 들어 있는 무기질은 체내에서 체액에 녹아 산성 물질이나 염기성 물질을 만든다. 황S^{-2}, 인P^{-3}, 염소Cl^- 등의 음이온은 황산H_2SO_4, 인산H_3PO_4, 염산HCl이 되어 산성 물질을 생성하고, 나트륨Na^+, 칼륨K^+, 칼슘 Ca^{+2}, 마그네슘Mg^{+2}, 철 Fe^{+2} 등의 양이온은 수산화나트륨$NaOH$, 수산화칼륨 KOH, 수산화칼슘$Ca(OH)_2$, 수산화마그네슘$Mg(OH)_2$, 수산화철$Fe(OH)_2$의 염기성 물질을 생성한다.

따라서 산성 물질을 만들어내는 무기질이 많이 들어 있는 식품을 산성 식품, 염기성 물질을 만들어내는 무기질이 많은 식품을 알칼리성 식품이라 한다. 일반적으로

곡류·육류·어류·난류 등은 산성 식품이고, 과일류·채소류·견과류 등은 알칼리성 식품이며, 우유·지질·설탕·전분 등은 대사되어 중성을 나타내기 때문에 중성 식품으로 분류한다. 정상적으로 건강한 사람은 산성 식품 또는 알칼리성 식품을 많이 먹어도 체내에서 자동적으로 산·염기의 수준을 조절하므로 의식적으로 음식을 선택하여 먹을 필요는 없다표 7-2.

표 7-2 체내에서 산 또는 알칼리를 형성하는 식품

분류	급원	해당 원소
산성 식품	곡류, 육류, 어류, 난류	염소(Cl) , 인(P), 황(S)
알칼리성 식품	과일류, 채소류, 견과류	나트륨Na), 칼륨(K), 칼슘(Ca), 마그네슘(Mg)
중성 식품	우유, 지질, 설탕, 전분	-

3) 산·염기평형 조절

인체의 체액이 항상 일정한 pH를 유지해야 한다는 사실은 매우 중요하며, 이를 유지하기 위해 체내에서는 여러 가지 방법으로 산·염기평형을 조절하고 있다.

(1) 완충제

체액 내 존재하는 중탄산HCO_3^-/H_2CO_3과 인산$HPO_4^{2-}/H_2PO_4^-$ 및 단백질은 생리적 완충제buffer로 작용하여, 과다한 산성 또는 염기성 물질로 인한 체내 산도의 변화시 첫 번째 방어체계로 즉각 대처하는 역할을 한다.

완충제
H^+와 결합하거나 H^+를 방출함으로써 용액의 pH 변화를 억제하는 물질

(2) 호흡

대사과정에 의해 계속 생성되는 이산화탄소CO_2는 혈액 내에서 수분에 녹아 탄산을 형성함으로써 산·염기 균형을 산성으로 기울게 한다. 산이 체내에 많이 쌓이면 폐에서 호흡속도가 빨라져서 이산화탄소를 더 많이 배출시켜 탄산 농도를 줄이고, 반대로 염기성 물질이 많이 생기면 호흡속도가 늦춰져서 이산화탄소를 보유시켜

탄산을 더 많이 생성하여 pH를 정상으로 회복시킨다.

(3) 신장

신장은 좀 더 장기적으로 산·염기평형을 조절하는 역할을 한다. 신장은 체내에 보유해야 할 이온을 선택하여 재흡수하고, 필요 없는 이온은 배설하도록 함으로써 체내 총산도를 일정하게 유지한다. 즉, 체액의 산도를 조절하기 위해 신장에서는 산성 또는 염기성 요를 형성하여 배설한다.

CHAPTER

8

다량 무기질의 이해

1. 무기질 / 2. 칼슘 / 3. 인 / 4. 마그네슘 / 5. 나트륨 / 6. 칼륨

무기질은 음식물을 태우면 재로 남는 성분들이다. 우리 몸의 약 4%를 구성하며 체내 여러 생리기능을 조절하고 유지하는 데 중요한 작용을 한다. 이렇게 인체에는 양적으로는 소량이지만 수십 가지 종류의 무기질이 있는데 이들은 단일 원소이며 체내에서 합성되지 않기 때문에 반드시 식품을 통해 섭취해야만 한다.

다량 무기질이란 체내에 체중의 0.005% 이상 존재하거나 하루에 100mg 이상 섭취해야 하는 무기질을 말한다. 이러한 무기질은 섭취가 부족하거나 과다하게 섭취하였을 때 건강에 바람직하지 않은 결과를 초래하므로 적절한 범위로 섭취하는 것이 매우 중요하다. 또한 무기질들은 체내에서 각각 서로 다른 역할을 담당하고 있기 때문에 어느 한 가지에 치우치지 않고 균형적으로 섭취하여야 한다.

학 / 습 / 목 / 표

1. 다량 무기질을 정의할 수 있다.
2. 다량 무기질의 흡수과정을 설명할 수 있다.
3. 다량 무기질의 결핍증과 과잉증을 설명할 수 있다.
4. 다량 무기질의 체내작용과 급원식품을 설명할 수 있다.
5. 다량 무기질의 영양소 섭취기준에 대해 기술할 수 있다.

1. 무기질

탄수화물, 지질, 단백질 같은 유기화합물은 탄소, 수소, 산소로 구성되어 있고 단백질만은 이들 세 원소 외에 질소를 함유하고 있다. 이 유기화합물과 물을 합하면 체중의 약 96%를 차지하고, 그 나머지가 무기질이다.

무기질은 회분이라고 하는데, 그 이유는 석탄이나 나무, 식품 같은 물질을 태우면 유기물질들은 연소해 버리고 무기물질만이 재로 남기 때문이다.

1) 종류와 조성

흔히 무기질을 다량 무기질과 미량 무기질로 나누는데, 이러한 분류기준은 체내에 얼마나 존재하느냐, 그리고 하루에 필요한 양이 얼마인가에 달려 있다. 일반적으로 섭취량 측면에서 하루에 100mg 이상 섭취해야 하는 무기질은 다량 무기질로, 그렇지 않은 경우에는 미량 무기질로 분류한다.

다량 무기질에 해당되는 것은 칼슘calcium: Ca, 인phosphorus: P, 칼륨potassium: K, 황sulfur: S, 나트륨sodium: Na, 염소chloride: Cl, 마그네슘magnesium: Mg이다. 그

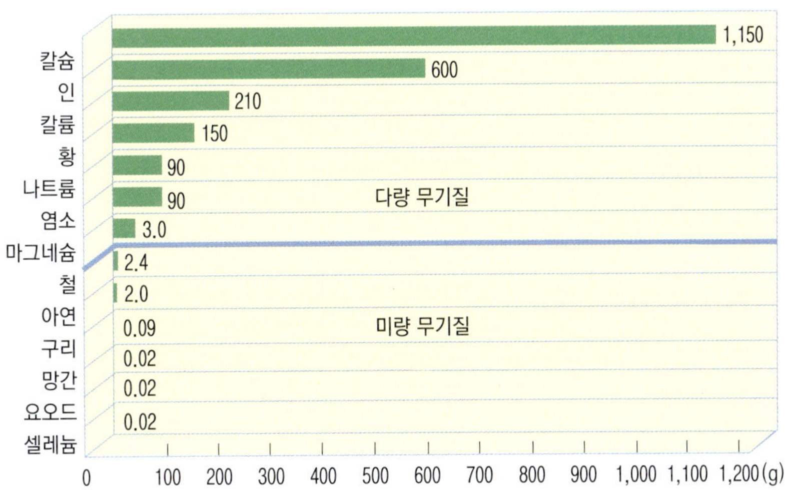

그림 8-1 인체의 무기질 구성(체중 60kg, 성인)

리고 미량 무기질에는 철iron: Fe, 아연zinc: Zn, 망간manganese: Mn, 셀레늄selenium: Se, 구리copper: Cu, 요오드iodine: I, 크롬chromium: Cr, 불소fluoride: F, 코발트cobalt: Co, 몰리브덴molybdenum: Mo, 규소silicon: Si, 바나듐vanadiiium: V, 니켈nickel: Ni, 주석tin: Sn 등이 있다. 인체 내 존재하는 무기질의 종류와 양은 그림 8-1과 같다.

2) 일반적 작용

무기질은 인체 내에서 제각기 독특한 작용을 한다. 즉, 무기질은 신체조직을 구성하고, 체내 대사과정을 조절하며, 신경자극을 전달하는 작용 등을 한다.

(1) 체조직 구성

무기질은 뼈와 치아의 구성성분으로 작용한다. 혈액과 조직에도 무기질이 함유되어 있으며 근육에는 황, 신경조직에는 인이 들어 있다. 또한 요오드는 갑상샘 호르몬인 티록신, 철은 헤모글로빈, 코발트는 비타민 B_{12}의 구성성분이다. 그 외에도 여러 가지 무기질이 체내 조직을 구성하고 있다.

(2) 산·염기평형 및 수분평형

무기질은 체액의 산·염기평형을 조절한다. 즉, 무기질은 체액에 정상보다 높은 산이나 염기성 물질이 생성되면 이를 중화하여 체액을 pH 7.4 정도로 유지하도록 작용한다.

무기질은 또한 체내 수분 함량의 평형을 유지한다. 체내에 존재하는 수분은 세포 내와 세포외에 분포되어 있으며, 세포 내외에 있는 수분이 이동하면서 체액의 무기질 농도를 유지한다. 무기질 중 나트륨, 칼륨, 염소 등이 조직의 수분 이동에 중요한 역할을 한다.

(3) 효소작용 조절

효소 중에서 구조 내에 금속이온을 함유하고 있거나 활성화되는 데 금속이온을 필요로 하는 효소를 금속효소라고 한다. 대부분의 무기질은 수많은 금속효소의 구성성분 또는 보조인자로 작용하여 효소를 활성화하는 역할을 한다.

(4) 신경흥분 전달

나트륨과 칼륨은 세포막을 통한 교환으로 신경자극을 전달한다. 칼슘과 마그네슘은 신경흥분의 전달과 근육의 수축·이완을 돕는다.

2. 칼슘

칼슘은 인체에 가장 함량이 높은 무기질로 체중의 1.5~2%를 차지한다. 99% 정도가 골격과 치아에 존재하며, 나머지 1%는 혈액과 연조직에 분포되어 여러 가지 생리기능에 관여한다그림 8-2.

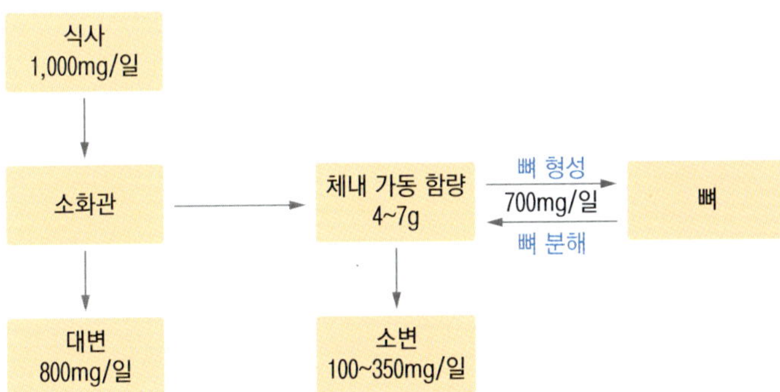

그림 8-2 칼슘의 흡수 및 체내 이용

1) 흡수와 대사

식품에 들어 있는 칼슘은 대부분 불용성 염의 형태로 존재하며, 칼슘염은 산성 환경에서 용해가 더 잘 일어난다. 따라서, 위에서 염산과 섞여 십이지장으로 내려온 음식물이 알칼리성 췌장액과 충분히 섞이지 않은 소장 상부에서 칼슘이 주로 흡수된다. 칼슘의 흡수는 능동수송과 단순확산의 두 가지 경로에 의해 이루어진다.

칼슘의 흡수율은 개인의 생리적 상태와 성장단계에 따라 차이가 난다. 성인의 경우 식사로부터의 칼슘 흡수율은 약 30% 정도이며, 노년기가 되면 흡수율이 떨어진다. 골격발달이 왕성한 성장기 어린이는 칼슘의 체내 축적이 증가하는 시기이므로 칼슘의 흡수율이 75%까지 증가하기도 하며, 임신기간에도 흡수율을 높게 유지한다. 식사 중 칼슘 함량이 적으면 흡수율이 증가하고 칼슘 함량이 많으면 흡수율은 감소한다.

(1) 흡수를 증가시키는 요인

칼슘은 산성용액에서 효과적으로 용해되므로 적절한 위산분비는 흡수를 도와준다. 흡수를 증가시키는 인자는 비타민 D, 유당, 단백질, 비타민 C 등이다. 비타민 D의 활성형인 1,25$(OH)_2$D는 소장 점막세포에서 칼슘결합단백질calcium binding protein: CaBP의 합성을 유도하여 칼슘의 체내 흡수를 돕는다. 유당은 발효되면 젖산을 생성하여 칼슘의 용해도를 증가시켜 흡수를 도우며, 단백질이 풍부한 식사는 리신, 아르기닌 등의 아미노산과 더불어 칼슘의 흡수를 증가시킨다. 식사 내 칼슘과 인의 비율을 1:1 수준으로 유지하는 것이 칼슘의 흡수율을 높이는 데 바람직하다.

(2) 흡수를 저해하는 요인

장내에 불용성 칼슘염이 형성되면 칼슘의 흡수가 매우 어려워진다. 피틴산이나 옥살산은 칼슘과 불용성 염을 형성하므로 칼슘흡수를 저해한다. 피틴산은 곡류의 껍질에 많이 존재하며 옥살산은 순무잎, 시금치, 근대, 코코아 등에 많다. 식이섬유를 과량 섭취하거나, 과량의 지방섭취로 인해 장내에 흡수되지 않은 지방산이 많아질 경우에도 칼슘과 결합하여 대변으로 배설시킴으로써 흡수율이 감소한다. 칼슘에 비해 인, 철, 아연을 과량 섭취하면 칼슘 흡수가 감소한다표 8-1.

표 8-1 칼슘 흡수에 영향을 미치는 인자

흡수 증가	흡수 저해
소장 상부의 산성 환경	소장 하부의 알칼리성 환경
칼슘 요구량 증가(성장, 임신)	폐경, 노령
칼슘 섭취 부족	운동부족, 스트레스
비타민 D	비타민 D 부족
유당	피틴산
단백질	옥살산
비타민 C	식이섬유
부갑상샘호르몬	흡수되지 않은 지방산
칼슘과 인의 동량 섭취	칼슘에 비해 과량의 인, 철, 아연

(3) 배설

칼슘의 배설경로는 대변, 소변, 피부 등이다. 식사로부터 흡수되지 않은 칼슘과 내인성 칼슘(소화액, 탈락된 소장점막 세포)의 일부가 대변으로 배설된다. 소변을 통한 칼슘의 배설량은 칼슘 섭취량 및 흡수량, 성장단계에 따라 큰 차이가 있다. 피부를 통한 배설은 환경조건에 따라 다르며 매우 소량이다.

(4) 혈액 칼슘농도의 항상성

혈액 내 총칼슘 함량은 10mg/dL 내외의 일정한 수준을 항상 유지하고 있다. 매일의 칼슘 섭취량에 차이가 나더라도 혈장 칼슘 수준의 항상성이 유지되는 것은 내분비계의 조절기전이 정교하게 작용하기 때문이며, 여기에 관여하는 주요 호르몬에는 부갑상샘호르몬, 비타민 D 및 칼시토닌이 있다그림 8-3.

혈장 칼슘 농도가 감소하면 부갑상샘호르몬parathyroid hormone: PTH의 분비가 증가한다. 이 호르몬은 골격으로부터의 칼슘 용출과 신장에서의 칼슘 재흡수를 증가시키며, 또한 신장에서 비타민 D의 활성형인 $1,25(OH)_2D$의 생성을 증가시킨다. 활성화된 비타민 D는 소장에서 칼슘결합단백질CaBP의 합성을 증가시킴으로써 칼슘의 흡수를 늘리고, 신장에서의 칼슘 재흡수 및 뼈에서의 칼슘 용출을 증가시켜 혈중 칼슘 농도를 높인다.

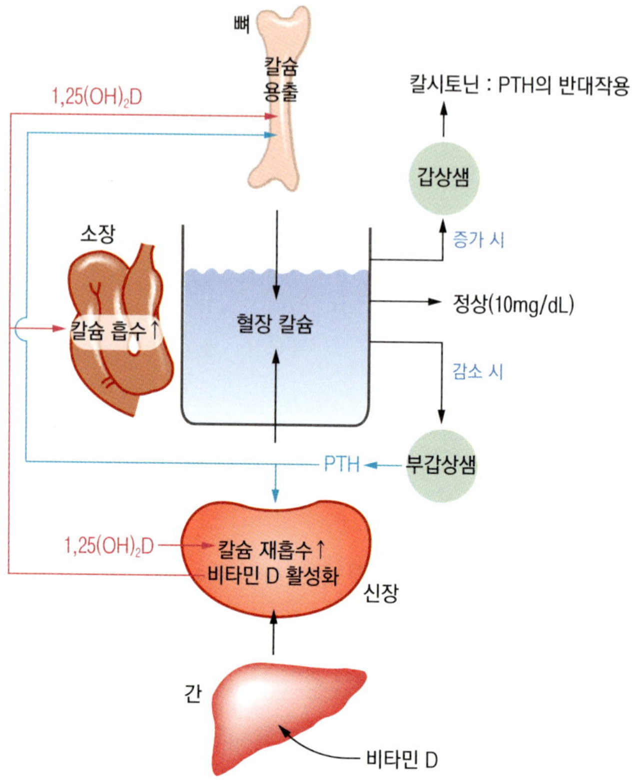

그림 8-3 혈장 칼슘농도의 조절과정

반면에 혈장 칼슘 농도가 상승하면 갑상샘에서 칼시토닌이 분비되어 부갑상샘 호르몬과는 반대작용을 함으로써 칼슘 농도를 낮춘다.

2) 체내 작용

(1) 골격 구성

칼슘의 대부분은 뼈에 저장된다. 뼈는 기본적으로 치밀골compact bone과 해면골spongy bone의 형태로 이루어져 있다. 치밀골은 석회화된 콜라겐이 층층이 꽉찬 구조를 가진 관모양의 치밀한 구조를 갖고 있으며, 뼈의 겉부분을 주로 구성한다. 해면골은 다공성의 스펀지 형태로 이루어져 있으며, 치밀골의 안쪽 부분을 채우고 있

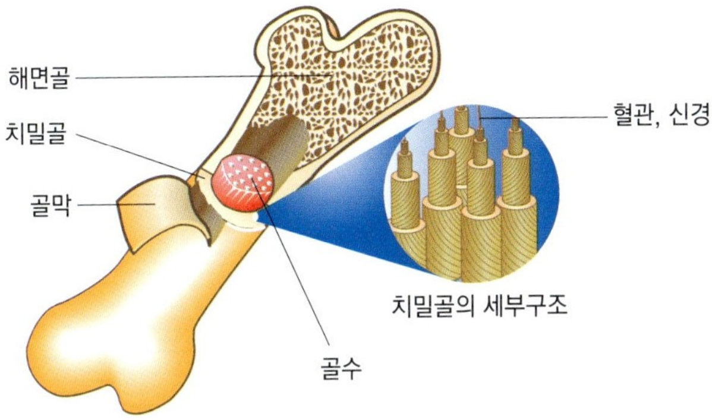

그림 8-4 뼈의 구조

다. 칼슘 섭취가 증가하면 해면골의 규모는 커지고, 칼슘 섭취가 부족할 때에는 해면골의 칼슘 함량이 치밀골에 비해 더 빨리 감소한다그림 8-4.

뼈의 약 2/3를 차지하는 무기질의 주된 형태는 칼슘과 인의 수산화물인 히드록시아파타이트hydroxyapatite, $Ca_{10}(PO_4)_6(OH)_2$이며 단백질은 뼈의 기질을 구성하는 중요한 성분이다.

뼈는 조골세포osteoblast와 파골세포osteoclast의 작용에 의해 일생 끊임없이 분해되고 재형성되는 조직이다. 조골세포는 지속적으로 콜라겐과 점성다당류로 구성된 뼈의 기질을 분비하고, 여기에 무기질을 축적하여 새로운 뼈를 생성하는 세포이다. 반면, 파골세포는 무기질을 용해하고 뼈의 기질을 분해하여 뼈의 흡수(분해)를 담당하는 세포이다.

학령기, 사춘기 및 성인 초기에는 파골세포보다 조골세포의 작용이 왕성하여 골질량이 증가하며, 30~35세에 최대에 도달한 후 50세경까지 골질량이 대체로 유지되고 소량만 감소한다. 그 이후, 특히 여성의 경우 폐경 이후부터는 조골세포보다 파골세포의 활성이 커져서 골소실이 현저하게 나타난다.

치밀골
뼈의 겉부분을 주로 구성하는 치밀하고 단단한 뼈. 골격의 약 75~80% 차지

해면골
장골의 끝부분, 등뼈, 골반의 안쪽을 구성하는 다공성 조직의 뼈. 골격의 약 20~25% 차지

조골세포
뼈를 새로 형성하는 역할을 담당하는 세포

파골세포
뼈를 분해시키는 역할을 담당하는 세포

뼈의 재형성 Bone Remodeling
뼈의 파골세포에 의해 뼈조직이 분해되어 구성성분이 빠져나오고 조골세포에 의해 다시 새로운 뼈가 생성되는 일련의 과정

(2) 근육의 수축과 이완

근육에서는 수축과 이완 작용이 반복적으로 일어나고 있다. 골격근의 수축은 근원섬유를 구성하는 액틴과 미오신 단백질이 결합하여 액토미오신을 형성하면서 이

루어지는데, 이때 칼슘이온Ca^{2+}이 필요하다.

(3) 신경흥분 전달

뉴런
신경계의 단위로 자극, 흥분을 전달함. 세포체(soma)와 동일한 의미로 사용하기도 하고, 세포체와 거기서 나온 돌기를 합친 개념으로 사용하기도 함

신경세포가 흥분을 전달하려면 뉴런neuron과 뉴런이 연결되는 시냅스synapse에 신경전달물질이 분비되어야 하는데, 칼슘은 이 신경전달물질의 분비를 촉진하는 작용을 한다.

(4) 세포막의 투과성 조절

세포외액의 칼슘은 세포막의 투과성을 조절한다. 세포외액의 칼슘농도가 증가하면 막의 투과성이 감소하며, 칼슘농도가 감소하면 막의 투과성은 증가한다. 또한 칼슘은 칼모듈린 등과 같은 조절 단백질들과 결합해서 세포 내 대사과정을 돕는다.

(5) 혈액 응고

칼슘은 혈액이 응고되는 과정에서 혈소판으로부터 트롬보플라스틴의 방출, 프로트롬빈에서 트롬빈으로의 전환 및 피브린을 형성하는 여러 단계에 관여하여 혈액 응고에 필수적인 역할을 한다.

3) 결핍증과 과잉증

(1) 결핍증

① 구루병

구루병은 성장기에 칼슘의 섭취 부족으로 뼈가 단단하지 못해 기형으로 성장하여 발생한다. 칼슘 부족으로 석회화가 충분히 일어나지 못하면 체중을 감당하지 못하여 다리가 휘거나 관절이 확대되며, 갈비뼈에 구슬 같은 돌기가 생기고 가슴이 좁아지는 현상이 나타난다. 이러한 구루병은 비타민 D가 함께 부족할 때 발생 가능성이 더욱 높아진다.

② 골연화증

출산횟수가 많고 장기간 수유를 하며 햇볕을 쐬는 시간이 짧은 사람에게 나타나며, 구루병과 같이 뼈의 형태가 휘어져 비정상적으로 된다. 따라서 이 증세를 성인 구루병이라고도 한다. 골연화증Osteomalacia은 골격의 단백질 기질은 감소하지 않으나, 기질의 석회화가 충분하지 않은 상태이며, 비타민 D가 부족할 때 발생 가능성이 현저히 높다.

골연화증
뼈를 구성하는 무기질이 부족하여 뼈가 약화된 현상

③ 골다공증

골다공증Osteoporosis은 골소실로 인해 골질량이 감소하여 뼈가 약화되는 현상이다. 뼈의 절대량이 감소하므로 뼈조직의 구조가 치밀하지 못하고 엉성하며 얇아지게 되어, 작은 충격에도 골절이 쉽게 초래되는데, 주로 손목·척추·고관절에서 골절이 발생한다. 골다공증은 특히 폐경기 이후의 여성과 노인에게서 주로 나타난다. 중년 이후에는 매년 골밀도 손실이 연간 0.3~0.5%씩 지속되는데, 여성은 폐경기를 전후로 하여 2~5%씩 골밀도가 감소되며 폐경 후 10년 정도 이러한 빠른 감소가 지속되므로 남성에 비해 골다공증의 발생이 현저히 높다그림 8-5.

골다공증
뼈의 조성은 비교적 정상이지만 골의 질량이 전반적으로 감소한 상태를 의미함. 골밀도가 낮아져 평균치로부터 표준편차의 2.5배 이하로 떨어졌을 때 골다공증으로 정의하고 있다.

골밀도
뼈의 단단한 정도를 나타내는 것으로서 뼈의 기질이 무기질로 촘촘히 채워지면 골밀도는 높아진다.

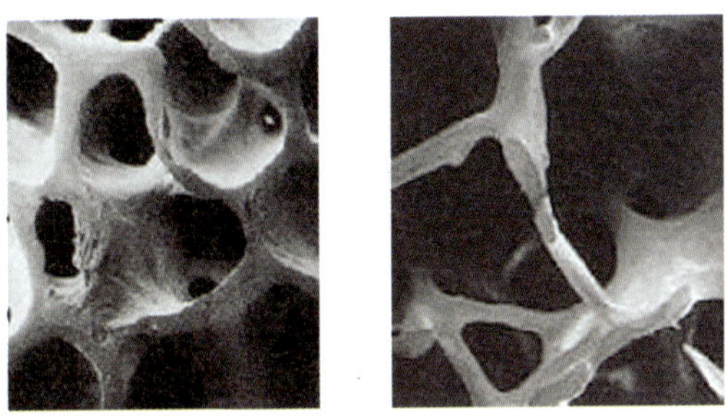

정상인　　　　골다공증 환자

그림 8-5 뼈 사진

골다공증을 예방하기 위한 최대의 방법은 골소실이 발생하기 전에 골밀도를 가급적 높이는 것이다. 따라서 성장기부터 칼슘을 충분히 섭취하는 것이 최선책이며, 그 외 비타민 D, 불소 등 미량원소의 적절한 섭취도 필요하다. 고단백·고염식사는 소변으로의 칼슘 배설을 증가시키므로 과잉섭취하지 않도록 한다. 또한 적절한 운동을 규칙적으로 하는 것이 매우 중요하다. 걷기, 계단오르기, 등산 등의 체중부하 운동이 골소실을 줄이는 데 긍정적인 역할을 한다.

(2) 과잉증

칼슘을 장기간 과잉으로 섭취하면 고칼슘혈증, 신장결석, 우유-알칼리 증후군 등이 나타날 수 있다. 그러나 우리나라에서는 전반적으로 칼슘 섭취가 부족하므로 이러한 과잉증이 나타날 우려는 별로 없는 편이다.

4) 섭취기준과 급원식품

칼슘은 우리나라 사람들에게서 가장 섭취부족이 우려되는 영양소이다. 2022년 국민건강영양조사에 의하면, 만 19세 이상 성인의 칼슘섭취량은 평균 488.4mg(남자 521.9mg, 여자 455.0mg)에 불과한 수준이다.

인체는 칼슘섭취량에 따라 칼슘배설량을 조절하는 적응 능력이 있으며, 혈중 칼슘농도는 철저하게 조절되기 때문에 칼슘의 영양상태를 잘 반영할 수 있는 생화학적 혈액분석 지표는 없다. 따라서 건강한 사람들에게서 칼슘 평형을 이루는 섭취량을 기준으로 평균필요량을 산출하고 권장섭취량을 책정하였다.

우리나라 성인의 칼슘 권장섭취량은 19~49세 남자 800mg, 여자 700mg으로 정하였다. 50세 이상 남자의 권장섭취량은 기준 체중의 감소를 반영하여 50~64세는 750mg, 65세 이상에서는 700mg으로 정한 반면, 여자는 50세 이상에서 폐경기 이후 칼슘흡수율의 감소, 골소실 증가 및 골다공증 예방 효과 등을 감안하여 권장섭취량을 800mg으로 하였다. 성장기에는 체내 칼슘 축적이 지속적으로 일어나며, 특히 남자는 14세 전후, 여자는 12~13세에 최대 칼슘 축적이 이루어지므로 12~14세 권장섭취량은 남자 1,000mg, 여자 900mg으로 가장 높게 정하였다. 상한섭취량은 식사와 보충제를 통해 섭취할 수 있는 양을 모두 합하여 19~49세 성인에서 2.5g으로 설정하였다.

칼슘의 주된 급원은 우유 및 유제품, 뼈째 먹는 생선, 두부 등이다. 우유 및 유제품은 칼슘 함량이 높고 체내 이용률이 좋아서 칼슘의 가장 우수한 급원식품이며, 우유 한 잔은 약 200mg의 칼슘을 공급한다. 녹색채소, 해조류, 깨, 두류 등도 칼슘 함량은 높으나 흡수율이 낮다표 8-2.

표 8-2 식품 중 칼슘 함량

분류	식품명	1회 분량 (g)		1회 분량당 함량 (mg)	100g당 함량 (mg)
곡류	메밀국수(건면)	1그릇(익힌 것)	100	8	8
	식빵	큰 것 2쪽	100	28	28
고기·생선·달걀·콩류	멸치(중멸치, 말린 것)	1/4컵	15	299.5	1,977
	달걀	1개(중)	50	70	140
	두부	1/5모	80	127.2	159
	꽁치	작은 것 1토막	50	99	198
	고등어	작은 것 1토막	50	83.5	167
	동태	1/2토막	50	24	48
	검정콩(말린 것)	20알	20	28.6	143
채소류	시금치	1접시	70	28	40
	깻잎	1접시	70	138.6	198
	부추	1접시	70	23.8	34
	숙주나물	1접시	70	10.5	15
	양배추(생것)	1접시	70	26.6	38
	근대(생것)	1접시	70	60.9	87
우유·유제품류	우유	1컵	200	210	105
	치즈	1장	20	100.6	503
	요구르트(호상)	1/2컵	110	182.6	166
	아이스크림	1/2컵	100	80	80
	요구르트(액상)	3/4컵	150	58.5	39

3. 인

인은 칼슘 다음으로 인체에 풍부한 무기질로 체중의 0.8~1.2%를 차지한다. 칼슘과 함께 뼈와 치아에 약 85%가 존재하며, 나머지는 주로 인산의 형태로 연조직, 혈장 및 세포 내에 존재한다. 모든 세포를 구성하며, 체내 여러 대사과정에 관여한다.

1) 흡수와 대사

인의 흡수는 주로 십이지장과 공장에서 능동수송과 촉진확산에 의해 이루어진다. 성인은 식사로 섭취한 인의 60~70%를 흡수하며, 섭취가 부족하거나 생리적으로 요구량이 많아지는 성장기, 임신·수유기에는 흡수율이 더욱 증가한다.

비타민 D는 인의 흡수를 증가시키며 피틴산, 칼슘, 마그네슘, 알루미늄 등의 일부 무기질이 인의 흡수를 방해한다.

인의 80% 이상은 신장을 경유하여 체외로 배설되며 배설량은 섭취량에 비례한다. 비타민 D는 신장에서 인의 재흡수를 증가시키며, 부갑상샘호르몬은 재흡수를 감소시켜 혈장 인 농도를 일정수준으로 유지하는 데 관여한다.

2) 체내 작용

(1) 골격 구성

체내에 존재하는 인의 85% 정도가 칼슘과 함께 인산칼슘염의 형태로 골격과 치아를 구성하고 있다.

(2) 산·염기평형 조절

혈액과 세포 내에서 인은 다양한 이온화 형태로 변화하면서 산·염기의 평형을 조절하는 완충작용을 한다.

(3) 체내 필수 화합물 구성 및 에너지 저장과 방출

인은 세포 내 핵산과 세포막을 구성하는 인지질의 구성성분이다. 또한 고에너지 화합물인 ATPadenosine triphosphate를 합성하여 에너지를 저장함으로써 에너지 대사에 관여한다.

(4) 효소의 활성화

인은 티아민, 니아신, 비타민 B_6 등 여러 비타민이 조효소로 활성화하는 데 필요하며, 세포 내 여러 대사과정에서 효소의 활성을 조절하고 있다.

3) 결핍증과 과잉증

인은 거의 모든 동·식물성 식품에 들어 있으므로 일반 성인의 경우 결핍증이 발생하는 일은 매우 드물다. 그러나 오랜 기간 결핍이 지속되면 저인산혈증, 근육과 뼈의 약화 및 통증이 나타날 수 있으며, 어린이의 경우 성장이 지연될 수 있다. 만성적인 경미한 저인산혈증은 골연화증 또는 구루병을 초래한다.

과잉증은 드물지만 정맥 내 인산 투여에 의해 유발될 수 있으며, 급성의 심한 고인산혈증은 저칼슘혈증을 야기하고 심하면 근육경련과 사망으로 이어질 수 있다.

4) 섭취기준과 급원식품

성인의 인 권장섭취량은 19세 이상 남녀 모두 700mg으로 설정하였으며, 상한섭취량은 3.5g이다.

인은 거의 모든 식품에 들어 있다. 어육류, 난류, 우유 및 유제품, 곡류 등에 많이 함유되어 있으며 가공식품과 탄산음료에도 인이 상당량 첨가되어 있다표 8-3.

표 8-3 식품 중 인 함량

분류	식품명	1회 분량 (g)		1회 분량당 함량 (mg)	100g당 함량 (mg)
곡류	쌀밥	1공기	210	84	40
	식빵	3쪽	100	83	83
고기·생선·달걀·콩류	쇠고기	1접시	60	85	142
	돼지고기	1접시	60	79	132
	두부	1접시	80	112	140
	꽁치	작은 것 1토막	50	117	234
	고등어	작은 것 1토막	50	116	232
채소류	시금치	1접시	70	34	48
	콩나물	1접시	70	57	81
과일류	배추김치	1접시	40	23	58
	귤(중)	1개	100	12	12
우유·유제품류	우유	1컵	200	180	90
	치즈	1장	20	168	844
	요구르트(호상)	1/2컵	110	105	95
	아이스크림	1/2컵	100	80	80
	요구르트(액상)	3/4컵	150	58.5	39

4. 마그네슘

마그네슘은 성인의 체내에 체중의 0.05%가 들어 있으며, 그중에서 60% 정도는 뼈와 치아에 들어 있고, 약 1%는 세포외액에, 그리고 나머지는 근육과 다른 연조직에 존재한다.

1) 흡수와 대사

마그네슘은 주로 공장 말단과 회장에서 능동수송과 단순확산에 의해 흡수된다. 흡수율은 약 40~60%이며, 마그네슘의 섭취가 부족할 경우 흡수율은 75%까지 증가하고, 섭취가 많으면 흡수율은 감소한다. 칼슘, 인, 피틴산, 식이섬유 등의 섭취가 과다하면 마그네슘의 흡수율은 감소한다. 체내 마그네슘 항상성은 신장에 의해 주로 조절되는데 사구체에서 여과된 마그네슘의 대부분이 재흡수되며, 소량만이 소변으로 배설된다.

2) 체내 작용

마그네슘은 칼슘이나 인과 복합체를 이루어 골격과 치아를 구성한다. 마그네슘은 여러 대사반응에 관여하는 효소의 필수적인 인자로 작용하며, ATP의 구조를 안정화시킨다. 또한 신경과 근육 세포의 막전압을 유지하는 데 관여하므로 신경흥분의 전달과 근육의 기능을 정상화하는 데 중요한 역할을 한다. 칼슘은 신경의 흥분, 근육의 긴장에 관여하는 반면, 마그네슘은 신경을 안정시키고 근육을 이완시키는 데 기여한다.

3) 결핍증과 과잉증

마그네슘은 자연계에 널리 분포되어 있어 섭취부족에서 기인되는 결핍증이 발생하는 경우는 드물다. 대개는 2차적인 영양불량, 즉 심한 구토와 설사, 알코올 중독, 소장에서의 흡수감소, 신장에서의 재흡수 장애 등으로 인해 결핍증이 발생한다. 또한 마그네슘이 결핍된 비경구 영양에 의존하는 경우에도 마그네슘 결핍증상이 생긴다. 마그네슘이 결핍되면 신경전달과 근육의 수축이완 작용에 이상이 초래되어 근육의 긴장이 풀리지 않아 근육경련이 나타나며 눈꺼풀 떨림, 근육통, 발작 등을 일으킨다.

마그네슘 과잉증은 정상적인 식사를 하는 경우에는 발생하지 않는다. 신장기능에 이상이 있는 경우 고마그네슘혈증이 되며 구역질, 호흡둔화, 혼수상태를 초래하고 심하면 사망할 수 있다.

4) 섭취기준과 급원식품

성인의 마그네슘 평형 실험의 결과를 이용하여 마그네슘 섭취기준을 설정하였다. 성인은 마그네슘 섭취량이 1일 200~300mg인 경우 체내 평형을 유지하는 것으로 알려져 있으며, 이로부터 19~29세 성인의 권장섭취량은 남자 360mg, 여자 280mg으로 정하였다. 상한섭취량은 식품 외의 급원으로부터 섭취한 마그네슘에 한하여 350mg으로 설정하였다.

마그네슘은 여러 식품에 광범위하게 분포되어 있다. 엽록소의 구성성분이므로 녹색 채소가 주된 급원이며, 동물성식품·두류·곡류도 좋은 급원이다.

5. 나트륨

나트륨은 체중의 0.2% 정도를 차지하고 있다. 세포외액을 구성하는 주된 양이온으로서 세포외액 삼투압의 85%에 기여하며, 세포내액에는 소량이 존재한다.

1) 흡수와 대사

나트륨은 소장에서 거의 대부분(약 95%)이 능동수송에 의해 흡수된다. 나트륨 흡수는 포도당, 염소와 함께 흡수될 때 촉진된다. 흡수된 나트륨의 대부분(약 90~95%)은 소변으로 배설된다.

신장은 체내 나트륨 보유량을 조절하는 주된 역할을 하는 기관이다. 나트륨 섭취량이 많으면 소변으로 나트륨 배설이 증가하며, 나트륨 섭취량이 적으면 나트륨 배설이 감소한다. 이러한 조절은 부신피질에서 분비되는 알도스테론의 작용에 의한다. 체내 나트륨 함량이 낮아지고 혈액량이 감소하면 알도스테론 분비가 촉진되어 나트륨의 재흡수가 높아지고 체내 나트륨과 수분량이 증가하게 된다그림 8-6.

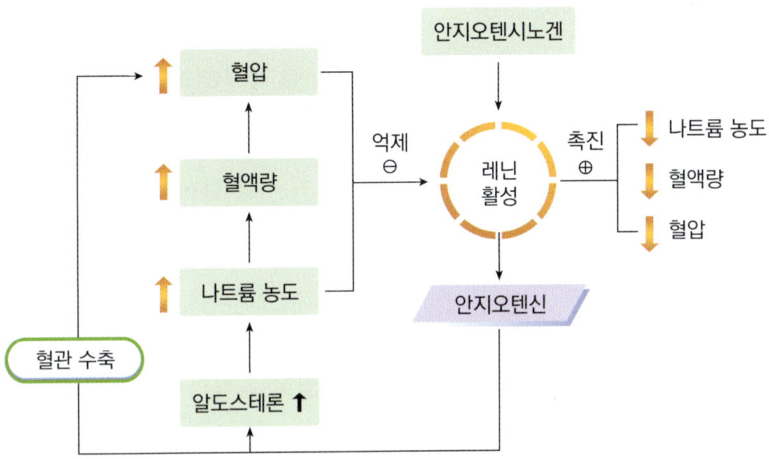

그림 8-6 알도스테론과 체내 나트륨 조절

2) 체내 작용

(1) 삼투압의 정상 유지

나트륨은 세포외액의 삼투압을 정상으로 유지하여 체액의 부피를 조절하는 데 관여한다. 세포 내외의 삼투압은 나트륨이온과 칼륨이온이 일정한 비율을 유지하면서 정상적으로 유지된다.

(2) 산·염기평형 조절

나트륨이온은 염소이온, 중탄산이온과 더불어 체내 산·염기평형을 유지하는 역할을 담당한다.

(3) 신경자극 전달과 근육 수축

세포가 자극을 받지 않는 안정된 상태에서는 칼륨은 세포내액에, 그리고 나트륨은 세포외액에 고농도로 존재한다. 이러한 세포내액과 세포외액의 전해질 조성의 차이로 인해 세포막은 일정한 막전위를 형성하고 있으며, 이를 통해 신경자극의 전달 및 근육수축 현상이 일어나게 된다.

(4) 당질, 아미노산 흡수에 관여

소장 점막세포에서 포도당과 아미노산이 흡수될 때에는 Na-K 펌프 기전을 함께 이용한다. 나트륨이 이들 영양소와 함께 세포막의 운반체에 결합한 후, 농도차에 의해 나트륨이 세포 안으로 들어갈 때 영양소도 함께 따라 들어가게 된다.

3) 결핍증과 과잉증

나트륨은 대부분의 식품에 소량씩 함유되어 있고 음식의 맛을 내기 위하여 추가로 사용하기 때문에 결핍증이 일어나는 일은 매우 드물다. 결핍증이 나타나는 경우는 심한 설사, 구토, 발한 등이 지속되거나 부신피질 기능부전으로 인해 체내 나트륨량이 저하되었을 때이다. 나트륨이 결핍되면 무기력, 식욕부진, 메스꺼움, 설사, 근육경련 등의 증세가 나타난다.

나트륨의 과잉 섭취가 지속되면 고혈압, 부종 등이 발생한다. 혈장 나트륨 농도가 증가하면 수분이 혈액으로 이동하여 혈액량이 증가하며, 이로 인해 혈관의 저항이 증가하여 고혈압이 된다.

4) 섭취기준과 급원식품

나트륨의 섭취기준은 모든 연령층에 대해 충분섭취량을 설정하였고, 성인의 1일 충분섭취량은 1.5g이다. 또한 나트륨은 다른 영양소와 달리 생활습관병의 예방차원에서 과잉 섭취에 대한 대책 마련이 요구되므로 2.3g을 만성질환 위험감소를 위한 섭취기준으로 설정하였다.

2022년 국민건강영양조사에 따르면 만 19세 이상 성인의 나트륨 섭취량은 1일 평균 3.2g(남자 3.8g, 여자 2.6g)으로 만성질환 위험감소를 위한 섭취기준을 상회하고 있다. 따라서 실제 식생활에서 나트륨을 적게 먹도록 홍보하고 교육하는 일이 시급하다. 짠맛에 대한 선호도는 적응이 가능하며, 즉 실제로 음식을 짜게 먹다가 싱겁게 먹게 되면 시간이 지남에 따라 짠맛에 대한 민감도가 변하여 싱거운 음식이 맛

있게 느껴지므로 싱겁게 먹는 습관을 들이는 것이 건강상 바람직하다.

육류, 생선, 달걀, 유제품 등의 동물성 식품에는 채소류, 과일류 및 두류에 비해 비교적 많은 양의 나트륨이 함유되어 있다. 그러나 이들 자연식품에서보다 조리 시 사용하는 소금이나 가공과정에서 첨가되는 것으로부터 나트륨을 섭취하는 양이 훨

알아두기

나트륨 섭취와 고혈압

과다한 소금 섭취는 고혈압을 유발할 수 있는데, 특히 나트륨에 예민한 사람에게서 발생하며, 심장질환이나 뇌졸중 및 나아가 사망의 원인으로 작용할 수 있다. 고혈압인 사람이 소금 섭취를 줄이면 혈압이 감소하는 효과를 볼 수 있다. 정상혈압을 가진 사람에 대한 소금 섭취 제한 여부에 대해서는 논의의 여지가 많지만, 소금 섭취를 줄이는 것이 인체에 해가 없고, 이후의 고혈압과 심장질환의 위험을 감소시키므로 소금 섭취를 줄이는 것이 바람직하다. 고혈압은 소금 섭취와도 관련이 있지만, 그보다는 비만, 운동부족, 과음 등이 더 중요한 발생요인으로 작용하므로 생활습관을 잘 유지하고 지켜나가는 것이 무엇보다 중요하다.

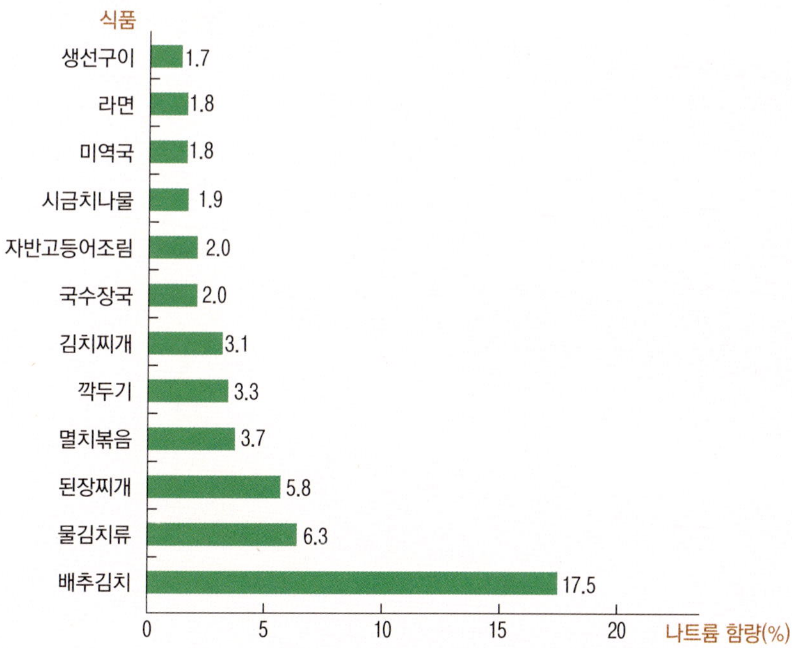

우리나라 사람들의 식사에서 섭취되는 나트륨의 주요 급원

씬 많다. 소금 외에 간장, 된장, 고추장 등의 양념 및 젓갈류, 장아찌류, 김치류, 자반생선 등은 나트륨 함량이 매우 높으며, 또한 베이킹파우더, 방부제, 발색제 등의 식품첨가물과 화학조미료MSG에도 나트륨이 함유되어 있다표 8-4.

표 8-4 식품 중 나트륨 함량

분류	식품명	1회 분량 (g)		1회 분량당 함량 (mg)	100g당 함량 (mg)
곡류	라면	1개	120	1,206	1,005
	식빵	2쪽	100	267	267
	고구마	중 1/2개	90	14	16
	쌀밥	1공기	210	6	3
	국수(삶은것)	1대접	300	3.0	3
고기·생선·달걀·콩류	자반고등어	1토막	50	1,046	2,092
	햄(런천미트)	1½쪽(6×6×0.8cm)	60	395	658
	멸치(중), 건멸치	1/4컵	15	353	2,353
	굴(참굴, 양식)	1/3컵	80	186	232
	오징어	작은 것 1토막	50	141	282
	달걀	중 1개	50	63	126
	쇠고기(안심)	1접시	60	33	55
	고등어	1토막	50	32	64
	두부	1/6모	80	7	9
	대두	2큰술	20	1	5
채소류	배추김치	1접시	40	458	1,145
	깍두기	1접시	40	238	595
	미역(생것)	1접시	30	183	610
과일류	시금치	1접시	70	50	71
	당근	1접시	70	20	29
	사과	중 1/2개	100	3	3
	표고버섯	중 2개	30	1	3
우유·유제품류	치즈	1장	20	227	1,135
	우유	1컵	200	100	50
	아이스크림	1/2컵	100	60	60
유지 및 당류	버터	1작은술	5	35	720

6. 칼륨

칼륨은 무기질 중에서 칼슘, 인 다음으로 체내에 많이 존재한다. 대부분은 세포내액에 양이온 상태로 존재하고 있다.

1) 흡수와 대사

섭취한 칼륨의 대부분(90%)은 소장에서 단순확산 또는 능동수송을 통해 흡수되며, 흡수한 칼륨의 85% 이상이 소변으로 배설된다.

칼륨의 체내 균형을 유지하는 데 관여하는 주된 기관은 신장이다. 부신피질에서 분비되는 알도스테론은 신장에서 칼륨 배설을 증가시킨다.

2) 체내 작용

칼륨은 세포내액의 주요 양이온으로 삼투압을 유지하고, 체액의 양을 일정하게 유지하는 데 관여한다. 칼륨은 나트륨이온과 함께 산·염기평형에 관여하며, 신경자극의 전달, 근육의 수축 및 이완을 조절한다. 또한 혈당이 글리코겐으로 전환되거나 단백질이 합성될 때 칼륨이 함께 세포내로 유입되어 저장된다. 글리코겐이나 근육 단백질이 분해되는 경우에는 저장되어 있던 칼륨이 세포로부터 방출되어 나온다.

3) 결핍증과 과잉증

칼륨은 대부분의 식품에 널리 함유되어 있고 매우 효율적으로 흡수가 일어나기 때문에 결핍증이 일어나는 일은 매우 드물다. 결핍증이 나타나는 경우는 심한 설사와 구토가 지속되거나 고혈압 치료를 위해 이뇨제를 장기간 복용하였을 때이다. 결핍증상으로는 식욕부진, 근육경련, 마비, 변비, 부정맥 등이 나타나며 생명을 위협하는 상태로 진행될 수 있다.

일상 식사에서 섭취하는 칼륨의 양으로는 과잉증상이 나타나지 않으나, 신장기능이 저하되면 혈중 칼륨 수준이 상승하여 고칼륨혈증을 일으키며 심장기능을 방해하여 심장박동을 억제함으로써 심장마비를 일으킬 수 있다.

4) 섭취기준과 급원식품

칼륨의 섭취기준은 성인의 경우 모든 연령층에서 동일한 수준으로 충분섭취량을 설정하였다. 이는 남녀 간에 체격, 신체 구성성분, 에너지 섭취량의 차이가 있으나 칼륨 요구량에 관해 남녀 간의 차이를 보이는 연구결과가 없기 때문이다. 성인의 1일 충분섭취량은 3.5g이며, 상한섭취량은 설정하지 않았다.

칼륨은 동물성 식품과 식물성 식품에 널리 분포되어 있는 편이다. 녹색채소, 오렌지, 감자, 콩, 전곡류, 바나나, 우유, 육류 등에 칼륨이 풍부히 들어 있다.

표 8-5에 다량 무기질을 요약하여 제시하였다.

표 8-5 다량 무기질 요약

무기질	주요 작용	영양소 섭취기준	결핍증	과잉증	급원식품
칼슘	골격 구성 근육 수축 이완 신경흥분 전달 세포막 투과성 조절 혈액응고	평균필요량: 남 650mg (19~49세) 여 550mg 권장섭취량: 남 800mg (19~49세) 여 700mg	구루병 골연화증 골다공증	고칼슘혈증 신장결석 우유-알칼리증후군	우유 및 유제품, 뼈째 먹는 생선, 두부
인	골격 구성 산·염기평형 조절 핵산 구성성분 효소 활성화	평균필요량: 580mg 권장섭취량: 700mg (남, 여 19세 이상)	저인산혈증 근육 약화 및 통증	고인산혈증 저칼슘혈증	어육류, 난류, 우유 및 유제품, 곡류
마그네슘	골격 구성 효소 필수인자 신경, 근육기능 유지	권장섭취량: 남 360mg(19~29세) 여 280mg(19~29세)	눈꺼풀떨림 근육통 발작	구역질 호흡 둔화	녹색 채소, 두류, 곡류
나트륨	세포외액의 양이온 수분평형 조절 산·염기평형 조절 신경자극 전달 포도당 흡수	충분섭취량: 1.5g 만성질환감소섭취량: 2.3g(남,여 19~64세)	식욕부진 근육경련 무기력	고혈압 고칼슘뇨증	식탁염, 장류, 가공식품, 김치, 젓갈, 장아찌
칼륨	세포내액의 양이온 수분평형 조절 산·염기평형 조절 신경자극 전달 글리코겐 합성	충분섭취량: 3.5g (남,여 19세 이상)	식욕부진 근육경련 마비 부정맥	근육 약화 부정맥 호흡곤란 심장마비	채소 및 과일류, 우유, 두류, 육류, 전곡

알아두기

무기질 보충제: 알고 바르게 사용합시다

우리 몸이 요구하는 무기질 필요량을 충족시키려면 균형된 식사를 통해 결핍증이나 과잉증이 나타나지 않도록 알맞게 섭취하는 것이 가장 바람직하다. 그런데 간혹 평상시 식사로는 어떤 무기질은 권장섭취량이나 충분섭취량에 비해 매우 부족한 양을 섭취하는 경우가 있는데, 이럴 때 보충제의 사용이 도움이 된다. 예를 들어, 우유를 소화시키지 못하는 사람은 평상시 식사를 통해 칼슘 섭취가 매우 부족할 수 있으며, 임신한 여성은 철을 권장섭취량만큼 섭취하기 어려울 때가 있다. 이 경우 칼슘이나 철 보충제를 이용하면 섭취가 용이해진다.

그러나 보충제를 과량으로 섭취하면 무기질의 불균형이나 건강상의 위해가 나타날 수 있으므로 상한섭취량을 초과하지 않는 범위 내에서 알맞게 섭취하는 것이 매우 중요하다.

따라서 이러한 무기질 보충제를 사용할 때 주의할 점은 첫째, 용량을 바르게 알고 섭취하는 것이다. 보충제 한 포장에 순수한 무기질 성분이 얼마나 포함되어 있는지를 확인해야 한다. 둘째로는 상한섭취량을 초과하여 섭취하지 않도록 하는 것이다. 지속적으로 1일 상한섭취량을 초과하여 섭취하면 과잉증의 위험에 노출될 수 있다는 사실을 잊지 말아야 한다.

CHAPTER

9

미량 무기질의 이해

1. 철 / 2. 아연 / 3. 구리 / 4. 요오드 / 5. 불소 / 6. 셀레늄 / 7. 망간 / 8. 크롬

미량 무기질은 체내에 체중의 0.005% 미만으로 존재하고 있지만 건강과 관련하여 세포가 적절한 기능을 수행하도록 각각 역할을 담당하고 있다. 미량 무기질은 비록 적은 양이지만 우리 몸에서 필요로 하는 양보다 오랜 기간 적게 섭취하면 결핍증상이 나타나며, 장기간 과다 섭취를 하는 경우에는 중독 증상을 일으킬 수도 있으므로 적절히 섭취해야 한다. 미량 무기질의 흡수는 식품에 들어 있는 양뿐만 아니라 함께 섭취하는 다른 성분에 의해서도 영향을 받는다.

또한 한 가지 무기질을 보충제의 형태로 지나치게 섭취하면 다른 무기질의 흡수가 방해를 받을 수 있으므로 여러 식품을 통해서 무기질을 균형 있게 섭취하는 것이 바람직하다.

학/습/목/표

1. 미량 무기질을 정의할 수 있다.
2. 미량 무기질의 흡수과정을 설명할 수 있다.
3. 미량 무기질의 결핍증과 과잉증을 설명할 수 있다.
4. 미량 무기질의 체내작용과 급원식품을 설명할 수 있다.
5. 미량 무기질의 영양소 섭취기준에 대해 기술할 수 있다.

1. 철

철iron: Fe은 성인의 몸 속에 3~4g 정도 들어 있는 미량 무기질이다. 전 세계적으로 어느 나라에서나 철결핍성 빈혈은 흔한 영양문제이며 우리나라의 경우에도 어린이, 임신부, 사춘기 이후의 가임 여성, 노인에게 있어서 철결핍이 우려되고 있다.

1) 흡수와 대사

식품을 통하여 섭취하는 철은 크게 두 가지 형태, 즉 헴철heme-iron과 비헴non-heme-iron로 존재한다. 동물성 식품은 헴철을 상당량 함유하고 있으나 식물성 식품은 전석으로 비헴철을 함유한다. 철은 주로 십이지장에서 흡수된다. 일반적으로 혼합식사 내의 철은 흡수율이 약 10% 정도로 낮다.

미량 무기질
체중의 0.005% 미만으로 함유된 무기원소. 체내에서 소량을 필요로 하지만 조금만 지나치게 섭취하면 중독증세를 유발함. 따라서 우리 몸의 건강을 유지하게 하는 양과 독성을 초래하는 양 사이의 범위가 매우 작음

(1) 흡수에 영향을 미치는 요인

철 흡수율은 함께 섭취하는 식사 내의 여러 성분, 체내 철 저장량 및 요구량 등에 따라서 많은 차이가 있다.

철의 흡수를 높이는 성분은 비타민 C, 구연산citric acid, 육류 단백질 등이다. 소장 상부에서 철의 용해도는 흡수에 영향을 미친다. 산성 환경은 철의 이온형태를 3가의 철이온Fe^{3+}에서 2가의 철이온Fe^{2+}으로 환원하여 흡수를 증가시킬 수 있으므로 적절한 위산의 분비나 식이 내 비타민 C 함량이 높으면 철의 흡수가 증가한다. 육류, 어류 및 가금류 단백질과 함께 섭취된 철의 흡수는 유제품이나 난류 단백질과 함께 섭취한 경우보다 높으며, 곡류나 두류보다 훨씬 높다. 모유의 철 흡수는 우유보다 높으며 이는 모유에 함유된 락토페린lactoferrin 때문이다. 또한, 생리적 철 요구량이 높은 성장기 어린이, 청소년, 임신부의 경우나, 체내 철 저장량이 감소하면 흡수율은 높아진다.

헴철
육류나 생선류에 함유된 철 중에서 헴(heme) 형태로 있는 철. 동물성 식품으로부터 섭취하는 철의 40% 정도를 차지하며 흡수율 높음

비헴철
모든 식물성 식품에 들어 있는 철의 형태. 동물성 식품에도 들어 있으며 흡수율 낮음

한편, 체내에 저장된 철이 풍부하거나 위절제수술 및 노화 등으로 인해 위산 분비가 저하되면 철 흡수가 낮아진다. 철과 불용성염을 형성할 수 있는 차나 커피의 탄

닌산, 곡류의 피틴산phytate, 시금치의 옥살산과 식이섬유 등은 철의 흡수를 방해한다. 칼슘, 아연 등 다른 무기질의 섭취량이 많으면 흡수과정에서 경쟁이 일어나 철 흡수가 감소될 수 있다. 그러나 헴철의 흡수는 식사성분의 영향을 별로 받지 않는다 표 9-1.

표 9-1 철 흡수에 영향을 미치는 인자

흡수를 증가시키는 인자	흡수를 저해하는 인자
저장철의 고갈	저장철의 증가
헴철	위산 분비 저하
생리적 철 요구량 증가(성장, 임신)	피틴산
육류, 어류, 가금류	옥살산
비타민 C	탄닌
위산	다른 무기질의 다량 섭취

(2) 대사

체내로 흡수된 철의 전반적인 대사 경로는 그림 9-1과 같다.

트랜스페린
혈액에 존재하는 철을 운반하는 단백질

페리틴
혈액과 조직에서 철의 저장에 관여하는 단백질

흡수된 철은 철 운반단백질인 트랜스페린transferrin에 결합하여 혈액을 따라 필요한 곳으로 운반되어 사용되거나, 소장의 흡수 세포에 남아 페리틴ferritin의 형태로 저장된다. 페리틴의 형태로 저장된 철은 체내 요구량에 따라 혈액으로 이동하거나, 그대로 소장세포에 저장되어 있다가 소장세포가 수명을 다하여 탈락할 때 대변으로 함께 배설한다.

체내 철 영양상태는 철 흡수율에 영향을 미치는 중요한 요인이다. 즉, 철 영양상태가 양호할수록 혈액 중의 트랜스페린이 철과 결합한 비율이 높아지게 되어 철의 흡수율은 낮아진다. 철 영양상태가 불량하면 혈액에는 포화되지 않은 트랜스페린이 많아져 소장세포에서 철의 흡수율은 높아진다. 사용하고 남은 철은 간, 비장, 골수 등에 페리틴의 형태로 저장된다.

골수로 운반된 철은 적혈구 생성에 필요한 헤모글로빈의 합성에 이용되며, 일부는 이곳에 저장된다. 골수는 조혈인자erythropoietin의 자극을 받아 적혈구를 생성하

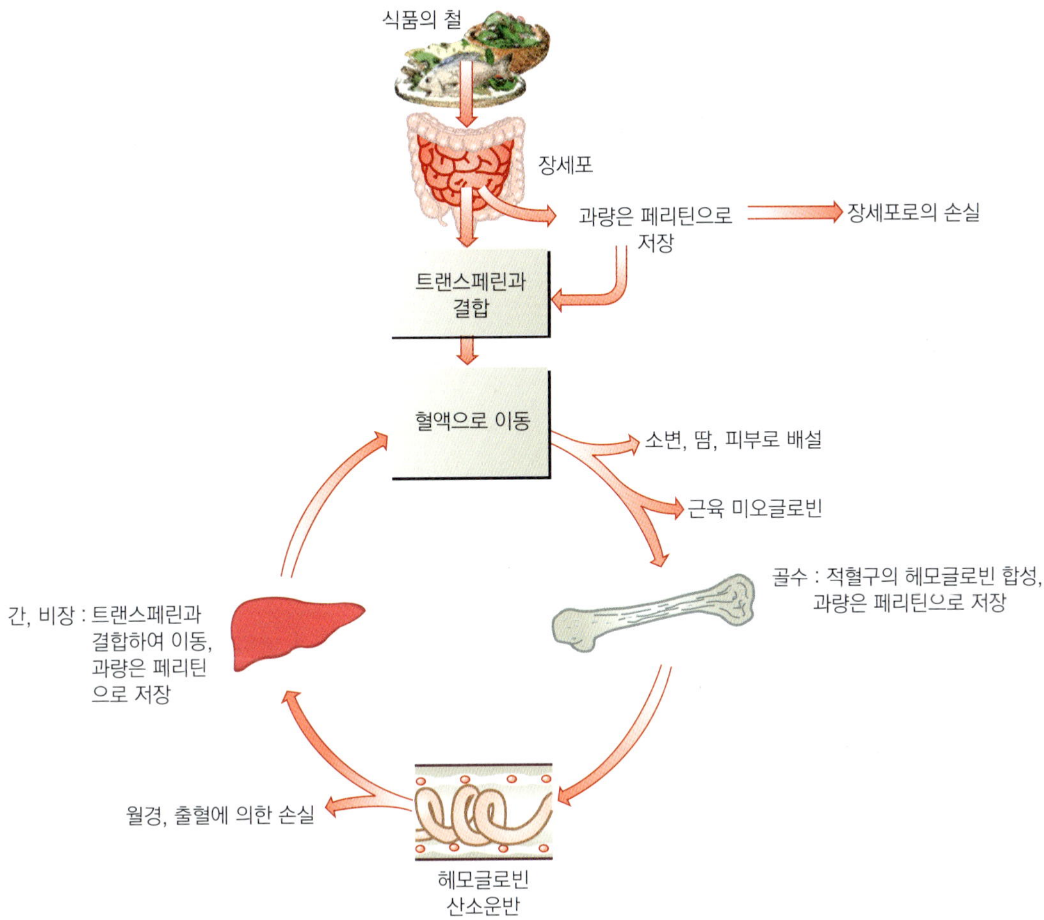

그림 9-1 철의 대사 경로

는데, 혈중 산소농도가 낮거나 출혈이 있는 경우 적혈구 생성이 촉진된다. 생성된 적혈구는 120일 정도 혈액에서 머문 후 간이나 비장에서 분해된다. 이때 적혈구에서 분리된 철은 대부분 새로운 적혈구를 형성하는 데 재이용되며, 일부는 페리틴의 형태로 저장된다.

2) 체내 작용

철의 가장 중요한 기능은 산소의 운반에 관여하는 것이다. 철은 산소를 조직으로 운반하는 헤모글로빈의 구성요소이며, 체내 철의 65% 이상이 헤모글로빈에 결합하여 적혈구에 있다. 또한, 체내 철의 약 10%는 근육의 산소 운반과 저장기능을 하는 미오글로빈을 구성하며, 전자전달작용을 하는 시토크롬계 효소의 구성성분이기도 하다.

3) 결핍증과 과잉증

체내에 저장된 철이 완전히 고갈되고 철 섭취량이 지속적으로 부족하면 헤모글로빈 생성에 필요한 만큼 철을 공급하지 못해 적혈구 크기가 줄어들게 된다. 따라서 조직세포로 산소 공급이 원활치 못하게 되어 빈혈 증세가 나타난다.

철결핍성 빈혈의 증세로는 쉽게 피로감을 느끼고, 안색이 창백해지거나 숨이 차며, 심장박동이 약해지고 빨라지거나, 손발이 차갑게 느껴진다. 생명을 잃는 경우는 거의 없으나, 일에 대한 수행능력의 저하, 체온조절장애, 학습행동장애, 질병에 대한 저항력 감소 등 미묘한 증상이 수반되기 쉽다. 또한 철 결핍은 납의 흡수를 증가시키므로 납 중독의 위험이 높아진다.

철 결핍에 민감한 대상은 영유아, 청소년, 가임여성, 임신 후기의 임신부이다. 영유아의 빈혈은 주로 생후 4개월~3세에 나타나는데 이는 출생시 보유한 철 저장량

알아두기

철 결핍의 진행 단계

철 결핍은 흡수율의 저하, 빠른 성장에서 비롯된 체내 철의 희석, 혈액 손실 등에 의해 나타나며, 주로 3단계로 진행된다. 첫째 단계는 체내 철 저장량이 감소된 경우로서 혈청 페리틴 농도의 감소가 나타난다. 둘째 단계는 생화학적인 변화를 동반하는 단계로 트랜스페린 포화도의 감소, 적혈구 생성의 감소가 나타나지만 아직 빈혈증세는 없다. 셋째 단계는 철결핍성 빈혈 단계로서 임상적 증상을 수반한다.

이 이 시기에 고갈되며 모유나 우유는 철의 좋은 급원이 아니기 때문이다. 급격한 성장기인 청소년기에는 적혈구와 헤모글로빈 농도의 증가를 위해 많은 양의 철을 체내에 보유해야 하는 시기이며, 여자 청소년의 경우는 월경의 시작으로 체내 철의 손실이 일어나므로 요구량이 증가되는 시기이다. 가임기 여성의 경우도 마찬가지로 월경으로 인한 철 손실이 1일 0.4mg 정도이므로, 특히 월경과다 증세를 가진 경우에 철 결핍이 우려된다.

철의 독성은 급성의 경우 철 영양제의 과잉 섭취에서 비롯되며, 이는 주로 취학 전 아동에게서 일어나기 쉽다. 만성적인 과잉증은 철 흡수가 비정상적으로 높은 유전적 질환인 혈색소증hemochromatosis에서 나타나며 간·피하·췌장·심장에 철의 축적으로 인한 간기능장애, 인슐린분비 장애로 인한 당뇨병, 심기능장애 등을 초래하게 된다. 또한 철의 과잉 섭취는 아연과 구리의 흡수를 방해할 수 있다.

4) 섭취기준과 급원식품

철의 섭취기준은 평균필요량과 권장섭취량, 상한섭취량을 설정하였으며, 영아 0~5개월의 경우 충분섭취량을 설정하였다. 철 필요량 추정에 이용된 요인들은 불가피하게 손실되는 기본적 손실량, 월경에 의한 손실량, 임신 중 태아에게 필요한 요구량, 성장에 필요한 혈액부피의 팽창, 조직과 저장 철의 증가 등에 요구되는 양 등으로 성인 남자의 경우 평균 생리적 손실량과 하루 평균 기본 철 손실량으로 추정하였고, 성인 여자의 경우 월경에 의한 부가적인 철 손실량도 고려하여 추정하였다. 여기에 평균 철 흡수율을 고려하여 식이 중의 철 평균필요량을 추정하였으며 권장섭취량은 성인 남자 10mg, 가임기 성인 여자 14mg으로 하였다. 상한섭취량은 45mg이다.

철의 급원식품에는 간, 굴, 돼지고기, 쇠고기, 조개, 달걀, 배아, 참깨, 콩, 시금치, 파래, 들깻잎, 코코아 등이 있다. 표 9-2에 철의 급원식품과 함량을 제시하였다.

표 9-2 식품 중 철 함량

식품명	1회 분량(g)		1회 분량당 함량(mg)	100g당 함량(mg)
굴		80	7.0	8.72
돼지고기		60	0.4	0.65
쇠고기		60	1.3	2.12
달걀	1개	60	1.1	1.80
소간		45	3.0	6.54
순대		100	7.1	7.1
시금치	1접시	70	1.9	2.7
무청	1접시	70	9.1	13.0
쑥갓	1접시	70	1.5	2.2
미나리	1접시	70	2.9	4.1
버섯	1접시	30	0.3	1.0
고구마	중 1/2개	90	0.5	0.5
감자	중 1개	130	0.5	0.4
당근	1접시	70	0.6	0.8
복숭아		100	0.5	0.5
살구		100	0.5	0.5
포도	중 15알	100	0.4	0.4
쌀(백미)		90	0.7	0.8
식빵	큰 것 2쪽	100	0.6	0.6
땅콩		10	0.2	1.9
대두		20	1.6	8.0

2. 아연

아연zinc: Zn은 체내 함량이 1.5~2.5g 정도인 미량원소로서 이 중 90%는 근육과 골격에 들어 있다. 아연은 거의 모든 세포 내에 존재하고, 여러 효소의 구성성분으로 작용하며 핵산 합성, 면역기능에 필수적인 원소이다.

1) 흡수와 대사

아연은 소장에서 주로 흡수된다. 아연의 흡수도 여러 요인, 즉 개인의 영양상태나 식사 내 다른 성분들의 영향을 받는다. 동물성 단백질과 히스티딘, 시스테인 등의 아미노산은 아연 흡수를 증가시키는 반면, 피틴산, 옥살산, 식이섬유 및 구리, 철, 칼슘 등의 무기질은 아연 흡수를 감소시키는 인자로 알려져 있다.

메탈로티오네인metallothionein은 아연과 결합하는 금속함유단백질로서 소장 점막세포 내에 존재하여 체내 아연의 항상성을 조절하는 역할을 한다. 아연 섭취량에 따라 소장세포 내에서 메탈로티오네인이 합성되는 정도가 영향을 받는다. 흡수된 아연은 알부민과 결합하여 간문맥을 경유하여 간으로 운반된다. 아연은 주로 대변을 통하여 배설되며 요를 통한 배설량은 매우 낮다.

2) 체내 작용

(1) 금속효소의 구성요소

아연은 체내 200여 종 이상의 금속효소metalloenzymes의 구성요소로서 체내의 주요 대사과정을 조절한다.

금속효소
금속이온이 효소에 단단히 결합되어 있는 효소

(2) 핵산 합성

아연은 핵산 대사에 관련되어 유전자의 전사과정에 영향을 미친다. RNA를 합성하는 효소RNA polymerase는 아연 함유 효소로써 단백질 합성에도 영향을 미친다.

(3) 면역기능

아연은 정상적인 면역기능의 유지에 필요한 원소로서 모든 면역계의 물질에 영향을 미친다. 아연은 세포의 분열과 분화에 영향을 미쳐 아연이 결핍되면 T세포 전구체의 분화가 저해되며, 전반적인 면역기능이 저하된다. 따라서 아연이 부족한 경우 면역력이 약해져 감염성 질환이나 설사 등이 유발될 수 있다.

(4) 산화환원작용

산화환원작용과 관련된 효소인 알코올 탈수소효소alcohol dehydrogenase와 슈퍼옥사이드 디스뮤타아제superoxide dismutase, 알칼리성 인산분해효소alkaline phosphatase, CO_2 운반에 관여하는 탄산탈수효소carbonic anhydrase 등은 대표적인 아연 함유 효소이다.

(5) 기타

아연은 세포나 조직의 성장을 돕고, 세포막과 세포골격 단백질을 안정화시킨다. 또한 아연은 미각기능 유지, 성적 성숙, 생식력 등 다양한 신체기능에 관여한다.

3) 결핍증과 과잉증

사람에게서 심한 결핍증은 드물며, 만성적인 경미한 결핍증세로는 면역기능 장애가 나타난다. 어린이의 경우 성장지연 등의 비특이적인 임상증세가 수반되므로 가벼운 결핍증은 진단이 쉽지 않다. 아연 결핍에 민감한 대상은 임신부, 어린이, 노인이다. 동물에게서 유도된 결핍증세로는 성장지연, 면역기능 저하, 식욕 상실, 피부염, 번식력 감소, 골격 기형, 설사, 탈모증 등이 있다.

아연의 과잉 섭취는 정상적인 구리 대사를 방해하므로 구리 결핍성 빈혈의 원인이 될 수 있다. 즉, 1일 150mg 이상의 아연 섭취는 구리 결핍증을 초래할 수 있다.

4) 섭취기준과 급원식품

아연의 섭취기준은 평균필요량과 권장섭취량, 상한섭취량이 설정되었다. 성인의 경우 1일 아연 손실량을 구한 후 흡수율을 적용하여 평균필요량을 책정하였고, 성인의 권장섭취량은 남자 10mg, 여자 8mg으로 설정하였다. 아연의 상한섭취량은 아연을 만성적으로 과다 섭취할 때 구리 대사의 균형 저해가 일어나는 것을 근거로 35mg으로 정하였다.

아연은 굴에 매우 많으며 새우, 게, 쇠고기(살코기), 돼지고기(살코기), 배추김치, 달걀, 해조류, 곡류의 배아 등에 들어 있다. 식물성 식품의 아연 이용률은 낮은 편이다. 표 9-3은 아연의 급원식품과 함량을 나타낸 것이다.

표 9-3 식품 중 아연 함량

식품명	1회 분량(g)		1회 분량당 함량(mg)	100g당 함량(mg)
굴		80	14.5	18.1
쇠고기(살코기)	1접시	60	2.6	4.4
돼지고기(살코기)	1접시	60	1.3	2.1
달걀	1개	60	0.7	1.2
돼지고기(간)		45	3.0	6.7
새우		80	1.4	1.8
시금치	1접시	70	1.4	2.0
쑥갓	1접시	70	0.126	0.18
미나리	1접시	70	0.091	0.13
무	1접시	70	0.4	0.5
쌀(백미)		90	1.3	1.4
식빵	큰 것 2쪽	100	0.5	0.5
시리얼		30	5.6	9.7
호두(말린 것)		10	0.309	3.09

3. 구리

구리copper: Cu는 성인 체내에 약 100~150mg가량 들어 있으며 주로 간, 뇌, 심장, 신장 등의 조직에 많다. 빈혈을 예방하기 위해서는 철과 함께 구리가 필요하다.

1) 흡수와 대사

구리는 주로 십이지장에서 흡수된다. 식사로 섭취한 구리의 흡수율은 섭취량이나 체내 요구량에 따라 달라진다. 구리의 흡수를 조절하는 인자는 아연과 마찬가지로 메탈로티오네인이며, 메탈로티오네인의 생합성은 아연, 구리, 카드뮴에 의해 촉진된다. 구리와 아연은 흡수될 때 서로 경쟁한다. 흡수된 후에는 주로 알부민에 의해 이동되며, 대부분은 간으로 들어가 세룰로플라스민ceruloplasmin을 합성한다. 조직에서 필요시 구리는 세룰로플라스민의 형태로 혈액을 통해 해당 조직으로 이동된다. 세룰로플라스민은 혈청 구리의 90%를 이동시킨다. 사용된 구리는 다시 간으로 돌아와 담즙을 통해 대변에 섞여 배설된다. 요로 배설되는 구리는 총배설량의 3% 미만으로 소량이다.

2) 체내 작용

(1) 철의 흡수 및 이용 증진

철이 소장에서 흡수될 때 소장 세포막을 통과하여 이동하려면 3가의 철이온Fe^{3+}이 되어야 한다. 세룰로플라스민은 구리를 운반하는 기능뿐만 아니라, 2가의 철Fe^{2+}을 3가의 철Fe^{3+} 상태로 산화시킴으로써 흡수된 철의 이동을 돕는다.

(2) 결합조직 정상 유지

구리는 콜라겐과 엘라스틴 합성에 관여하여 골격형성과 순환계의 결합조직을 정상으로 유지하는 데 기여한다. 콜라겐과 엘라스틴은 체내 단백질의 약 30%를 구성하며 정상적인 결합조직을 형성하기 위해서는 이들 단백질의 교차결합이 이루어져야 한다. 구리는 이러한 교차결합을 만드는 효소lysyl oxidase의 구성성분이다.

(3) 금속효소 구성

구리는 여러 효소의 구성성분으로 작용한다. 구리를 함유한 효소들은 모두 산소를 사용하는 반응에서 작용한다는 공통점을 가지고 있다. 즉 에너지 생성에 관여하고, 항산화작용으로 세포손상을 방지하며, 신경전달물질을 만드는 데 기여한다.

3) 결핍증과 과잉증

구리의 결핍증은 드물게 나타나지만 아연의 섭취량이 많은 경우나 설사, 소화불량 등으로 인해 결핍증이 발생된다. 결핍증상으로는 빈혈, 성장장애, 백혈구의 감소, 뼈손실, 심장기능 장애 등이 나타난다. 동물의 경우에는 구리가 결핍되면 빈혈, 백혈구 감소, 성장부진, 면역기능 저하, 심장질환 등이 발생하며, 경미한 결핍시에는 혈청 콜레스테롤 농도 상승, 골다공증 및 뼈의 연약함 등이 나타난다.

장기간에 걸쳐 구리를 다량 섭취하면 과잉증이 나타난다. 임상증상은 구토, 오심, 복통, 설사 등이며 심해지면 혼수, 간세포 손상, 사망에 이를 수도 있다. 윌슨병 Wilson's disease은 유전적 결함에 의한 구리 과잉증으로, 담즙을 통해 구리가 배설되지 못하고 간, 뇌, 신장 등에 축적되어 뇌손상 등의 증상을 보인다. 이때 혈액 내 구리와 결합하여 소변으로 배설시키는 약물을 투여하면 체내 축적을 막을 수 있다.

4) 섭취기준과 급원식품

구리의 섭취기준은 평균필요량, 권장섭취량 및 상한섭취량이 설정되었다. 성인의 권장섭취량은 남자(19~64세) 850μg, 여자(19~64세)는 650μg으로 설정하였고, 상한섭취량은 과잉 섭취로 인한 간 손상이 일어나지 않도록 하기 위해 10mg으로 설정하였다.

소간, 굴, 가재, 패류, 견과류, 달걀, 콩류 등은 구리의 좋은 공급원이며, 초콜릿, 버섯, 코코아, 당밀, 곡류의 배아 등에도 구리가 많이 포함되어 있다.

4. 요오드

요오드iodine: I는 성인의 체내에 15~20mg 정도 함유되어 있고, 그중 약 70~80%는 갑상샘에, 나머지는 혈액과 근육 등의 조직에 존재한다. 갑상샘호르몬의 구성성분이며, 나머지 조직에는 단백질과 결합된 상태로 존재한다.

1) 흡수와 대사

요오드는 소장에서 흡수되며 섭취한 요오드의 거의 100%가 흡수된다. 흡수된 요오드는 단백질과 결합하여 혈류를 통해 갑상샘과 신장으로 이동한다. 갑상샘세포는 혈중 요오드의 약 1/3가량을 선택적으로 흡수하여 갑상샘호르몬 합성에 사용한다. 갑상샘 세포로 들어간 요오드는 당단백질인 티로글로불린thyroglobline에 결합된다. 티로글로불린은 한 분자 내에 티로신을 100여 개 가지고 있는데, 이 아미노산에 요오드가 결합하여 트리요오드티로닌triiodothyronine: T_3과 테트라요오드티로닌tetraiodothyronine: T_4을 형성한다. 이 두 물질은 갑상샘호르몬으로 작용한다. 갑상샘자극호르몬thyroid-stimulating hormone: TSH은 혈장의 갑상샘호르몬 농도가 저하되면 분비되어 갑상샘으로 요오드가 흡수되도록 자극하여 갑상샘호르몬의 합성을 유도한다.

체내에 흡수되어 혈장에 존재하는 요오드의 주된 배설경로는 신장이며 소량의 요오드가 소변과 땀을 통하여 배설된다.

2) 체내 작용

요오드는 체내대사율을 조절하는 갑상샘호르몬의 중요한 성분이다. 갑상샘호르몬은 체온을 조절하고 기초대사율을 상승시키며 세포의 분화, 성장 및 혈구생성을 촉진시킨다. 신경과 근육의 작용에 관여하며 세포에서 산소의 이용률을 조절한다.

3) 결핍증과 과잉증

요오드가 결핍되면 갑상샘호르몬 함량이 저하된다. 갑상샘호르몬이 부족하면 뇌하수체가 갑상샘자극호르몬을 더 많이 분비한다. 이 호르몬은 갑상샘호르몬의 분비를 정상적으로 유지하기 위하여 갑상샘 표피세포의 수와 크기를 증가시키므로 그림 9-2와 같이 갑상샘이 확대되어 목 하부에 혹이 생긴다. 이와 같이 갑상샘이 확대되는 현상을 단순갑상샘종simple goiter이라고 한다. 단순갑상샘종이 심해지면 점액수종이 나타나는데, 증상으로는 피부 밑에 당단백질이 축적되어 얼굴이 일그러지고 코가 딱딱해지며 입술이 부풀어 오른다.

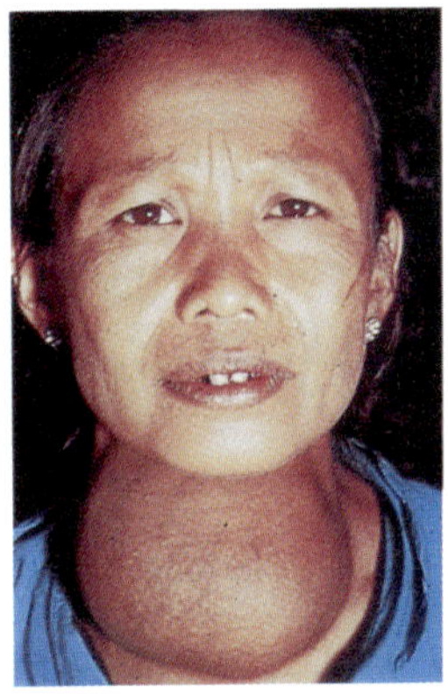

그림 9-2 단순 갑상샘종

갑상샘종
체내 요오드가 부족하여 갑상샘호르몬인 티록신을 제대로 생성하지 못해 생기는 질병으로 갑상샘이 비대해짐

임신 중 태아에게 요오드의 공급이 적거나, 출생 후 어렸을 때 요오드의 공급이 부족하면 크레틴병cretinism이 발생한다. 크레틴병에 걸리면 성장이 지연되고, 정신박약, 왜소증 등의 증상이 나타난다.

갑상샘종이 가장 많이 발생하는 지역은 알프스 지역, 히말라야, 영국의 템스계곡, 뉴질랜드의 일부 지역, 남아메리카의 몇 나라, 미국의 북서쪽과 오대호 지역 등이다. 따라서 이 지역에서는 이 병의 방지를 위하여 다양한 방법으로 요오드를 공급하고 있다. 우리나라는 요오드가 풍부한 미역 등 해조류와 어류를 많이 먹기 때문에 요오드 결핍증은 흔하지 않다.

알아두기

크레틴병cretinism

요오드가 결핍된 상태에서 임신하면 태아에게 요오드가 부족하게 되므로 발생한다. 성인의 요오드 결핍은 요오드를 다량 공급하면 치료가 되지만 크레틴병에 걸린 아이는 요오드를 다량 공급하더라도 정신지체 등의 증상이 개선되지 않는다. 선천성 갑상샘기능저하증congenital hypothyroidism이라고도 한다.

보충제 등을 이용하여 요오드를 과다하게 섭취하면 갑상샘기능항진증hyper-thyroidism이나 바세도우씨병과 같은 요오드 과잉증이 생긴다. 이러한 경우 기초대사율이 항진되며 자율신경계에 장애가 나타난다.

4) 섭취기준과 급원식품

요오드의 섭취기준은 평균필요량과 권장섭취량, 그리고 상한섭취량을 설정하였다. 성인의 평균필요량은 국외 연구 결과를 이용하여 95μg으로 설정하였다. 권장섭취량은 150μg이며, 요오드의 상한섭취량은 2.4mg이다.

요오드의 근본적인 급원은 바닷물이므로 요오드를 가장 많이 함유하고 있는 식품은 해산물이다. 다시마, 미역, 김 같은 해조류에도 요오드가 많은데, 우리나라 2017년 국민건강영양조사의 식품섭취량 자료에 의하면 요오드 급원식품으로 건미역, 김, 달걀, 우유, 멸치 순으로 섭취하였다. 요오드가 풍부한 토양에서 재배한 채소에도 요오드 함량이 많다.

5. 불소

20세기 초반 여러 역학조사에서 불소fluorine: F가 부족한 경우 충치 발생률이 높다는 사실이 관찰됨에 따라 불소와 치아건강의 관련성이 제시되었다. 불소는 체내에서 95% 정도가 뼈와 치아에 존재한다. 뼈에 함유된 불소의 농도는 연령 및 섭취량에 따라 증가한다.

1) 흡수와 대사

불소는 섭취하면 대부분 소장에서 40% 이상이 흡수된다. 흡수된 불소 중에서 골격과 치아에 의해 이용되지 않은 불소는 소변을 통해 배설되어 혈중 불소 농도를 일정하게 유지시킨다. 땀과 대변을 통해서도 소량이 배설된다.

2) 체내 작용

불소는 체내 함량의 95%가 뼈와 치아에 존재하며, 골격의 인산칼슘결정 형태인 히드록시아파타이트hydroxyapatite 결정의 크기를 증가시키고 더 완전한 결정을 형성하게 한다. 뼈에 함유된 불소의 농도는 섭취량에 비례한다. 불소 공급이 높은 지역에서 골다공증 발생률이 낮았다는 보고도 있다.

3) 결핍증과 과잉증

불소가 부족하면 충치가 쉽게 발생하고, 노인이나 폐경기 여성의 경우 골다공증에 걸릴 위험이 높아진다. 구강 건강에서 불소는 치아가 형성되는 과정에서 가장 중요한 역할을 한다.

반면, 장기간 불소를 하루 20mg 이상 섭취하면 치아에 반점이 생기고 약해지는 불소증fluorosis이 유발된다. 이러한 현상은 어린이들의 경우 치아가 발달하는 시기에 생기기 쉬우며, 성인의 경우에는 뼈에 영향을 미치게 되어 뼈가 변색되거나 부러질 수도 있다.

불소증
뼈나 치아에 불소가 과다하게 침착되어 생기는 반점 모양의 변색을 말한다.

4) 섭취기준과 급원식품

불소는 모든 연령층에 충분섭취량과 상한섭취량을 설정하였다. 식수에 불소가 충치 예방의 최적 농도인 1.0mg/L 정도 함유되어 있는 지역에 살고 있는 미국인의 체중당 불소섭취량 0.05mg을 기준으로, 우리나라 성인의 표준체중을 적용시켜 충분섭취량을 2.8~3.4mg으로 설정하였다. 또한 상한섭취량은 10mg으로 설정하였다.

불소는 식수를 비롯하여 거의 모든 식품에 존재하나, 해산물, 차, 뼈를 고아 만든 식품에 불소 함량이 매우 높다. 모유와 우유는 함량이 매우 낮다.

6. 셀레늄

셀레늄selenium: Se의 중요성은 셀레늄이 글루타티온 과산화효소glutathione peroxidase: GPX의 구성요소인 점과 중국에서 셀레늄 결핍과 관련된 질환이 관찰되면서 인식되었다.

1) 흡수와 대사

식이에 함유된 셀레늄은 대부분이 메티오닌과 시스테인에 결합되어 있다. 이들의 흡수율은 50%를 초과하므로 철, 아연 등에 비해 생체이용률이 높은 편이다. 셀레늄은 주로 소변을 통해 배설되지만 섭취량이 많으면 호흡으로 배출하기도 한다.

2) 체내 작용

셀레늄은 산화적 손상으로부터 세포를 보호하는 역할을 한다. 비타민 E와 함께 항산화제로 작용하므로 비타민 E의 절약작용을 한다. 산화적 손상을 막는 데 관련되는 셀레늄 함유 효소로서 가장 대표적인 것은 글루타티온 과산화효소이다. 이 효소는 과산화물의 생성을 억제하여 세포막을 보호한다. 그 외에도 셀레늄은 약물을 대사시키는 효소들의 활성에 영향을 미친다.

3) 결핍증과 과잉증

케산병
셀레늄의 섭취가 부족하였던 중국 케산에서 주로 어린이와 젊은 여성들에게 나타난 풍토성 심장근육질환

인체의 셀레늄 결핍증으로서 대표적인 것은 케산병Keshan disease이며, 중국의 케산Keshan 지역에서 풍토병처럼 발생하였던 심근질환이다. 이 지역 토양의 셀레늄 농도가 매우 낮았으며, 이 병이 발생한 지역의 성인 남자의 1일 셀레늄 섭취량은 10μg으로 보고되었다.

셀레늄의 과잉 섭취로 인한 독성 증세는 탈모, 손톱소실, 피부 손상, 치아 부식, 신경

계 장애 등이다. 미국에서 셀레늄 함량이 매우 높은 건강기능식품을 과다 섭취한 환자에게서 메스꺼움, 구토, 탈모, 손톱변화, 과민성 피로, 말초신경 장애 등이 나타났다.

4) 섭취기준과 급원식품

셀레늄의 섭취기준은 평균필요량, 권장섭취량, 상한섭취량을 설정하였다. 성인의 셀레늄 평균필요량은 혈장 글루타티온 과산화효소의 활성이 가장 클 때의 섭취량을 근거로 50μg으로 정하였고, 권장섭취량은 60μg으로 하였다. 성인의 상한섭취량은 식품과 보충제를 통하여 섭취하는 총섭취량에 대하여 400μg으로 결정하였다.

식품의 셀레늄 함량은 다양하다. 셀레늄은 육류, 어류, 조개류에 풍부히 들어 있으며, 식물성 식품의 경우에는 재배하는 토양에 따라 셀레늄 함량에 많은 차이가 있다.

7. 망간

1930년대에 망간manganese: Mn이 동물에게 필수적인 원소임이 밝혀졌다. 모든 동물의 조직에 존재하는데 그중에서도 간, 골격, 췌장, 뇌하수체에 많다. 성인의 체내에는 20mg 정도 존재한다.

1) 흡수와 대사

망간의 흡수는 소장에서 일어난다. 성인의 흡수율은 약 1~5%로 매우 낮으며, 식사 인자에 의한 영향을 받는다. 망간은 소장 점막에서 흡수 시 철, 칼슘과 경쟁을 하며, 혈액 내에서는 단백질과 결합하여 각 조직으로 운반된다. 체내에서 일단 사용되었던 망간은 담즙에 섞여 소장으로 이동하여 주로 대변을 통해 배설된다. 담즙은 체내 망간의 항상성 유지에 기여한다.

2) 체내 작용

망간은 체조직 내에서 여러 화학반응을 촉매하는 효소를 활성화시키는 작용을 한다. 예를 들어 망간은 아세틸 CoA로부터 콜레스테롤이 형성될 때 작용하는 효소의 조효소로 작용한다. 망간 함유 효소로서 대표적인 것은 아르기나아제arginase, 피루브산 탈탄산효소puruvate carboxylase, 슈퍼옥사이드 디스뮤타아제superoxide dismutase, SOD 등이다.

3) 결핍증과 과잉증

사람에게 망간의 결핍증세는 흔하지 않은데 혈액응고 지연, 중추신경 장애, 뼈의 기형 등이 나타난다. 동물실험을 통해 관찰된 망간 결핍증은 성장장애, 근육이상, 생식능력 장애, 새끼의 운동실조증, 지질과 탄수화물 대사 장애 등이다.

망간의 과잉증은 탄광에서 일하는 광부들에게서 나타난다. 정신적 장애, 환상, 근육조절 장애, 과다행동증 등 중추신경계 손상이 주된 증세이다.

4) 섭취기준과 급원식품

망간의 섭취기준은 충분섭취량과 상한섭취량이 설정되었다. 성인의 1일 망간 충분섭취량은 남녀 각각 4.0mg과 3.5mg이고, 상한섭취량은 11.0mg으로 설정하였다. 망간은 곡류, 콩류, 채소에 많으며 동물성 식품에는 비교적 적다.

8. 크롬

크롬chromium: Cr은 인체에 소량이 존재하므로 중요성이 비교적 최근에 알려진 영양소이다. 동물실험을 통해 필수영양소임이 밝혀졌고 당질 대사에 관련 있다.

1) 흡수와 대사

크롬의 흡수율은 0.5~2% 정도로 매우 낮으며, 여러 가지 식이 인자가 흡수율에 영향을 미친다. 크롬이온은 +2가에서 +6가까지 존재할 수 있는데 +6가의 크롬이 흡수율이 높다. 크롬의 흡수율은 여러 가지 식사요인의 영향을 받는다. 아미노산은 흡수를 증가시키며, 단순당질은 크롬의 배설을 증가시킨다. 피틴산은 흡수를 저해하는 반면에 옥살산은 흡수를 증가시킨다. 혈액 내에서 크롬은 트랜스페린과 알부민에 결합하여 이동된다.

2) 체내 작용

크롬은 인슐린과 인슐린 수용체 사이에 복합체를 형성하여 인슐린과 조직 사이의 상호작용을 강화한다. 즉, 크롬은 조직 내로 포도당 또는 아미노산이 유입되는 것을 돕는다. 소변으로 배설되는 크롬의 양은 정상인에 비하여 인슐린 의존성 당뇨병 환자에게서 훨씬 높게 나타난다. 크롬은 혈청 콜레스테롤을 낮추고 HDL-콜레스테롤을 증가시키는 등 지질 대사에 영향을 미친다는 보고가 있으나 그 기전은 확실치 않다.

3) 결핍증과 과잉증

크롬은 주위 환경 어디에나 존재하기 때문에 심지어 실험동물에게서조차 결핍증을 유발하기는 쉽지 않으며, 체내 크롬 함량을 정확히 측정하기도 쉽지 않다. 결핍증으로는 성장지연, 체중 손실, 포도당 내성 장애, 고혈당증, 혈청 인슐린 증가 등이 나타난다.

산업환경에서 크롬에 과다 노출된 경우에 나타나는 증세는 알레르기성 피부질환, 피부궤양, 기관지 종양 발생 증가 등이다.

4) 섭취기준과 급원식품

우리나라에서 크롬의 섭취기준은 2015년에 처음으로 충분섭취량을 설정하였다. 19~64세 성인의 1일 크롬 충분섭취량은 남자 30μg, 여자 20μg이다. 고기와 전곡은 가장 좋은 크롬의 급원이며, 과일, 채소 및 우유에는 크롬 함량이 낮다.

표 9-4에 미량 무기질을 요약하여 제시하였다.

표 9-4 미량 무기질 요약

무기질	주요 작용	권장섭취량	결핍증	과잉증	급원식품
철	헤모글로빈·미오글로빈 성분, 골수에서 조혈작용을 도움. 효소의 구성성분, 면역기능 유지	(19~29세) 남자 10mg 여자 14mg	체내 철 함량 감소, 철결핍성 빈혈(피부창백·피로·허약·호흡곤란·식욕부진·어린이의 경우 성장장애)	혈색소증(심장·췌장 등에 철이 축적되며 심부전·당뇨병 등 유발 가능)	육류(쇠간), 어패류, 가금류, 콩류, 시리얼, 녹색채소
아연	100여 개 효소의 구성요소, 성장·면역·생체막 구조와 기능의 정상 유지, 핵산 합성	(19~49세) 남자 10mg 여자 8mg	성장지연, 왜소증, 상처회복 지연, 식욕부진, 미각·후각 감퇴, 피부염	철·구리 흡수저하, 면역기능 억제	패류(굴·게 등), 육류, 우유, 요구르트
구리	철의 흡수·이용을 도움. 결합조직의 건강에 기여, 금속계 효소의 성분	(남녀 19세 이상) 800μg	빈혈, 뼈의 손실, 성장장애, 심장질환	복통·오심·구토, 혼수, 간질환, 윌슨병	육류(간·내장), 패류(굴·가재), 배아
요오드	갑상샘호르몬의 성분 및 합성	(남녀 19세 이상) 150μg	갑상샘기능저하, 단순갑상샘종	갑상샘기능부전증(권태감·기초대사율저하·추위에 민감 등), 갑상샘종, 크레틴병(성장장애)	해조류(미역·김 등), 해산물, 요오드 강화 식염
불소	충치 예방 및 억제, 골다공증 방지	(남녀 19~29세 이상) 충분섭취량 2.8~3.4mg	충치 유발, 골다공증	불소증, 위장장애	해조류, 어류, 자연수
망간	금속계 효소의 구성요소, 효소의 활성화	(남녀 19세 이상) 충분섭취량 3.5~4.0mg	잘 나타나지 않음	신경근육계 증세, 정신장애	곡류, 콩류, 채소
셀레늄	글루타티온 과산화효소의 성분, 항산화 작용(비타민 E 절약)	(남녀 19세 이상) 60μg	근육약화, 성장장애, 심근장애, 심장기능 저하	구토, 설사, 피부 손상, 신경계 손상	새우, 패류, 어류, 견과류
크롬	당 내인성인자의 성분으로 인슐린 작용 및 당질대사에 관여	(남녀 19세 이상) 충분섭취량 25~35μg	성장지연, 콜레스테롤·지질대사 이상	산업체에서 크롬에 과다 노출되면 피부염, 기관지 종양 발생	고기, 전곡

CHAPTER

10

지용성 비타민의 이해

1. 비타민의 발견과 특성 / 2. 비타민 A / 3. 비타민 D / 4. 비타민 E / 5. 비타민 K

비타민은 인체 세포의 특수한 대사기능을 수행하기 위해 인체 내 미량 필요한 유기물질로 체내에서는 필요한 양만큼 합성되지 않아 식품이나 비타민 보충제로 공급해야 한다. 지용성 비타민은 지질에 용해되므로 그 흡수와 대사는 식사 지질 및 체내 지질대사와 밀접한 관계가 있다. 지용성 비타민의 흡수율은 40~90%로 만성 소화장애가 있는 경우에는 흡수율이 저하된다. 지용성 비타민은 영양보충제로 과잉 섭취하면 소변으로 배설되지 않고 간에 저장되어 과잉 섭취 시 독성이 나타날 수 있다.

학 / 습 / 목 / 표

1. 비타민의 특성과 종류를 기술할 수 있다.
2. 비타민 A의 체내 작용, 결핍증 및 영양소 섭취기준을 기술할 수 있다.
3. 비타민 D의 체내 작용, 활성화 과정, 결핍증 및 영양소 섭취기준을 기술할 수 있다.
4. 비타민 E의 체내 작용과 급원식품을 기술할 수 있다.
5. 비타민 K의 체내 작용과 급원식품을 설명할 수 있다.

1. 비타민의 발견과 특성

1) 비타민의 발견

인간은 이집트 시대부터 비타민 결핍증인 야맹증, 괴혈병, 각기병, 펠라그라, 악성 빈혈과 같은 질병으로 고통을 받아왔다. 그러다가 20세기 초에 많은 과학자는 이러한 질병이 식품에 있는 어떤 중요한 물질의 섭취 부족에서 온다는 것을 발견하였다. 불과 100여 년 전까지만 해도 인간에게 필요한 영양소는 탄수화물, 지질, 단백질과 무기질이라고 알려졌으나 실험쥐에게 천연식품 대신 탄수화물, 지질, 단백질, 무기질로 구성된 합성사료를 먹였을 때 성장이 정지되고 병들거나 죽는 일이 발생했다. 그 원인으로 식품 중에 포함된 전염인자나 독성물질 등을 거론하였으나, 여러 실험 결과 인공합성사료 중에 발견되지 않은 미지의 영양소가 빠져 있기 때문인 것이다.

1912년 폴란드의 화학자 풍크C. Funk가 쌀겨에서 동물의 성장에 필수적인 식품성분을 확인하여 아민amine을 함유하는 유기화합물이라는 뜻에서 이 물질을 'vitamine'이라고 명명(라틴어로 vita는 생명, amine은 질소를 함유한 유기화합물을 의미)하였다. 그 후 생명에 필수적인 다른 식품성분을 발견하기 시작함에 따라 이 물질들이 모두 아민기를 가지는 것은 아니기 때문에, 1919년 드러몬드Drummond 제의에 의해 마지막 글자 'e'를 떼어내고 'vitamin'으로 부르게 되었다. 1915년 맥컬럼McCollum은 정상적인 성장을 돕는 물질이 두 가지 있는데 하나는 지용성이고 또 다른 하나는 수용성 물질이라고 하였으며, 이에 따라 비타민을 지용성 비타민과 수용성 비타민으로 분류하게 되었다.

2) 비타민의 특성

비타민은 스스로 에너지를 생성하지는 않으나, 신체 전반의 영양소 대사 과정에서 필수적인 역할을 한다. 비타민은 신체에 미량 필요하며 체내에서 전혀 합성되지 않거나, 합성되더라도 필요량만큼 충분하지 못하므로 식사를 통해 공급받아야 한다. 이들의 섭취량이 부족할 때에는 각기 독특한 결핍증상이 나타난다. 결핍증은 대부분 치명적이 될 수 있으나, 필요한 비타민을 보충해 주면 다시 원래의 상태로 회복될 수 있다. 식품 중 함량은 그램g 단위가 아니고 밀리그램mg 또는 마이크로그램μg 단위로 측정된다.

3) 비타민의 종류

현재까지 인체에 필요한 비타민은 콜린choline을 포함하여 14가지이다. 각 비타민의 명칭은 발견 순서에 따라 알파벳순으로 A, B, C, D, E로 붙여졌으며 비타민 B는 기능적 유사성을 고려해 일련번호로 구분하였다. 비타민 K는 기능에 따라 명명한 예로서, 혈액응고 요인을 나타내는 덴마크의 용어인 'koagulation factor'의 첫 글자를 따서 이름을 붙였다표 10-1.

비타민은 물과 기름에 대한 용해도에 따라 지용성 비타민fat-soluble vitamins과 수용성 비타민water-soluble vitamins으로 나뉜다. 수용성 비타민에는 비타민 B군과 비타민 C가 있으며 지용성 비타민에는 비타민 A, D, E 및 K가 있다. 이러한 용해도는 비타민의 체내 흡수, 운반, 대사, 저장, 배설 등에 영향을 미친다.

인체에서 수용성 비타민은 혈액으로 직접 흡수되나 지용성 비타민은 림프를 통해 혈액으로 들어간다. 수용성 비타민은 혈액 내에서 자유로이 이동하지만, 지용성 비타민은 운반을 위해 단백질 운반체를 필요로 한다. 체세포에 도달하면 수용성 비타민은 체액 내에서 자유로이 순환하는 반면, 지용성 비타민은 지방세포에 축적되어 쉽게 배설되지 않으므로 과잉 섭취 시 독성이 나타날 수 있다.

수용성 비타민은 과잉 섭취하면 소변 중으로 쉽게 배설되어서 체내 축적되는 양이 적으므로 소량씩 자주 섭취해야 한다. 그러나 일부 수용성 비타민은 체내에 축적되면 독성을 보이기도 하므로 함부로 보충제를 장기적으로 과량 섭취하는 것은 위험하다표 10-2.

표 10-1 비타민의 종류

분류	화학명	종류	발견 연도
지용성 비타민	레티놀(reinol)	비타민 A	1913
	콜레칼시페롤(cholecalciferol)	비타민 D	1919
	토코페롤(tocopherol)	비타민 E	1922
	필로퀴논(phylloquinone)	비타민 K	1935
수용성 비타민	아스코르브산(ascorbic acid)	비타민 C	1928
		비타민 B군	
	티아민(thiamin)	티아민	1911
	리보플라빈(riboflavin)	리보플라빈	1933
	니코틴산(nicotinic acid)	니아신(niacin)	1937
	비오틴(biotin)	비오틴	1935
	판토텐산(pantothenic acid)	판토텐산	1938
	피리독신(pyridoxin)	비타민 B_6	1938
	폴라신(folacin)	엽산(folic acid)	1942
	코발라민(cobalamin)	비타민 B_{12}	1948
	콜린(choline)	콜린	1862

비타민의 양을 나타내는 단위는 비타민별로 국제단위international unit: IU를 정하여 그램 단위와 함께 사용하고 있다. 그러나 비타민 종류에 따라 생물학적 활성이 다른 여러 형태의 이성체나 전구체가 존재할 때에는 활성형으로 전환되는 비율을 고려하여 이들 이성체나 전구체로부터 전환될 수 있는 양을 모두 합하여 당량equivalent이라는 단위를 사용한다.

표 10-2 비타민의 대사적 특성

구분	지용성 비타민	수용성 비타민
흡수	림프로 먼저 들어간 후 혈류로 이동함	혈류로 직접 흡수됨
운반	단백질 운반체 필요	혈액 내에서 자유로이 수송됨
저장	지방세포에 축적	체액에서 자유로이 순환함
결핍증	서서히 발생	쉽게 발생함
배설	쉽게 배설되지 않음	과잉 섭취 시 소변으로 배설됨
독성	비타민 보충제로 과잉 섭취 시 독성 수준에 도달할 가능성이 큼	과잉 섭취해도 독성 수준에 도달하기 어려움
필요량	주기적인 섭취 필요	소량씩 자주 섭취 필요함

2. 비타민 A

비타민 A는 처음 발견된 지용성 비타민으로 전 세계적으로 빈곤계층에 있는 성장기 아동에게서 영양문제가 있는 영양소이다.

2022 국민건강영양조사에서 비타민 A는 우리나라 국민 학동기에서 청소년기, 청년기, 성인기, 노인기에 이르기까지 거의 대부분의 연령층에서 권장수준 이하로 섭취하고 있는 것으로 나타났다. 특히 19~29세 성인의 경우 남녀 평균 48.5% 수준으로 섭취하고 있는 것으로 조사되었고, 65세 이상 노인층에서는 남녀 평균 57% 수준으로 섭취하고 있어 영양지도가 필요한 영양소로 지적되고 있다.

레티노이드 결합단백질 retinoid-binding protein; RBP

세포 내에서 레티노이드와 결합하여 작용부위까지 운반하는 여러 종류의 단백질을 일컫는 명칭이며, 이들은 레티노이드의 운반 외에도 레티노이드가 분해되지 않게 보호작용함. 레티날 결합단백질은 혈액 내에서 레티놀의 운반을 돕는 단백질

비타민 A는 활성형인 레티노이드retinoid, 불활성형인 카로티노이드carotenoids를 모두 일컫는 일반명이다그림 10-1. 레티노이드는 동물성 식품에 들어 있는 레티놀retinol과 레티날retonal 등을 총칭하며, 카로티노이드는 식물성식품에 들어 있는

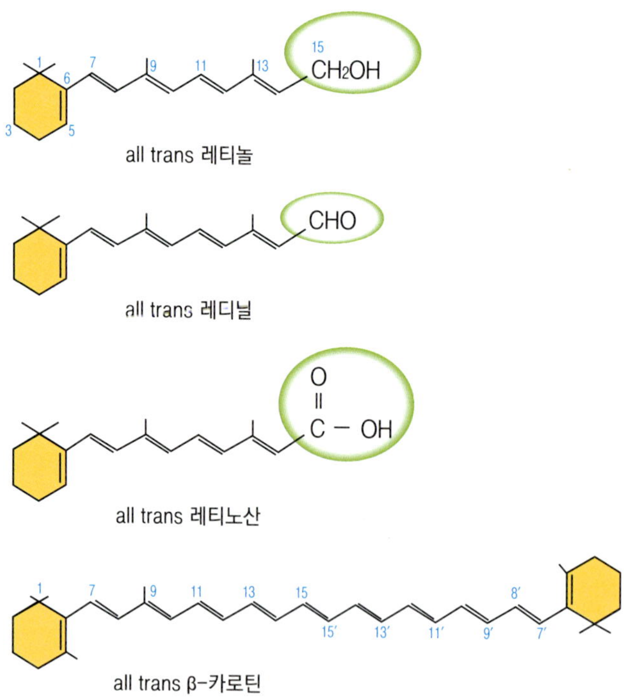

그림 10-1 비타민 A(레티놀)와 카로티노이드 구조

황색 또는 적황색 색소성분을 가리킨다. 비타민 A의 전구체인 카로티노이드 중에서 가장 활성이 높고 양이 많은 것은 베타-카로틴β-carotene으로서 알파-카로틴α-carotene, 감마-카로틴γ-carotene, 크립토잔틴cryptoxanthin 등 다른 카로티노이드들에 비해 비타민 A 활성이 두 배 이상이다. 이는 β-카로틴이 두 개의 비타민 A를 붙여 놓은 구조이고, 그 외의 다른 카로티노이드들은 한쪽에만 비타민 A의 구조이기 때문이다. 이들 카로티노이드는 체내에서 레티놀, 레티날, 레티노산으로 전환되어 활성을 갖게 된다.

1) 흡수와 대사

우리가 섭취한 식품에 함유되어 있는 비타민 A의 대부분은 지방산과 결합된 레티닐에스테르의 형태이다. 소장에서 담즙과 췌장효소에 의해 레티닐에스테르는 지방산과 레티놀(또는 카로틴)로 분리된 후, 미셀 형태로 되어 점막세포 내로 흡수되어서 다시 지질과 결합하여 킬로미크론chylomicron을 구성한 다음 림프로 들어간다. 그 후 흉관을 거쳐 정맥으로 들어온 후 간으로 운반되어 대사되고 저장된다. 정상적인 식사를 하는 건강한 사람의 비타민 A 흡수율은 80% 이상이며, 카로티노이드의 흡수율은 비타민 A의 약 1/3에 불과하다. 식사로 섭취한 카로티노이드는 소장 점막세포에서 레티날로 전환되지만 그 전환율은 높지 않다. β-카로틴의 경우 흡수된 양의 1/2 정도만 비타민 A로 전환된다고 한다. 전환되지 못한 카로티노이드 분자도 킬로미크론 형태로 간으로 와서 레티날로 전환되어 저장되거나, 지방조직에 카로티노이드 그대로 저장할 수 있다그림 10-2.

비타민 A의 주된 저장 장소는 간이며, 정상인의 경우 90% 이상이 간에 존재한다. 간 이외의 조직에도 비타민 A가 저장되나 정상인에게서는 그 저장량이 약 10%로 미미하다. 그러나 비타민 A가 완전히 고갈되는 극심한 결핍상태에서는 간 이외의 조직이나 혈액 중의 비타민 A 함량도 감소한다.

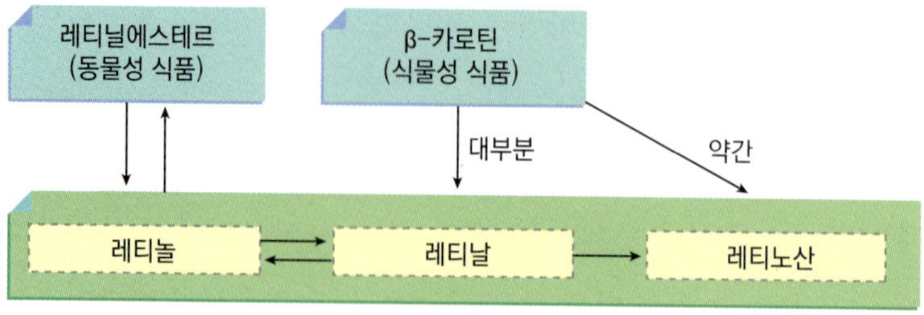

그림 10-2 비타민 A의 상호 전환

2) 체내 작용

(1) 시각 관련 작용

비타민 A의 기능으로 가장 잘 알려진 것은 시각 관련 작용이다. 시각작용은 망막retina에 존재하는 간상세포rod cell와 원추세포cone cell에 의해 이루어지며, 이들은 각각 어두운 곳과 밝은 곳에서의 시각작용을 담당한다. 간상세포에서 레티날이 옵신opsin과 결합하게 되면 로돕신rhodopsin을 형성하며, 이 로돕신은 어두운 곳에서 시각을 유지하는 데 반드시 필요한 물질이다. 생성된 로돕신은 빛에 의해 옵신과 레티날로 분해되는데, 이 과정에서 간상세포의 로돕신 함량이 감소된다. 즉 밝은 빛에 적응하기 위해서는 로돕신을 많이 분해해야 하므로, 이 상태에서 갑자기 어두운 곳에 들어가면 간상세포 내 로돕신의 부족으로 말미암아 암적응dark adaptation에 의해 로돕신 양을 충분히 생성할 때까지 사물을 제대로 인식할 수 없게 된다그림 10-3. 즉 비타민 A 섭취 부족 시 로돕신을 충분히 합성하지 못하여 어두운 곳에서 사물 인식이 제대로 되지 않아 시력이 떨어지게 되는데 이를 야맹증이라고 한다.

암적응
어두운 곳에서 안구의 로돕신 농도가 증가하여 시력이 향상되는 과정

(2) 세포분화 관련 작용

비타민 A는 상피세포가 분화되는 과정에 관여한다. 즉, 세포 내 핵에 존재하는 레티노산 수용체와 레티노산의 결합은 유전자 발현을 활성하거나 저해함으로써 세포분화를 조절한다. 이러한 비타민 A의 작용은 특히 임신 후 첫 2~3개월인 배아기embryonic period에 중요하다. 비타민 A가 결핍된 동물의 배아는 기관의 분화·발달

상피세포
신체 내·외부의 모든 표면을 덮고 있는 세포층. 신체 외부의 상피조직은 피부이고, 신체 내부의 상피조직은 점막임

희미한 빛 아래에서는 간상세포를 사용하여 물체를 자세히 구분할 수 있다.

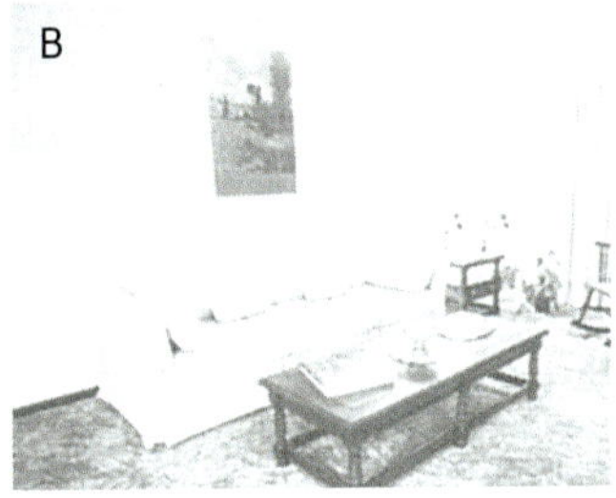

갑자기 밝은 빛을 쐬면 순간적으로 로돕신이 분리되면서 앞이보이지 않게 된다.

몇 초 지나면 다시 자세한 것을 볼 수 있게 된다.

비타민 A가 부족하면 빠르게 회복되지 않는다.

그림 10-3 비타민 A의 시각작용

자료 : Whitney EN · Rolfes SR, 2002

이 제대로 일어나지 못하므로 기형 또는 사산으로 이어질 수 있다. 이 외에도 비타민 A는 정자형성, 면역반응, 미각, 청각, 식욕 및 성장 등의 생리적 과정에 필수적인 것으로 알려졌으며, 이들 대부분이 직접 또는 간접적으로 세포분화와 연관된다.

(3) 항산화 및 항암 작용

비타민 A 자체보다는 카로티노이드의 항암효과에 관한 연구가 많았다. 카로티노이드의 섭취가 부족하면 암 발생률이 높아지는 것으로 알려져 왔다. 카로티노이드가 암의 발생을 억제하는 기전이 아직 확실히 알려져 있지는 않으나, 카로티노이드가 레티놀로 전환되지 않고 항산화제로 작용하기 때문인 것으로 알려졌다. 그러나 최근 핀란드의 한 연구에서는 식품이 아닌 보충제 형태로 5년간 β-카로틴을 섭취했을 때 암, 특히 폐암의 발생률이 18%나 증가한 것으로 나타났다. 이는 β-카로틴만이 아닌 식물성 식품에 들어 있는 다른 카로티노이드 등이 항암작용을 하였기 때문으로 보충제 형태가 아닌 식품의 형태로 β-카로틴을 섭취할 것을 권장한다.

3) 결핍증과 과잉증

비타민 A 결핍증은 전 세계적으로 개발도상국가나 저개발국가의 어린이들에게서 주로 나타난다. 비타민 A 결핍증의 가장 흔한 증상은 야맹증night blindness과 안구건조증xerophthalmia이다. 어린이의 경우 떨어져 나간 세포들이 결막의 가장자리 쪽에 흰 거품 같은 형태로 축적되는 비토 반점Bitot's spot이 나타나기도 한다.

야맹증
비타민 A 부족 초기 단계에 발생하는 증세로서 어두침침한 광선에서 잘 보이지 않는 증상으로 새벽보다 저녁에 더 잘 안 보이는 것이 특징임

호흡기계, 소화기계, 세뇨관, 질, 귀 내부의 상피조직세포에서는 방어력이 약화되어 감염이 쉽게 일어난다그림 10-4. 피부는 건조하고 거칠어지며, 치아의 에나멜 형성에도 지장을 초래하여 건강한 치아를 형성하지 못한다.

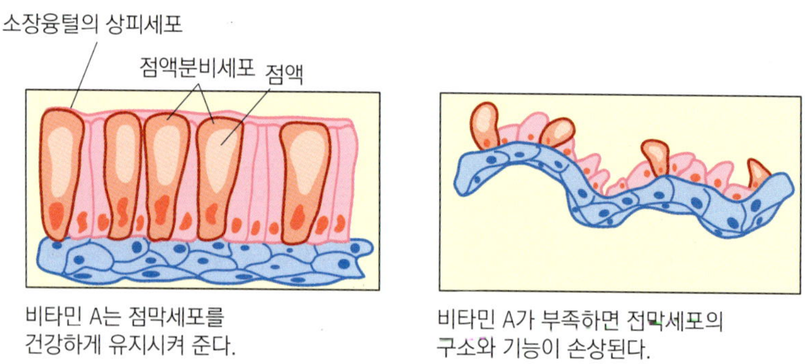

그림 10-4 점막의 정상 구조와 비타민 A의 역할

비타민 A 보충제는 다른 지용성 비타민들에 비해 과잉 섭취 시 독성이 매우 심각하다. 급성 과잉증은 일반적으로 1회 또는 여러 차례에 걸쳐 과량의 비타민 A(어른의 경우 권장섭취량의 100배 이상, 아동의 경우 권장섭취량의 20배 이상)를 짧은 간격을 두고 섭취할 때 발생하며, 오심, 구토, 두통, 시력 약화 등이 나타난다. 만성 과잉증상으로는 영아나 성인에게서 뼈대와 근육의 통증, 피부건조, 피부질환, 탈모, 간 손

상, 출혈, 골밀도저하, 골절증가, 혼수 등이 나타난다.

가장 심각한 비타민 A의 독성증세는 기형 발생이다. 임신부가 여드름이나 버짐 등의 피부병을 치료하기 위해 레티노산을 복용한 경우, 태어난 아기의 뇌가 기형이 될 수 있다.

β-카로틴을 식품으로 다량 섭취 시 피부색이 황색으로 변하는 고카로틴혈증 hypercarotenosis이 나타나며 대부분 독성을 일으키지 않는데, 그 이유는 카로티노이드의 흡수율과 전환율이 낮기 때문이다.

비타민 A의 결핍증과 과잉증이 나타나는 섭취 범위는 그림 10-5와 같다.

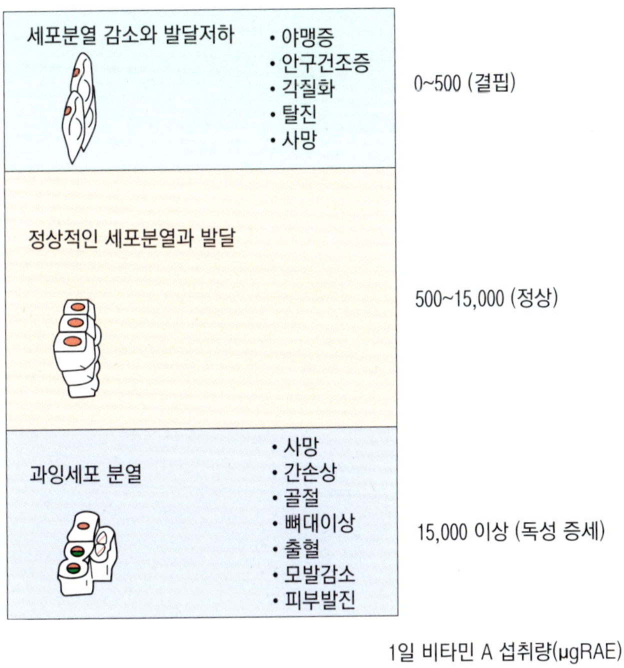

그림 10-5 비타민 A의 결핍증과 과잉증 섭취 범위

4) 섭취기준과 급원식품

건강한 사람들이 매일 섭취해야 할 비타민 A의 양은 나이, 체격, 대사량 및 임신·수유 같은 특정 상황에 따라 달라질 수 있다. 비타민 A의 섭취기준은 혈청 레티놀 농도를 적절하게 유지하고, 최적의 간 저장량(추정량: 20μg/g)을 유지할 수 있는 양으로 하여 성인 남자 19~49세 800μgRAE/일, 50~64세 750μgRAE/일, 19~49세의 성인 여자 650μgRAE/일, 50~64세 600μgRAE/일로 권장섭취량을 설정하였다. 상한섭취량은 임신 중의 기형 발생과 간 독성 발생을 고려하여 성인 남녀 모두 3,000μgRAE/일로 정하였다.

비타민 A의 가장 좋은 급원식품은 동물의 간, 어유, 달걀 등이다표 10-3. 비타민 A 전구체인 카로티노이드는 주로 녹황색채소와 일부 과일로부터 섭취할 수 있으며, 전 세계 대부분의 사람들은 이 카로티노이드가 비타민 A의 주된 공급원이다. 당근, 늙은 호박, 깻잎, 아욱, 근대, 옥수수, 토마토, 수박, 귤 및 김 등에 카로티노이드가

표 10-3 식품 중 비타민 A 함량

식품명	1회 분량(g)		1회 분량당 함량(μgRAE)	100g당 함량(μgRAE)
쇠간		45	4,249	9,442
달걀	1개	60	82	136
메추리알		60	337	562
당근	1접시	70	322	460
시금치	1접시	70	416	588
토마토		70	63	90
늙은호박		70	83	119
마른김	1장	2	20	911
단감	1개	100	332	474
귤	1개	100	142	142
시리얼(콘플레이크)		30	482	1,605
아욱	1접시	70	528	754
들깻잎	1접시	70	441	630

많이 함유되어 있지만, 색깔이 짙다고 해서 꼭 카로티노이드 함량이 많은 것은 아니다. 토마토의 경우 리코펜lycopene 함량이 많아 색깔이 짙지만 리코펜은 비타민 A 활성이 없다.

우리나라 사람들이 섭취하는 비타민 A의 80%가 카로티노이드로부터 공급되고 있는데 2015년 비타민 A의 단위가 RAE로 변경되어 비타민 A 섭취상태가 더욱 낮게 평가될 수 있어 육·어류, 난류, 우유류 등 동물성 급원식품을 통한 비타민 A의 섭취에도 주의를 기울여야 한다.

2022년 국민건강영양조사 자료에 따르면 비타민 A는 생후부터 9세까지는 104.0%인데, 10~18세 소아청소년기는 52.5%를 섭취하고 있었으며, 청소년기는 남여 각각 52.4%, 52.6% 수준으로 섭취하고 있었다. 성인 19~29세 기준 49.4%, 70세 이상 노인층에서는 54.9% 수준으로 섭취하고 있어 10세 이후 대부분의 연령대에서 섭취 부족의 문제가 있는 영양소이다.

알아두기

RAE(Retinol Activity Equivalents, 레티놀활성당량)

비타민 A의 함량 표시 단위로 1RAE=1μg retinol이다. RE(Retinol Equivalents, 레티놀 당량)에 비해 전구체로부터의 전환율이 1/2배 더 낮게 계산하는 점만 다르다. RE 단위에서는 6μg 베타카로틴이나, 12μg 기타 카로티노이드가 1μg retinol이지만, RAE에서는 12μg 베타카로틴이나 24μg 기타 카로티노이드가 1μg retinol로 환산한다. 미국, 캐나다 등 많은 나라에서 RAE 단위를 사용하고 있어 2020년 한국인 영양소 섭취기준에서도 이를 적용하였다.

3. 비타민 D

비타민 D는 비타민 D의 활성을 가진 화합물의 총칭으로, 식물성 급원의 비타민 D_2(에르고칼시페롤)와 동물성 급원의 비타민 D_3(콜레칼시페롤)가 대표적이다그림 10-6. 다른 비타민과 달리 비타민 D는 체내에서 합성할 수 있으며, 작용기전이 스테로이드 호르몬과 유사하여 호르몬 전구체로 분류하기도 한다.

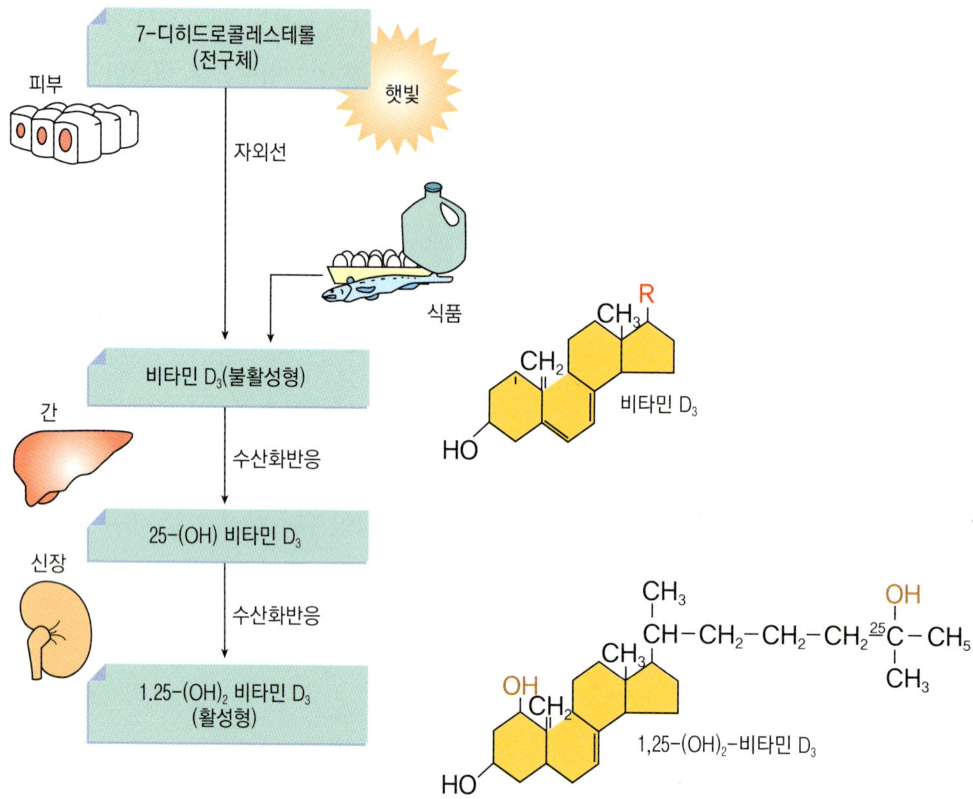

그림 10-6 비타민 D의 합성과 활성화

자료 : Maban LK · Escott-Stumps, 2004

1) 흡수와 대사

비타민 D_3
동물의 체내에서 7-디히드로콜레스테롤이 자외선에 의해 비타민 D로 전환된 것. 식물에 있는 스테롤인 에르고스테롤이 자외선에 의하여 비타민 D가 된 것은 비타민 D_2

7-디히드로콜레스테롤
비타민 D_3의 전구체가 되는 스테롤의 일종으로 피부에 존재하며 자외선을 받으면 비타민 D_3로 전환됨

비타민 D_3는 피부에 존재하는 콜레스테롤의 유도체인 7-디히드로콜레스테롤 7-dehydrocholesterol로부터 자외선을 받으면 합성한다. 비타민 D_3를 합성하기 위한 햇빛의 강도나 노출시간은 피부색, 나이 등에 따라 다르다. 또한 거주지의 위도, 계절, 의복에 따라서도 피부에서 합성할 수 있는 비타민 D_3의 양이 다르다.

식품으로 섭취한 비타민 D는 소장에서 약 80%가 흡수된다. 흡수되기 위해서는 담즙산이 필요하며, 소장 점막으로 흡수된 비타민 D는 중성지방이나 콜레스테롤과 같이 킬로미크론의 형태로 림프계를 거쳐 간으로 수송된다. 피부에서 합성된 비타민 D_3도 혈액을 통해 간으로 이동한다. 간에서 비타민 D는 25번 탄소에 수산화반응이 일어나 25-히드록시 비타민 D_3(25-OH-D_3)로 전환된 후, 신장으로 이동되어 다시 1번 탄소에 수산화반응이 일어나 활성형의 1,25-디히드록시 비타민 D_3(1,25-$(OH)_2$-D_3)가 된다그림 10-6. 활성화된 비타민 D는 체내에서 이용된 후 대부분은 담즙의 형태로 배설되고, 약 3% 정도는 소변을 통하여 배설된다.

2) 체내 작용

(1) 혈중 칼슘 농도 조절

비타민 D는 부갑상샘 호르몬과 함께 혈장의 칼슘 항상성을 유지한다. 혈액의 칼슘농도가 감소하면 부갑상샘 호르몬이 분비되어 신장에서 활성형 비타민 D(1,25-$(OH)_2$-콜레칼시페롤)의 형성을 촉진한다. 활성화된 비타민 D는 다음과 같은 중요한 작용을 한다.

첫째, 소장 점막세포에서 칼슘과 인의 흡수를 촉진시킨다. 즉, 비타민 D는 점막세포에서 칼슘의 흡수에 필요한 칼슘결합단백질을 합성하고, 세포막의 유동성을 증가시켜 칼슘과 인이 쉽게 세포막을 통과할 수 있게 한다.

둘째, 파골세포osteoclast에서 뼈의 칼슘이 혈액으로 용해되어 나오는 것을 촉진한다. 즉, 비타민 D는 체내 칼슘과 인을 골격으로 이동시켜 뼈의 석회화를 돕는 동시에 뼈의 탈석회화에도 관여하여 혈장농도를 유지하기 위한 칼슘과 인을 제공한다.

파골세포
골의 제거 및 탈석회화에 관여하는 다핵세포로서 부갑상샘호르몬의 영향으로 활성화되며, 골에 포함된 칼슘염 등을 용해시켜 세포외액으로 방출하는 역할 담당

셋째, 비타민 D는 신장에서 칼슘의 배설을 감소시켜서 즉각적으로 혈장의 칼슘농도를 증가시킨다.

(2) 세포의 증식과 분화 조절

비타민 D는 면역조절세포, 상피세포, 악성 종양세포 등 여러 세포의 증식과 분화를 조절한다. 세포의 분화과정에서 특정 유전자가 발현되어 각 조직의 궁극적인 기

능을 결정하는 단백질을 형성하는데, 비타민 D가 이 과정에 관여한다. 따라서 비타민 D를 섭취해서 유방암, 결장암, 전립선암의 발병을 감소시킬 수 있다. 또한 프로락틴, 칼시토닌을 포함한 일부 호르몬의 합성과정에도 비타민 D가 관여한다.

3) 결핍증과 과잉증

골연화증
어른에게서 발생하는 구루병. 동통·압통·근무력·식욕부진 및 체중감소를 수반하는데, 비타민 D와 칼슘 결핍이 그 원인이다.

석회화
칼슘, 인, 기타 무기질이 결정체가 되어 콜라겐 단백질로 된 뼈의 기질에 축적되어 뼈를 단단하게 만드는 과정

비타민 D의 결핍증에는 구루병rickets, 골연화증osteomalacia, 골다공증osteoporosis이 있다.

비타민 D의 결핍으로 인해 뼈에 칼슘과 인을 충분히 체내 축적하지 못하면 골격이 적절하게 석회화calcifcation되지 못하여 뼈가 약해지고, 압력을 받으면 뼈가 굽게 된다. 이러한 현상이 어린이들에게 발생했을 때 이것을 구루병이라고 한다그림 10-7. 구루병에 걸리면 성장이 지연되고 다리가 굽으며, 머리, 관절, 흉곽이 커지고 골반 형성이 잘 되지 않는 증상이 나타난다.

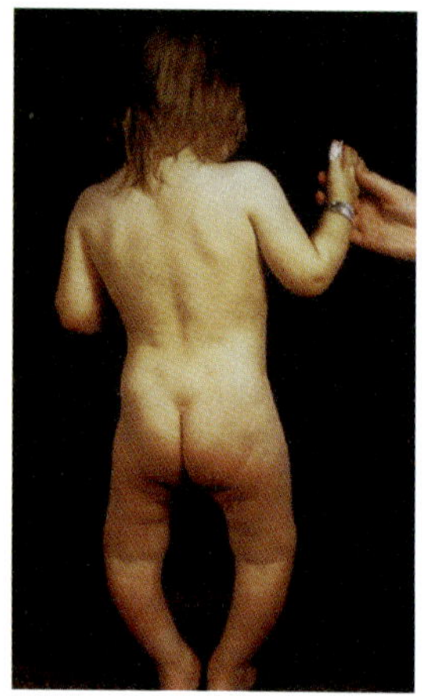

그림 10-7 구루병

성인에게서 발생하는 구루병은 골연화증이라 하는데, 뼈가 약해져서 다리뼈가 아프고 걷기가 힘들게 되며 골절이 쉽게 발생한다. 일반적으로 비타민 D의 섭취가 적고 햇빛을 거의 쐬지 못하며 출산 경험이 많은 여성에게서 자주 발생한다. 특히 일조량이 적은 겨울철, 지하에서 주로 일하는 사람, 도시 공해로 햇빛 차단이 잦은 경우, 실내생활을 주로 하는 노인 등은 체내 합성 부족으로 비타민 D 결핍 가능성이 높다.

골다공증은 중년기 이후의 여성에게서 자주 발생하는데, 체내에서 비타민 D의 합성이 저하되거나 비타민 D를 충분히 섭취하지 못하게 되면 뼈에서 칼슘이 용출되어 뼈의 밀도가 감소함으로써 골절을 초래하게 된다.

비타민 D 과잉증은 다량의 비타민 D 보충제를 장기간 섭취할 경우 발생한다. 비

타민 D는 필요량과 독증세를 나타내는 섭취량의 차이가 가장 적은 비타민으로 권장량 수준의 5배(50μg/일) 이상을 계속 섭취할 경우 독성이 나타날 수 있다. 과잉으로 섭취한 비타민 D는 칼슘의 흡수를 증가시키고 혈중 칼슘 농도를 높여 고칼슘혈증hypercalcemia(혈중 칼슘농도 120mg/dL 이상)을 초래한다. 이는 연조직의 석회화를 일으켜 심장, 기관지, 신장 등에 칼슘이 침착될 수 있으며, 그로 인해 혈관 경화, 신장결석 등이 나타낸다.

고칼슘혈증
혈중 칼슘농도가 높은 상태로, 식욕저하, 기관 내의 칼슘축척, 그 밖에 여러 건강문제를 발생시킨다.

4) 섭취기준과 급원식품

비타민 D의 섭취기준은 비타민 D의 최저 필요량에 관한 근거자료가 부족하고, 햇빛에 의해 피부에서도 합성하므로 권장섭취량을 설정하는 것이 쉽지 않아 충분섭취량을 설정하였다.

비타민 D의 충분섭취량은 2022년 국민건강영양조사에서 우리 국민의 비타민 부족 인구 비율이 높게 나타났으며, 12세 이상의 청소년과 성인 남녀(19~64세)에서는 10μg/일로, 65세 이상 노인에서는 15μg/일로 설정되어 유지되고 있다.

건강보험심사평가원 조사에 따르면, 2021년 기준 가장 많이 진료받은 영양 결핍이 비타민 D인 것으로 알려졌으며, 조사대상자의 약 70%가 비타민 D 결핍인 것으로 보고되었다. 한편 비타민 D는 과잉 섭취 시 독성이 나타날 수 있으므로 이를 방지하기 위해 12세 이후 청소년부터 노인까지의 상한섭취량을 100μg/일로 설정하였고, 영아·유아·아동의 경우에도 연령대별로 25~60μg/일로 정하였다. 생활패턴의 변화와 옥외활동 감소로 햇빛을 충분히 쬐지 못하여 신체에서 요구하는 양만큼 비타민 D를 합성하기 어려우므로 식품으로 비타민 D를 섭취해야 한다. 그러나 대부분의 식품에는 비타민 D가 거의 없거나 아주 소량 함유되어 있다. 생선의 간유, 정어리, 참치, 연어, 고등어, 청어 등의 기름진 생선, 달걀, 간, 버섯, 비타민 D를 강화한 우유, 마가린, 시리얼 등은 비교적 좋은 급원식품이다.

4. 비타민 E

우리가 섭취하는 식물성 식품에 함유된 비타민 E에는 네 개의 토코페롤(α, β, γ, δ)과 네 개의 토코트리에놀(α, β, γ, δ)이 있으며, 이 중 가장 활성이 큰 것은 α-토코페롤이다그림 10-8.

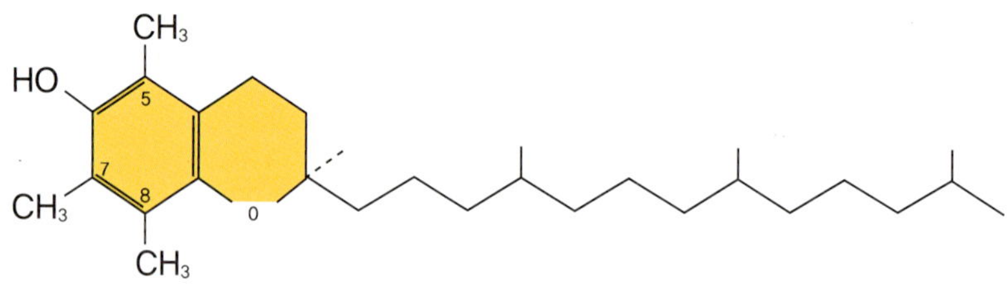

그림 10-8 α-토코페롤의 구조

1) 흡수와 대사

비타민 E는 다른 지용성 비타민과 마찬가지로 담즙의 도움을 받아 지방산이나 중성지방과 함께 흡수된다. 흡수율은 평균 30~50% 정도이며, 섭취량이 증가할수록 흡수율은 감소한다. 비타민 E는 소장의 점막세포에서 킬로미크론에 의해 림프계와 흉관을 거쳐 일반 순환계로 들어간다. 혈중에서는 지단백질과 결합하여 다른 지질 성분과 함께 필요한 조직으로 운반된다.

비타민 E는 다른 지용성 비타민에 비해 몸 전체에 고루 분포되어 있으며, 특히 혈장, 간, 부신, 지방조직에 다량 분포한다. 비타민 E는 주로 담즙을 통해 배설되고, 소량은 소변으로 배설된다.

2) 체내 작용

(1) 항산화 기능

비타민 E는 항산화제로 작용하여, 세포막을 구성하는 인지질 내 불포화지방산의 산화를 일으키는 라디칼을 제거하는 작용을 한다. 항산화제는 자신이 산화되면서 다른 물질의 산화를 막기 때문에 다른 분자나 세포의 일부분을 보호하는 역할을 한다.

유리라디칼free radical은 세포 내에서 산소에 의해 특정 물질의 결합부위가 깨지면서 전자가 하나 부족한 물질을 생성한 것으로, 다른 화합물을 공격하여 전자를 취하려고 한다. 유리라디칼은 하나의 라디칼로부터 수 분 이내에 수천 개의 라디칼을 생성할 수 있는 연쇄반응을 일으킨다. 비타민 E는 불포화지방산 대신 유리라디칼과 결합하여 우리 몸에서 유리라디칼 연쇄반응을 중단시킴으로써 불포화지방산의 산화반응을 막는다그림 10-9.

유리라디칼
고립전자를 가지고 있어 다른 화합물로부터 전자를 구하는 화합물. 강한 산화제로서 전자가 많은 세포구성물인 DNA나 세포막 등을 공격할 수 있다.

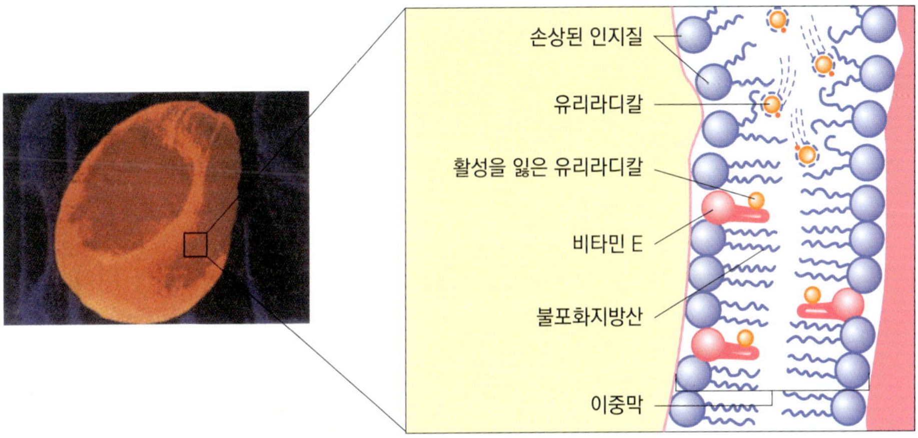

그림 10-9 비타민 E에 의한 세포막 보호
비타민 E는 유리라디칼에 의해 자신을 산화함으로써 세포막에 있는 불포화지방산이 산화되지 않게 보호함

(2) 지용성 영양소의 보호

비타민 E는 식사로 섭취한 불포화지방산과 비타민 A의 산화를 방지하는 역할을 한다.

(3) 적혈구막 보호

비타민 E는 항산화제로서 적혈구막을 보호하는 작용을 한다. 따라서 비타민 E가 부족할 경우 적혈구막이 쉽게 파괴되고, 막 단백질 간의 교차결합으로 인해 적혈구의 형태가 변화한다.

(4) 기타 작용

비타민 E는 세포의 철대사와 신경계 및 면역계의 작용 유지에도 관여한다. 또한 프로스타글란딘의 생성을 촉진, 또는 억제하여 혈소판의 응집을 감소시키고 혈관을 이완시킴으로써 심혈관계질환의 발병을 억제하며, 당뇨병의 합병증 발생을 줄이는 등 만성질환의 예방에 관여한다.

3) 결핍증과 과잉증

비타민 E의 결핍증은 사람에게서는 거의 일어나지 않으나, 미숙아의 경우 쉽게 발생한다. 미숙아는 출생 시 비타민 E의 저장량이 적을 뿐 아니라 지질의 흡수가 잘 안 되며, 빠른 성장으로 인해 저장고가 빨리 고갈된다. 그 결과 적혈구의 파괴(용혈현상)로 인해 나타나는 용혈성 빈혈이 나타난다. 따라서 미숙아에게는 비타민 E의 결핍을 막기 위해서 특수 조제분유나 비타민 E 보충제를 공급해야 한다.

일반적으로 비타민 E는 매우 안전한 물질로 거의 독성이 없는 것으로 알려져 있다. α-토코페롤을 보충제 형태로 1일 500~1,000 mg 이상 복용할 경우 비타민 K의 혈액응고 작용을 방해하여 출혈이 발생할 수 있다. 또한 비타민 E의 과잉 섭취는 혈중 중성지방의 증가, 갑상샘 호르몬 저하, 심한 설사와 구토, 두통, 피로, 근육약화, 발한, 맥박 증가 등의 부작용을 초래할 수 있다.

4) 섭취기준과 급원식품

식품 내에 있는 여러 형태의 비타민 E의 활성도는 α-토코페롤 당량α-TE으로 환산하여 mg으로 표시한다. 19세 이상의 성인 남녀 모두 12mg α-TE/일을 충분섭취량으로 설정하였으며, 상한섭취량은 보충제나 영양강화식품을 과잉 섭취할 때 출혈이 일어나는 수준에 기초하여 540mg α-TE/일로 정하였다.

비타민 E는 식물성 기름, 곡류의 배아, 땅콩, 종자류 등에 많이 존재한다표 10-4. 식품 내 비타민 E 함량은 불포화지방산, 특히 리놀레산의 농도와 밀접한 관련이 있다. 곡류나 종자류의 배아에는 비타민 E가 풍부하나 곡류의 도정과정, 기름의 추출 및 정제 과정, 밀가루의 표백과정 등에서 함량이 감소한다.

또한 비타민 E는 기름에 과도하게 튀길 경우 쉽게 파괴되므로 신선한 식품 또는 기름에 가볍게 튀긴 상태로 섭취하는 것이 바람직하다.

표 10-4 식품 중 비타민 E 함량[1)]

식품명	1회 분량(g)		1회 분량당 함량(mg α-TE)	100g당 함량(mg α-TE)
면실유	1작은술	5	1.6	31.2
홍화유	1작은술	5	1.5	27.6
옥수수유	1작은술	5	0.6	12
올리브유	1작은술	5	0.5	10.4
대두유	1작은술	5	0.5	9.6
망고	1개	100	1.2	1.2
아보카도	1개	100	1.3	1.3
배	중 1/4개	100	0.5	0.5
사과	중 1/2개	100	0.6	0.6
시금치	1접시	70	0.5	0.7
바나나		100	0.2	0.2

[1)]국가표준식품성분표 DB 9.1

5. 비타민 K

비타민 K에는 식물에 들어 있는 비타민 K_1phylloguinone(필로퀴논), 생선기름, 육류 등 동물성식품에 들어 있고 체내 합성 형태인 비타민 K_2menaguinone(메나퀴논), 인공적으로 합성한 비타민 K_3menadione(메나디온)의 세 종류가 있다.

1) 흡수와 대사

식사로 섭취한 비타민 K는 담즙의 도움으로 소장에서 흡수되어(흡수율 10~80%) 킬로미크론의 형태로 림프계를 거쳐 간으로 간다. 간에서 비타민 K는 다른 지단백질에 포함되어 신체의 여러 조직으로 운반된다. 간에 일부 저장되며, 비장과 골격에도 소량 저장된다. 비타민 K와 비타민 K 산화대사물은 주로 담즙으로 배설되나 일부는 소변으로 배설한다.

2) 체내 작용

(1) 혈액 응고

비타민 K의 주요 기능은 간에서 혈액응고인자의 활성화에 관여하는 것이다. 혈액응고인자들은 간에서 불활성형의 단백질 형태로 합성되며, 활성화되기 위해서는 비타민 K가 필요하다. 비타민 K는 탈탄산효소carboxylase의 조효소로 작용하여 응고인자의 하나인 프로트롬빈 전구체를 프로트롬빈prothrombin으로 활성화한다. 활성화된 프로트롬빈은 트롬빈thrombin으로 전환되고, 트롬빈이 혈장단백질인 피브리노겐fibrinogen을 반고형체인 피브린fibrin으로 전환시킴으로써 혈액이 응고된다그림 10-10.

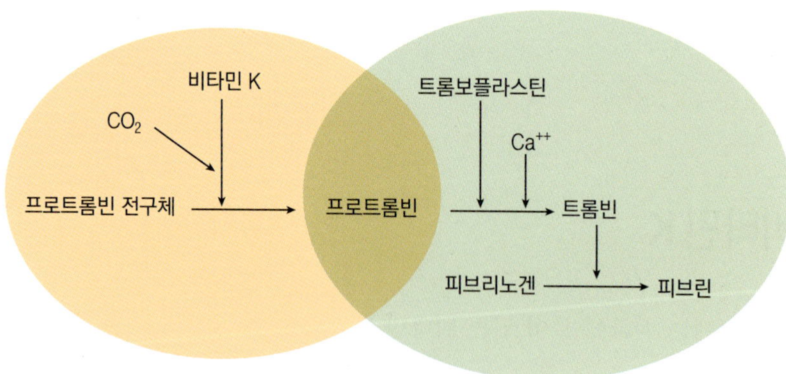

그림 10-10 비타민 K의 혈액응고 기전

(2) 뼈 형성

비타민 K는 비타민 K 의존성 단백질인 오스테오칼신osteocalcin의 합성에 관여하여 골격을 형성한다. 또한 비타민 K는 장벽세포에서 칼슘의 운반을 돕는 칼슘 결합 단백질의 합성에도 관여한다.

오스테오칼신
칼슘과 골기질을 결합시키는 단백질. 뼈를 만드는 골아세포에서 분비하는 물질로 뼈 발달에 작용

3) 결핍증과 과잉증

비타민 K는 필요량이 적고 식품 중에 널리 분포되어 있을 뿐 아니라 장내 세균에 의해서도 합성되므로 결핍증은 거의 나타나지 않는다. 그러나 신생아는 출생 시 장관이 무균상태이므로 박테리아가 정상적으로 성장하여 비타민 K를 합성할 때까지 생후 며칠간은 비타민 K를 공급할 수 없게 된다. 따라서 이 시기에 신생아 출혈이 생길 수도 있다. 따라서 출생 직후 신생아에게 비타민 K를 투여하기도 한다.

비타민 K는 지용성 비타민이지만 체내에서 빨리 배설되므로 거의 독성이 나타나지 않는다.

4) 섭취기준과 급원식품

비타민 K의 섭취기준은 일반적으로 식사를 통하여 하루에 체중 kg당 1μg을 섭취하면 혈액응고 시간을 정상으로 유지하는 데 충분하다. 따라서 비타민 K의 충분섭취량은 성인 남자 75 μg/일, 여자 65μg/일로 설정하였으며, 상한섭취량은 설정하지 않았다.

비타민 K는 장내 미생물에 의해서도 합성되며, 간, 푸른잎채소(시금치, 양상추 등), 브로콜리, 콩류 등에 많이 함유되어 있다. 항생제를 장기간 투여 중이거나 항응고제인 디쿠마롤을 복용 중인 경우 식사를 통해 충분히 섭취해 주어야 한다.

표 10-5 2020 한국인 영양소 섭취기준–지용성 비타민

성별	연령	비타민 A (μgRAE/일)				비타민 D (μg/일)		비타민 E (mg α-TE/일)		비타민 K (μg/일)
		평균필요량	권장섭취량	충분섭취량	상한섭취량	충분섭취량	상한섭취량	충분섭취량	상한섭취량	충분섭취량
영아	0~5(개월)			350	600	5	25	3		4
	6~11			450	600	5	25	4		6
유아	1~2(세)	190	250		600	5	30	5	100	25
	3~5	230	300		750	5	35	6	150	30
남자	6~8(세)	310	450		1,100	5	40	7	200	40
	9~11	410	600		1,600	5	60	9	300	55
	12~14	530	750		2,300	10	100	11	400	70
	15~18	620	850		2,800	10	100	12	500	80
	19~29	570	800		3,000	10	100	12	540	75
	30~49	560	800		3,000	10	100	12	540	75
	50~64	530	750		3,000	10	100	12	540	75
	65~74	510	700		3,000	15	100	12	540	75
	75 이상	500	700		3,000	15	100	12	540	75
여자	6~8(세)	290	400		1,100	5	40	7	200	40
	9~11	390	550		1,600	5	60	9	300	55
	12~14	480	650		2,300	10	100	11	400	65
	15~18	450	650		2,800	10	100	12	500	65
	19~29	460	650		3,000	10	100	12	540	65
	30~49	450	650		3,000	10	100	12	540	65
	50~64	430	600		3,000	10	100	12	540	65
	65~74	410	600		3,000	15	100	12	540	65
	75 이상	410	600		3,000	15	100	12	540	65
임신부		+50	+70		3,000	+0	100	+0	540	+0
수유부		+350	+490		3,000	+0	100	+3	540	+0

자료: 보건복지부 · 한국영양학회, 2020

표 10-6 지용성 비타민의 요약

지용성 비타민 (화학명)	주요 기능	급원 식품	결핍증	과잉증	2020 영양소 섭취기준
비타민 A (레티놀) 비타민 A 전구체 (카로틴)	로돕신 생성, 시력 유지, 상피조직의 형성과 유지, 세포분화, 항산화 작용, 골격 형성	동물의 간, 난황, 토마토, 당근, 시금치, 늙은 호박, 오렌지, 귤, 김	각막건조증, 야맹증, 상피조직의 각질화, 성장부진, 면역 기능 약화, 성장저해	두통, 구토, 탈모, 간비대	권장섭취량 성인 남자: 750~800μgRAE/일 성인 여자: 600~650μgRAE/일
비타민 D (칼시페롤)	뼈 성장과 석회화 촉진, 칼슘과 인의 흡수 촉진	생선간유, 강화우유, 버터, 달걀(식품보다 햇빛을 쐬는 것이 중요)	어린이: 구루병, 골격성장 부진 성인: 골연화증, 골다공증	구토, 피로, 신장 손상, 성장지연	충분섭취량 성인(남녀): 10μg/일 65세 이후 남녀 15μg/일
비타민 E (토코페롤)	항산화제 작용, 동물의 생식에 관여	식물성 기름, 푸른잎 채소, 종실류	용혈성 빈혈, 신경계 영향, 불임증(쥐)		충분섭취량 성인(남녀): 12mgα-TE/일
비타민 K (필로퀴논)	혈액응고작용: 프로트롬빈 합성	녹황색채소, 차, 치즈, 난황, 간, 해초, 곡류, 토마토	신생아 출혈, 혈액응고 장애로 출혈		충분섭취량 성인 남자: 75μg/일 성인 여자: 65μg/일

CHAPTER

11

수용성 비타민의 이해

1. 비타민 C / 2. 티아민 / 3. 리보플라빈 / 4. 니아신 / 5. 비타민 B_6 / 6. 엽산 / 7. 비타민 B_{12} / 8. 판토텐산 / 9. 비오틴 / 10. 콜린

수용성 비타민에는 비타민 C와 비타민 B 복합체가 있으며, 체내 세포의 대사, 성장 및 유지를 위해서 매우 소량 필요한 유기물질이다. 부족 시 결핍증이 쉽게 발생하나 결핍된 비타민의 공급 시 정상으로 회복되는 필수적인 성분이다. 비타민 C는 조효소로 작용하지는 않지만 세포 내에서 산화 · 환원반응에 참여하여 여러 대사과정에 관여한다. 비타민 B 복합체는 세포 내 대사과정이 원활히 진행되도록 도와주며, 체내에서 조효소로 불활성 효소를 활성형 효소로 전환하여 에너지 대사 및 여러 화학반응에 관여한다.

학/습/목/표

1. 비타민 C의 체내 작용과 영양소 섭취기준 및 급원식품을 제시할 수 있다.
2. 티아민, 리보플라빈 및 니아신의 체내 작용, 결핍증, 영양소 섭취기준과 급원식품을 기술할 수 있다.
3. 비타민 B_6의 조효소 작용과 체내 대사를 설명할 수 있다.
4. 엽산과 비타민 B_{12}의 조효소 작용과 결핍증 및 급원식품을 설명할 수 있다.
5. 판토텐산, 비오틴 및 콜린의 체내 작용을 설명할 수 있다.

1. 비타민 C

비타민 C는 포도당과 비슷한 구조를 가진 단순한 화합물이다. 모든 식물과 대부분의 동물은 포도당으로부터 비타민 C를 합성할 수 있으나, 인간 및 소수의 동물은 비타민 C를 합성할 수 없으며, 식품을 통해 섭취해야 한다. 체내에서 비타민 C의 활성을 나타내는 물질에는 환원형인 아스코르브산ascorbic acid과 산화형인 디히드로아스코르브산dehydroascorbic acid이 있다. 이들 형태는 상호 전환이 가능하고 둘 다 생리적으로 비타민 C 활성이 있다그림 11-1.

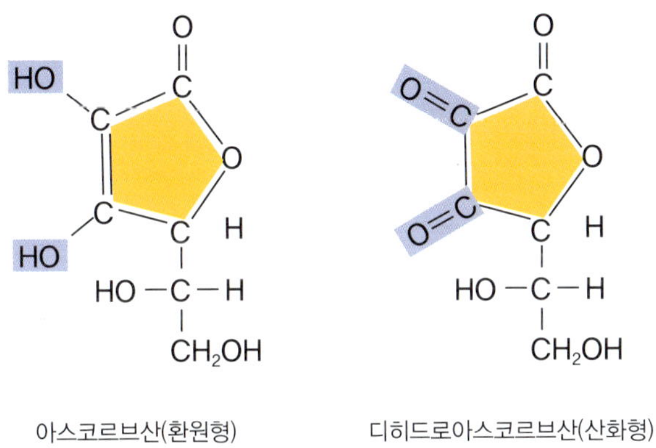

그림 11-1 비타민 C 구조

1) 흡수와 대사

비타민 C는 소장에서 주로 능동수송에 의해 흡수되며, 고농도에서는 단순 확산에 의해 흡수된다. 비타민 C의 흡수율은 섭취량에 따라 달라져서 비타민 C를 하루 30~180mg 정도 섭취하면 70~90%를 흡수하지만, 하루 1g 이상 섭취하면 흡수율은 50% 이하로 떨어진다. 섭취한 식품의 형태와 급원(합성이나 천연식품 유래)은 비타민 C 흡수에 유의적인 영향을 미치지 않는다.

흡수된 비타민 C는 혈액을 통해 조직으로 운반된다. 조직 중에 비타민 C 함량이 높은 곳은 뇌하수체, 부신피질, 백혈구, 수정체, 뇌 등이다. 신체 저장량이 300mg 이하일 때 괴혈병이 발생할 수 있으며 최대 저장량은 약 2g이다.

비타민 C는 아스코르브산, 디히드로아스코르브산으로 소변으로 배설되거나, 비타민 C의 활성도가 없는 디케토굴론산diketogulonic acid으로 산화되어 옥살산 등으로 분해하여 배설된다. 소장에서 흡수되지 않은 비타민 C는 미생물에 의해 유기산과 CO_2로 분해되어 대변으로 배설된다.

2) 체내 작용

(1) 콜라겐 합성

결합조직
신체의 다양한 구조물을 서로 결합시키는 물질로서 힘줄과 골격이 해당되며, 동맥이나 정맥 등의 혈관도 결합조직으로 이루어짐

콜라겐collagen은 결합조직connective tissue을 단단하게 결합해주는 섬유상 단백질로서 골격과 혈관의 구조에 중요한 역할을 하며, 상처치료에 필수적이다. 콜라겐 분자는 세 개의 폴리펩티드 사슬로 이루어진 나선형 구조로 되어 있다. 이 구조를 유지하기 위해서는 비타민 C가 필요하다. 즉, 비타민 C는 폴리펩티드 사슬에 있는 프롤린과 라이신을 히드록시프롤린hydroxyproline과 히드록시라이신hyroxylysine으로 전환시키는 수산화효소hydroxylase의 조효소로 작용한다그림 11-2. 비타민 C는 콜라겐 이외의 다른 결합조직 단백질의 생합성에도 관여한다.

(2) 항산화작용

비타민 C는 전자나 수소 원자들을 쉽게 주고받음으로써 환원제나 항산화제로 작용하며, 유리라디칼free radical에 전자를 제공하여 비타민 E와 함께 유리라디칼을 제거하는 역할을 한다. 그리고 비타민 C는 혈액에서 산화된 비타민 E를 재생시켜 항산화 작용을 돕는다. 또한 비타민 C는 엽산의 조효소 형태인 테트라히드로폴레이트tetrahydrofolate: THF를 환원상태로 유지시켜서 엽산이 산화, 분해되는 것을 막아준다.

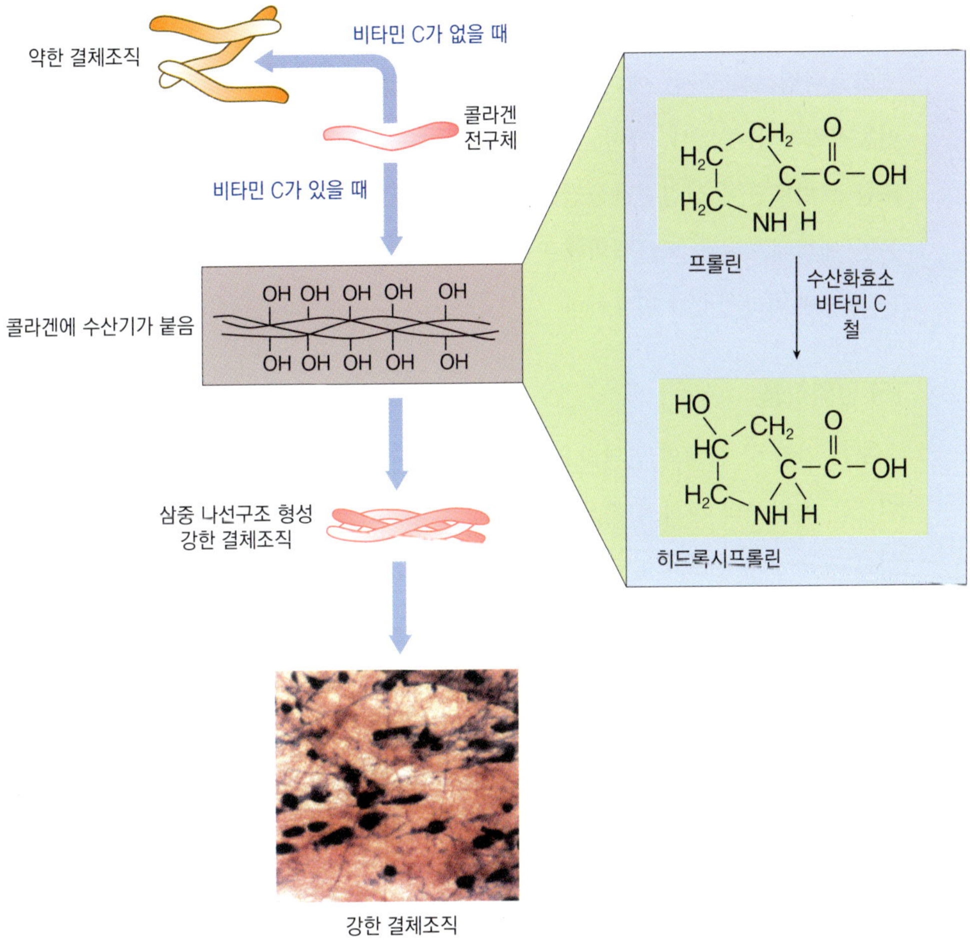

그림 11-2 콜라겐 분자에서 비타민 C 역할

(3) 철 흡수

식물성 식품에 함유되어 있는 비헴철non-heme 상태의 철은 산화형인 3가의 철이온Fe^{3+} ferric보다 환원형인 2가의 철이온Fe^{2+} ferrous일 때 잘 흡수된다. 비타민 C는 철을 환원시켜 소장의 약알칼리성 환경에서 쉽게 용해될 수 있도록 하여 철의 흡수를 도와준다.

(4) 세포 구성물질의 합성

카르니틴carnitine은 에너지 생산을 위해 세포질에서 미토콘드리아로 지방산을 이동시키는 물질로서, 아미노산에서 카르니틴이 합성될 때 비타민 C가 관여한다. 또한 트립토판이 신경전달물질인 세로토닌으로 전환될 때, 그리고 부신수질 호르몬인 에피네프린과 노르에피네프린, 갑상샘 호르몬인 티록신 및 담즙산이 합성되는 과정에 비타민 C가 필요하다.

(5) 면역작용

호중성 백혈구neutrophil
면역반응을 준비하는 백혈구의 한 형태

모든 기관 중 신체의 면역작용을 하는 백혈구에 비타민 C 농도가 가장 높다. 비타민 C는 백혈구의 산화적 손상뿐 아니라 식작용phagocytosis이나 호중성 백혈구 활성화neutrophils activation 등 면역작용 중 생기는 유리라디칼에 의해 생기는 산화적 손상을 막아 면역작용을 향상시킬 수 있다.

(6) 기타 작용

감기나 호흡기계 질환의 증상은 혈중 히스타민의 상승에 대한 반응으로 일어나는데, 비타민 C를 다량 복용하면 혈중 히스타민 농도가 감소되어 증세를 완화시킬 수 있다.

한편 암의 예방과 치료를 위한 비타민 C의 다량 투여에 대한 관심이 높다. 비타민 C는 구강암, 식도암, 위암 등 일부 소화기계 암에 대해 보호작용을 하는 것으로 알려졌다.

3) 결핍증과 과잉증

괴혈병
비타민 C의 결핍증으로 피부 점상출혈, 관절통증, 잇몸의 부종과 출혈 등의 증세가 나타남

비타민 C가 결핍되면 정상적인 콜라겐이 합성되지 않으므로 신체 내 모든 결합조직에 변화를 주어 괴혈병scurvy이 발생한다. 괴혈병은 비타민 C가 결핍된 식이를 20~40일 정도 지속했을 때 나타나는데, 증상으로는 피로감과 잇몸출혈, 손등 또는 다리 모낭 주변의 출혈이 나타난다그림 11-3. 또한 상처 치유가 지연되고 뼈의 통증

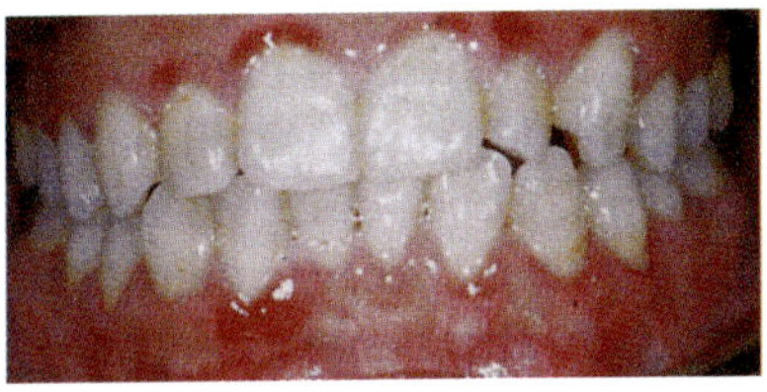

잇몸 출혈

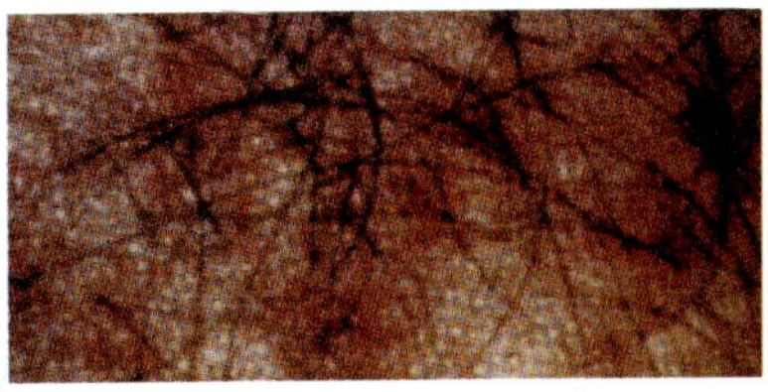

점상 출혈

그림 11-3 괴혈병

및 골절이 유발되며 설사가 나타나기도 한다.

자연 식품으로 비타민 C를 섭취하면 유해한 영향이 나타나지 않지만 강화식품이나 보충제로 비타민 C를 과잉(최저 독성량 3,000mg/일 이상) 섭취할 경우 위장관 장애가 나타난다. 과잉 증세는 구역질, 복부경련, 설사 등의 위장관 증세이며, 그 밖에도 신장결석, 철의 과다 흡수, 비타민 B_{12} 및 구리 수준 감소, 치아 에나멜 부식 등이 나타날 수 있다.

4) 섭취기준과 급원식품

백혈구의 비타민 C 농도는 체내 비타민 C의 저장량을 잘 반영해 주는 지표로서, 이를 적정 수준으로 유지할 수 있는 비타민 C 섭취량을 근거로 비타민 C의 필요량을 산정하여 비타민 C 섭취기준을 정하였다.

성인의 비타민 C 권장섭취량은 1일 100mg/일로 정하였으며, 상한섭취량은 2,000mg/일이다. 또한 흡연자는 폐에서의 산화적 스트레스의 증가로 인해 혈중 비타민 C 농도가 현저하게 감소하므로 비흡연자에 비해 비타민 C 소모량이 증가하기 때문에 35mg을 더 필요로 하지만, 추가권장량을 정하지 않았다.

모든 신선한 과일과 채소는 비타민 C를 함유하며, 감귤류, 녹색채소, 고구마 등이 비타민 C의 좋은 급원이다. 단위 에너지 함량당 비타민 C의 함량이 높은 것은 풋고추, 콜리플라워, 브로콜리, 케일, 양배추 등의 채소와 딸기, 귤 등의 과일이 있다.

비타민 C는 쉽게 산화되므로 가열, 철, 구리, 산소에 매우 불안정하여 가공이나 조리 중 쉽게 파괴되므로 조리가공 시에 주의해야 한다.

표 11-1 식품 중 비타민 C 함량

식품명	1회 분량(g)		1회 분량당 함량(mg)	100g당 함량(mg)
풋고추	1접시	70	32.9	47.0
시금치	1접시	70	42.0	60.0
딸기	1접시	200	142.0	71.0
오렌지	큰 것 1개	100	43.0	43.0
감자	중 1개	130	5.9	4.5

자료 : 농촌진흥청 국립농업과학원, 2017

2. 티아민

티아민thiamin(비타민 B_1)은 질소를 포함하는 탄소 6원자 고리의 피리미딘과 황을 포함하는 5원자 고리인 티아졸이 연결되어 있는 구조이다그림 11-4. 티아민이란 황

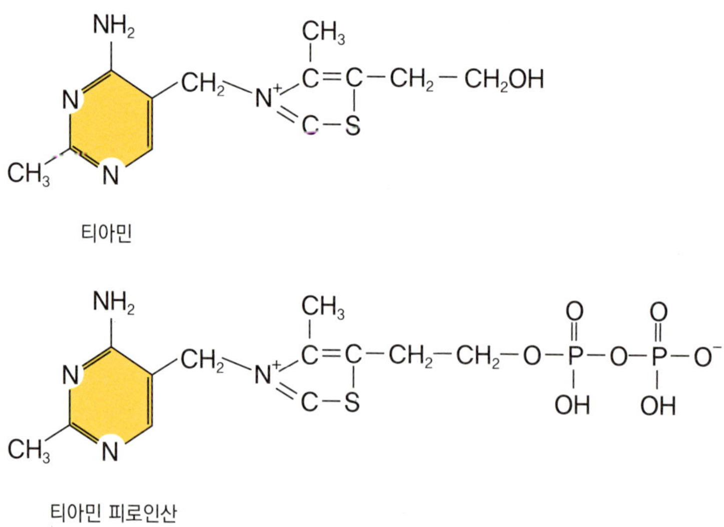

그림 11-4 티아민과 티아민 피로인산의 구조

을 의미하는 'thio'와 질소화합물을 의미하는 'amino'란 말의 합성어이다. 티아민은 열과 알칼리(> pH 8.0)에 약하다.

1) 흡수와 대사

티아민은 소장에서 능동수송에 의해 흡수된다. 흡수된 티아민은 소장점막세포에서 인산기와 결합하여 활성형인 티아민 피로인산thiamin pyrophosphate: TPP으로 전환되며 혈액을 통해 간, 근육 등 여러 조직으로 운반된다. 체내 저장량이 매우 적으며 과잉 섭취 시 소변으로 배설된다.

2) 체내 작용

(1) 에너지 대사의 조효소

티아민은 조효소coenzyme 형태인 TPP로 효소와 함께 에너지 대사를 돕는다. 즉, 티아민은 탄수화물, 지질, 단백질로부터 에너지를 발생하는 과정에서 조효소로 작용한다. 이 과정에서 티아민은 기질로부터 이산화탄소를 제거하는 산화적 탈탄산반응의 조효소로 작용한다. 예를 들어 티아민은 포도당의 분해과정 중 피루브산pyruvate이 아세틸 CoA로 전환되는 반응, TCA회로 중 α-케토글루타르산 α-ketoglutarate이 숙시닐 CoAsuccinyl CoA로 전환되는 반응 등에 관여한다.

조효소
특정이온이나 화학분자의 수송체로 작용하여 효소를 도와 화학반응이 일어나도록 돕는 물질

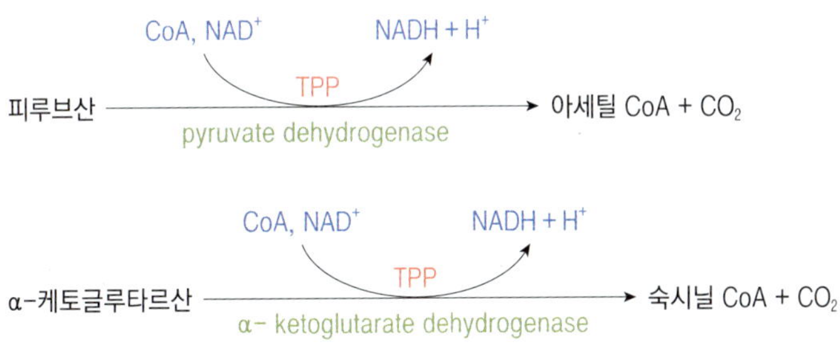

(2) 신경전달 과정

티아민은 신경전달물질인 아세틸콜린acetylcholine의 합성과정에서 조효소로 작용하여 정상적으로 신경자극이 전달되도록 한다. 이는 티아민의 결핍 시 나타나는 말초신경계의 이상과 관련 있다.

(3) 오탄당 인산경로

포도당의 일부가 5탄당 인산경로를 통해 RNA와 DNA의 구성성분인 리보오스 ribose와 NADPH를 생성하는 반응에서 TPP가 조효소로 작용한다.

3) 결핍증과 과잉증

각기병
비타민 B_1의 결핍증으로 신경조직 퇴화, 조직 약화, 호흡곤란, 식욕부진, 부종 등이 나타남

고대로부터 알려진 비타민 B_1의 결핍증인 각기병beriberi은 쌀을 주식으로 하는 민족에게서 나타났다. 현대에는 만성 알코올 중독자나 백미를 지속적으로 섭취하는 경우 결핍증이 발생한다. 티아민 결핍 시 나타나는 임상증세는 식욕감퇴, 체중감소, 우울증, 단기 기억상실, 혼란, 짜증, 말초신경증, 근육약화 등이다. 티아민 결핍은 신경계, 심혈관계, 소화기계의 기능에 이상을 초래하며, 이상이 나타나는 유형에 따라 습성 각기와 건성 각기로 나뉜다.

습성 각기wet beriberi에서는 말초신경 마비와 함께 부종이 생겨 심장비대, 울혈성 심부전이 발생하며, 건성 각기dry beriberi에서는 말초신경마비로 인한 사지의 감각, 운동, 반사기능의 장애 및 극심한 근육 손실이 나타난다그림 11-5.

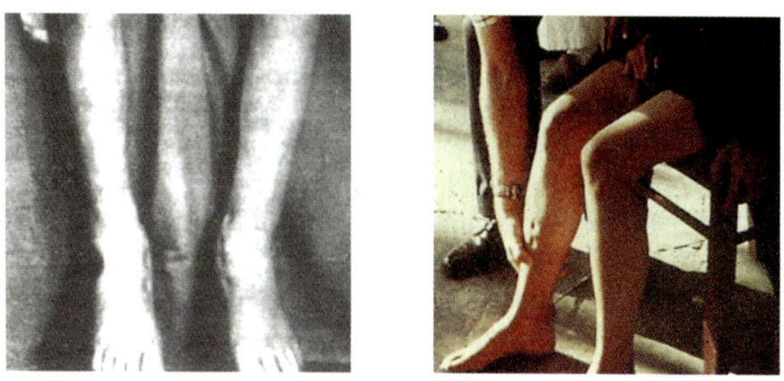

건성 각기 습성 각기

그림 11-5 티아민 결핍 시 나타나는 각기병

4) 섭취기준과 급원식품

탄수화물 섭취량과 에너지 섭취량이 많을수록 티아민의 필요량은 증가한다. 티아민의 권장섭취량은 성인 남자 1.2mg/일, 여자 1.1mg/일로 설정하였다.

티아민이 풍부한 식품으로는 돼지고기, 해바라기씨, 콩류, 밀배아 등이 있다. 그 밖에 전곡과 강화곡류들, 푸른 콩, 아스파라거스, 내장고기(간), 땅콩, 종자류와 버섯 등도 티아민의 좋은 급원이다표 11-2.

표 11-2 식품 중 티아민 함량

식품명	1회 분량(g)		1회 분량당 함량(mg)	100g당 함량(mg)
현미	1공기	90	0.2	0.26
백미	1공기	90	0.1	0.14
시리얼(콘플레이크)		40	0.4	1.09
대구(알)		15	0.1	0.83
돼지고기		60	0.4	0.61
쇠간		45	0.1	0.27
표고버섯(생것)		30	0.02	0.08
김	1장	2	0.02	1.20
해바라기씨(말린 것)	1큰술	8	0.2	2.10
땅콩(말린 것)	1큰술	10	0.1	0.80
잣	1큰술	10	0.1	0.61
오렌지	중 1개	100	0.1	0.11
우유	1컵	200	0.08	0.04
수박		200	0.1	0.04
대두		20	0.1	0.36
호두		10	0.02	0.24
오리고기		60	0.1	0.22
감자		130	0.1	0.11
메밀국수		100	0.4	0.37
밤		100	0.3	0.25
굴		80	0.1	0.13
부추		70	0.3	0.41

3. 리보플라빈

리보플라빈riboflavin(비타민 B_2)은 세 개의 육각 고리가 연결되어 있는 구조인 플라빈 고리의 가운데 고리구조에 당의 환원형인 리비톨이 결합되어 있는 구조이다그림 11-6. 리보플라빈의 플라빈flavin은 라틴어로 '노란색'이라는 의미이다.

리보플라빈은 조효소인 플라빈 모노뉴클레오티드flavin mononucleotide: FMN와 플라빈 아데닌 디뉴클레오티드flavin adenine dinucleotide: FAD의 구성성분으로 작용한다. 수용성이기는 하지만 물에 잘 녹지 않으며 열에 안정하고 자외선에 쉽게 파괴된다.

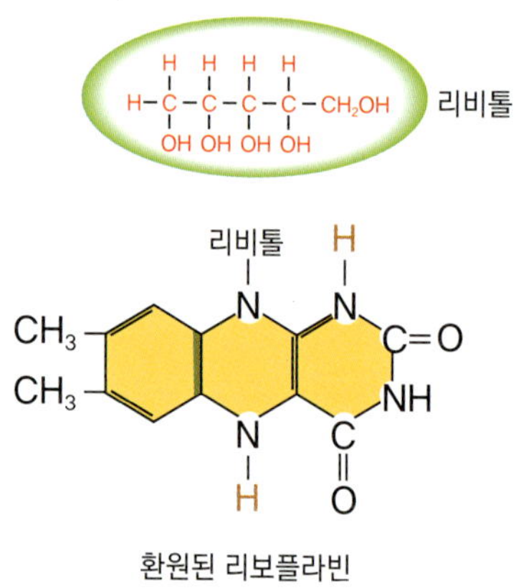

그림 11-6 리보플라빈 구조

1) 흡수와 대사

리보플라빈은 소장에서 능동수송과 촉진확산에 의해 흡수되고, 섭취량에 따라 흡수율이 조절된다. 혈액 내로 흡수된 리보플라빈은 단백질과 결합하여 운반되며 주로 소장, 간, 심장, 신장 등의 조직에서 FMN이나 FAD로 전환된다. 리보플라빈은 저장량이 매우 적어 간에 소량 저장이 가능하며, 과잉 섭취 시 소변으로 배설된다. 따라서 비타민제를 과량으로 섭취하는 경우 소변이 밝은 노란색을 띤다.

2) 체내 작용

리보플라빈의 조효소인 FMN과 FAD는 여러 대사과정에서 산화·환원반응의 조효소로 작용한다. 특히 열량 영양소가 산화되어 에너지를 발생하는 TCA회로와 지방산의 β-산화과정에서 FAD는 전자 또는 수소수용체로 작용한다. 예를 들어 숙신산succinic acid이 푸마르산fumaric acid으로 전환될 때 FAD가 $FADH_2$로 되어 미토콘드리아의 전자전달계에 수소를 전달한다. 다른 조효소인 FMN도 $FMNH_2$로 상호전환될 수 있으므로 전자전달과정에 관여한다.

또한 리보플라빈은 산화된 글루타티온을 환원형 글루타티온으로 전환시키는 글루타티온 환원효소glutathione reductase의 활성을 유지하는 과정에도 관여하여 체내에서 항산화 기능도 갖는 것으로 추정된다.

3) 결핍증

리보플라빈의 결핍증세로는 설염, 입 주변의 조직이 갈라지는 구각염그림 11-7, 입에 염증이 생기는 구내염, 지루성 피부염, 중추신경계 장애 등이 있다. 리보플라빈의 기능은 비타민 B_6, 니아신, 티아민, 엽산 등과 연결되어 이루어지기 때문에, 리보플라빈의 결핍 증상은 다른 비타민 B 복합체의 부족에서도 생길 수 있다.

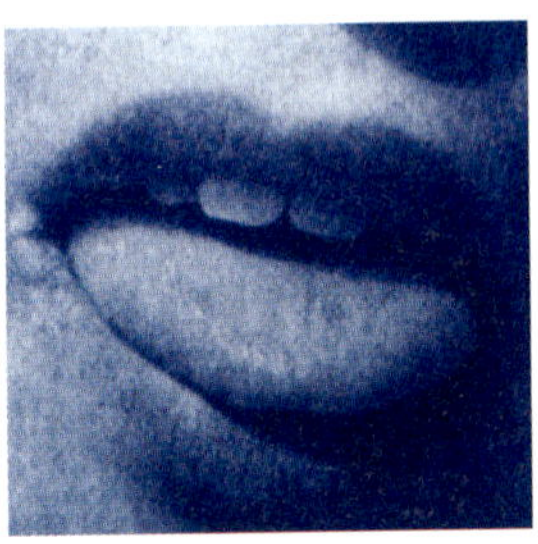
구각염

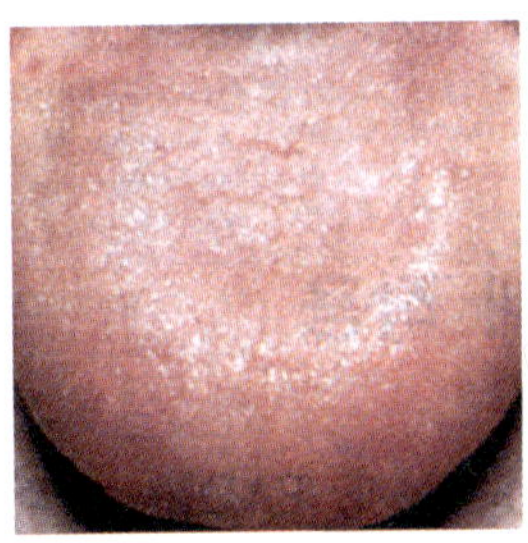
설염

그림 11-7 리보플라빈 결핍증

4) 섭취기준과 급원식품

리보플라빈의 필요량은 체격이나 에너지 필요량에 따라 다르다. 리보플라빈의 섭취기준은 성인 권장섭취량이 남자 1.5mg/일, 여자 1.2mg/일이다. 아직까지 리보플라빈의 과잉 섭취로 인한 증상이 나타난 사례가 없기 때문에 상한섭취량tolerable upper intake level: UL은 정하지 않았다.

리보플라빈은 우유, 요구르트, 치즈, 육류, 달걀, 푸른잎 채소 등에 많이 들어 있다표 11-3.

표 11-3 식품 중 리보플라빈 함량

식품명	1회 분량(g)		1회 분량당 함량(mg)	100g당 함량(mg)
시리얼(콘플레이크)		40	0.4	0.98
돼지간	1접시	45	0.99	2.20
쇠간	1접시	45	1.54	3.43
명태(말린 것)		15	0.03	0.22
달걀	1개	60	0.2	0.28
딸기		200	0.3	0.17
완두		20	0.1	0.44
표고버섯		30	0.1	0.23
시금치	익혀서 1/3컵	70	0.2	0.24
치즈	1장	20	0.2	0.45
탈지분유		50	0.9	1.75
우유	1컵	200	0.3	0.16
메추리알		60	0.7	1.16
들깻잎		70	0.4	0.51
라면	1개	120	0.9	0.72
닭고기	1조각	60	0.1	0.21

4. 니아신

니아신niacin은 니코틴산nicotinic acid과 니코틴아미드nicotinamide 및 그 유도체 중 니코틴아미드 생리활성을 나타내는 화합물로, 체내에서 조효소인 NAD nicotinamide adenine dinucleotide와 NADPnicotinamide adenine dinucleotide phosphate의 구성성분으로 작용한다그림 11-8. 열에 매우 안정하여 조리 중 손실이 거의 없다.

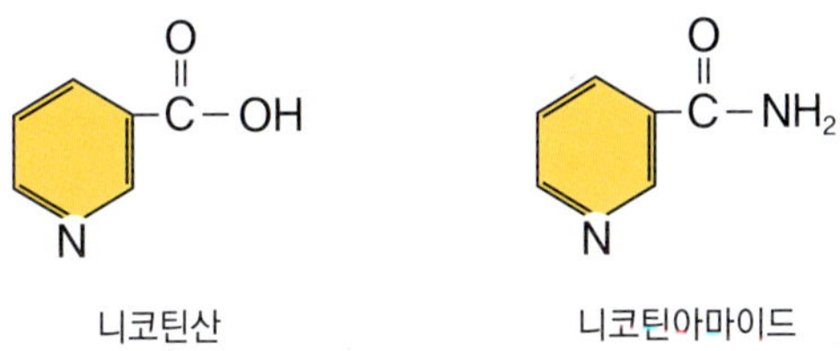

그림 11-8 니아신의 구조

1) 흡수와 대사

니코틴산과 니코틴아미드는 위에서 빠르게 흡수되기도 하나, 대부분 소장에서 단순확산과 능동수송에 의해 흡수된다. 니아신은 간에서 조효소 형태인 NAD, NADP로 전환되어 각 조직으로 이동하며, 간에 저장하고 남은 니아신은 다양한 대사산물의 형태로 배설된다.

한편, 니아신은 체내에서 필수아미노산인 트립토판으로부터 합성된다. 트립토판 60mg이 1mg의 니아신으로 전환되며, 이 과정에 리보플라빈과 비타민 B_6가 조효소로 작용한다.

2) 체내 작용

니아신의 조효소 형태인 NAD와 NADP는 산화·환원반응에 작용하는 조효소이며, 세포 내 여러 대사반응에 관여하나 특히 ATP를 생산하는 반응에 관여한다.

NAD는 탄수화물이 분해되는 해당작용과 TCA회로에서 전자나 수소의 수용체로 작용한다. 혐기적 상태에서는 환원된 형태의 NADH가 피루브산에서 젖산으로 변화되는 과정에 조효소로 관여하면서 자신은 NAD로 산화된다. 호기적 상태에서 NADH는 미토콘드리아의 전자전달계에서 전자수용체에 수소 또는 전자를 전달하는 역할을 한다.

NADP는 오탄당 인산경로에서 필수적인 조효소로 작용하며, 이 경로를 통해 생성된 NADPH는 지방산과 스테로이드 호르몬의 합성에 관여한다.

3) 결핍증과 과잉증

펠라그라
니아신이나 트립토판 부족 시 발생되며 피부염, 설사, 정신질환, 죽음 등의 증세가 나타남

옥수수를 주식으로 하는 나라에서 펠라그라pellagra가 많이 발생하는데 거의 모든 에너지 대사과정에서 NAD와 NADP가 관여하므로, 니아신 결핍은 신체에 다양한 손상을 준다. 펠라그라의 증상은 3Ds로 표현되는 치매dementia, 설사diarrhea, 피부염dermatitis이며, 이 병을 조기에 치료하지 않으면 죽음death에까지 이르러서 4Ds라고 한다그림 11-9. 초기 증상으로는 식욕감퇴, 신체쇠약 및 체중감소 등이 나타난다. 니아신은 체내에서 필수아미노산인 트립도판으로부터 전환되어 충당될 수 있으므로 니아신과 동물성 단백질이 함께 부족할 때 결핍증이 발생한다.

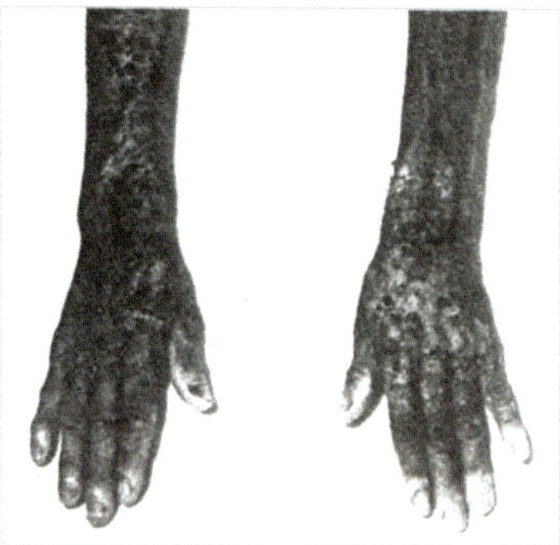

그림 11-9 펠라그라 환자의 피부염 증상
자료 : Mahan LK · Escott-Stumprs, 1996

니아신을 치료제나 보충제로 과량(50mg/일 이상) 복용할 경우에는 피부홍조, 가려움증, 메스꺼움, 간기능 이상, 혈청 요산 증가, 혈당 증가 등의 부작용이 나타난다.

4) 섭취기준과 급원식품

식품에 함유된 니아신과 트립토판의 양을 합하여 섭취량을 계산하고, 니아신의 섭취량 단위는 니아신 당량niacin equivalent: NE으로 나타내며, 1mgNE는 1mg의 니아신 또는 60mg 식이의 트립토판을 의미한다. 성인의 니아신 권장섭취량은 남자 16mgNE/일, 여자 14mgNE/일이다. 니아신의 상한섭취량은 간독성을 나타내지 않을 수준으로 성인 남녀 모두 니코틴산 35mg/일, 니코틴아미드 1,000mg/일으로 다르게 정하였다.

니아신 당량
1 NE = 1 mg 니아신
= 60 mg 트립토판

니아신은 육류와 가금류, 생선류에 풍부히 들어 있고, 곡류, 콩류에도 그 함량이 높다. 달걀과 우유는 니아신 함량이 적지만 트립토판 함량은 많으므로 니아신의 좋은 급원이다표 11-4.

표 11-4 식품 중 니아신 함량

식품명	1회 분량(g)		1회 분량당 함량(mgNE)	100g당 함량(mgNE)
현미	1공기	90	3.2	3.6
시리얼(콘플레이크)		40	5.9	14.8
쇠고기		60	3.2	5.4
닭고기(날것)		60	6.5	10.8
돼지간		45	3.8	8.4
고등어	1토막	60	4.9	8.2
삼치	1토막	60	5.3	8.9
햄/소시지/베이컨		60	3.1	5.2
달걀		60	0.4	0.6
김(구운 것)	1장	2	0.2	10.4
표고버섯(생것)		30	1.2	4.0
팽이버섯(생것)		30	1.6	5.2
라면	1개	120	1.2	1.0
무청		70	0.4	0.6
땅콩		18	1.8	18.1
우유	1컵	200	0.6	0.3

5. 비타민 B_6

비타민 B_6는 피리독살pyridoxal, 피리독신pyridoxine 및 피리독사민pyridoxamine을 일컫는 이름이며, 모두 간에서 인산화 과정을 거쳐 피리독살 포스페이트pyridoxal phosphate: PLP라는 조효소 형태가 되어 작용한다그림 11-10. 비타민 B_6는 산성용액에 안정하나 자외선에 의해 파괴되며 알칼리에 약하다.

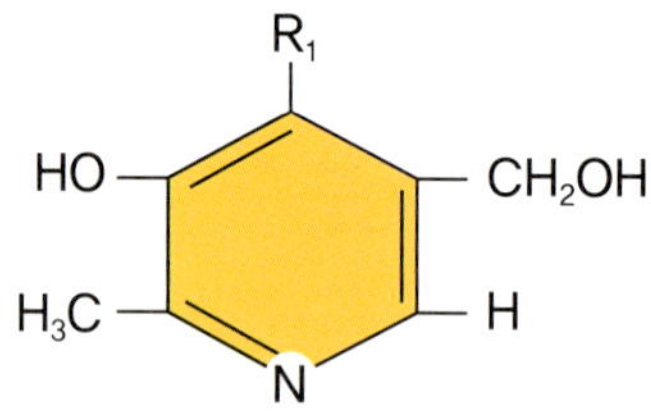

피리독살 : R_1 = CHO
피리독신 : R_1 = CH_2OH
피리독사민 : R_1 = CH_2NH_2

그림 11-10 비타민 B_6 구조

1) 흡수와 대사

식품 중의 비타민 B_6는 인산과 결합된 형태로 존재한다. 비타민 B_6는 소장에서 효소에 의해 모두 유리형으로 분해된 후 쉽게 흡수된다. 흡수된 비타민 B_6는 간으로 운반되어 다시 인산과 결합하여 조효소인 PLP가 되어 조직으로 이동하며, 비타민 B_6의 주요 저장 장소는 근육이다. 과량으로 섭취한 비타민 B_6는 신장을 통해서 요로 배설된다.

2) 체내 작용

비타민 B_6는 주로 PLP 형태의 조효소가 되어 탄수화물, 지질, 특히 단백질 대사에서 작용한다.

(1) 아미노산 대사

비타민 B_6는 탈아미노반응, 아미노기 전이반응, 탈탄산반응과 같은 대부분의 아미노산 대사에 관여하는 효소의 조효소로 작용한다그림 11-11. 즉, 한 아미노산에서 아미노기-NH_2를 제거하여 케토산을 만들거나, 또는 제거한 아미노기를 다른 케토산에 붙여 주어 비필수아미노산을 합성하는 과정 등에 비타민 B_6가 관여한다.

또한 비타민 B_6는 아미노산의 황sulfur group을 다른 물질로 운반하는 과정에 관여하는데, 이는 메티오닌 대사 중 생성되는 호모시스테인homocysteine으로부터 시스테인cysteine을 합성하는 과정에서 특히 중요하다.

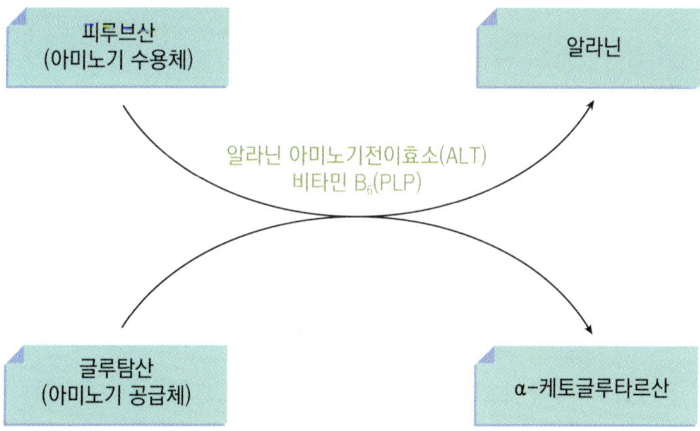

그림 11-11 비타민 B_6를 조효소로 하는 아미노기 전이반응

(2) 혈구세포 합성

적혈구에서 비타민 B_6는 헤모글로빈을 구성하는 헴heme 형성의 첫 단계에서 작용한다. 또한 비타민 B_6는 면역 담당의 필수적인 구성요소로서 백혈구, 림프구의 생성에 필요하다.

(3) 탄수화물 대사

비타민 B_6는 글리코겐이 분해될 때 글리코겐으로부터 포도당을 분리시키는 글리코겐 탈인산화효소glycogen phosphorylase의 조효소로 작용하여 혈당 유지에 관여하며, 에너지 생성과 당신생과정에서도 중요한 역할을 한다.

(4) 신경전달물질 합성

세로토닌
신경전달물질로 식욕조절, 수면조절 등의 역할을 함

비타민 B_6는 아미노산의 탈탄산반응에서 조효소로 작용한다. 즉, 비타민 B_6는 티로신tyrosine에서 도파민dopamine과 노르에피네프린norepinephrine, 트립토판tryptophan에서 세로토닌serotonin, 히스티딘histidine에서 히스타민histamine, 글루탐산glutamate에서 γ-아미노부티르산gama-aminobutyric acid: GABA을 합성하는 등 신경전달물질을 생성하는 데 관여한다.

(5) 비타민 합성

비타민 B_6는 아미노산인 트립토판이 니아신으로 전환되는 과정에 조효소로 작용한다.

3) 결핍증과 과잉증

비타민 B_6가 결핍되면 지루성 피부염, 빈혈, 경련, 우울증, 정신착란 등이 나타난다. 노인, 경구피임약 복용자, 만성 알코올 중독자, 고단백 식사를 하는 사람에게서 비타민 B_6가 결핍될 우려가 있다.

월경전 증후군premenstrual syndrome 치료를 위해 보충제로 하루 200mg 이상의 비타민 B_6를 1~2개월 이상 지속적으로 섭취하면 과잉증상으로 신경장애를 초래하여 걷기이상 및 손발마비 증상이 나타난다.

4) 섭취기준과 급원식품

비타민 B_6의 섭취기준은 영양상태가 양호함을 나타내는 혈장 PLP 수준(> 30nmol/L)을 기준으로 하여 설정하였으며 권장섭취량은 성인 남자 1.5mg/일, 여자 1.4mg/일이다. 성인의 상한섭취량은 100mg/일로 설정하였다.

비타민 B_6는 동물성 단백질 식품인 고기, 생선, 가금류에 많이 함유되어 있다. 식물성 식품인 시금치, 감자, 곡류도 비타민 B_6의 급원이지만 동물성 식품에 비해 이용률이 낮고, 곡류는 도정과정에서 비타민 B_6가 손실되기 쉽다표 11-5.

표 11-5 식품 중 비타민 B_6 함량

식품명	1회 분량(g)		1회 분량당 함량(mg)	100g당 함량(mg)
쇠간		45	0.2	0.46
현미	1공기	90	0.6	0.62
고구마	중 1/2개	90	0.3	0.33
돼지고기		60	0.3	0.57
바나나	중 1개	100	0.3	0.32
통밀		90	0.4	0.44
닭고기		60	0.2	0.39
당근		70	0.2	0.25
해바라기씨	1큰술	10	0.1	1.18
파래(말린 것)		6	0.1	1.00
땅콩	1큰술	10	0.04	0.35
깨	1작은술	5	0.03	0.80

6. 엽산

엽산folic acid은 프테리딘pteridine, 파라-아미노벤조산para-aminobenzoic acid, 글루탐산glutamic acid이 한 분자씩 연결되어 있는 구조로 체내에 흡수되거나 보충제로 사용되는 형태이며, 자연식품에는 보통 엽산에 여러 개의 글루탐산이 결합되어 있다그림 11-12.

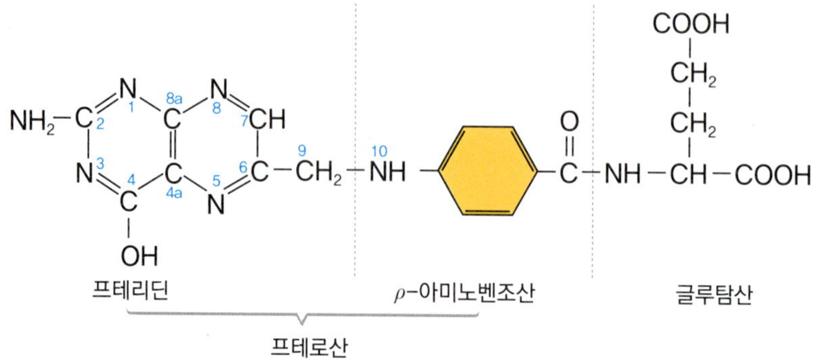

그림 11-12 엽산(프테로일글루탐산)의 구조

1) 흡수와 대사

식품에 함유된 엽산은 섭취 후 소장 내 효소에 의해 폴리글루탐산polyglutamates이 모노글루탐산monoglutamate 형태로 가수분해되어 흡수된 후, 조효소인 THFtetarhydro-folate 형태로 전환되어 혈액을 통해 운반된다.

자연식품에 함유된 엽산의 흡수율은 약 50%이지만, 엽산보충제는 모노글루탐산의 형태로 되어 있어 흡수율이 85~100%로 매우 높다. 체내 엽산의 50% 정도가 간에 저장되어 있으며 담즙과 소변을 통해 배설된다.

2) 체내 작용

엽산은 조효소인 THF의 형태로 메틸기methyl, 포르밀기formyl, 메틸렌기methylene 등의 단일탄소single carbon와 결합하여 단일탄소가 새로운 물질의 합성에 쓰이도록 운반하는 역할을 한다. 예로서 엽산은 DNA 합성에 필요한 퓨린과 피리미딘 염기 합성에 관여함으로써 세포 분열을 돕는다.

호모시스테인혈증
심혈관계질환, 신경관 손상, 인지능력 감퇴 등의 위험인자로 알려짐

또한 호모시스테인으로부터 메티오닌을 합성하는 반응에는 메티오닌 합성효소가 관여하는데, 이때 엽산과 비타민 B_{12}가 조효소로 함께 관여한다. 즉, 엽산과 비타민 B_{12}의 기능 및 대사는 생화학적으로 상호 연관되어 있다. 이 외에도 엽산은 수정

후 분화된 신경세포에서 신경관결손증을 예방하므로 가임 여성의 엽산 영양상태는 매우 중요하다.

3) 결핍증과 과잉증

엽산이 결핍되었을 때 나타나는 임상적 증세는 빈혈, 설염, 설사, 성장장애, 정신적 혼란, 신경장애 등이다. 엽산이 부족하면 빠른 속도로 교체되어야 하는 적혈구가 DNA를 합성할 수 없기 때문에 성숙한 적혈구로 분열되지 못하여 비정상적으로 크고 미성숙한 거대적아구megaloblast 형태로 된다. 그러므로 엽산이 부족하면 혈액 내로 방출되는 성숙한 정상 적혈구 수가 감소되어 핵을 가진 대형 적혈구가 혈류에 나타나서 산소운반 능력이 저하되는 빈혈이 발생하는데, 이를 거대적아구성 빈혈 megaloblastic anemia이라 한다그림 11-13.

임신부의 엽산 결핍은 태아의 신경계 손상과 척추파열을 초래한다. 신경계 손상의 가장 심한 상태가 무뇌증이며, 출생 후 사망한다. 더 빈번하게 나타나는 손상은 이분척추로 전신 마비, 배변실금, 뇌수종, 학습장애 등이 발생한다. 이런 결핍증의 약 50%는 임신 전 엽산의 결핍으로 나타나기 때문에 충분한 엽산 영양상태는 임신

이분척추
척수골이 척수를 보호하는 고리 구조를 형성하지 못하는 증세

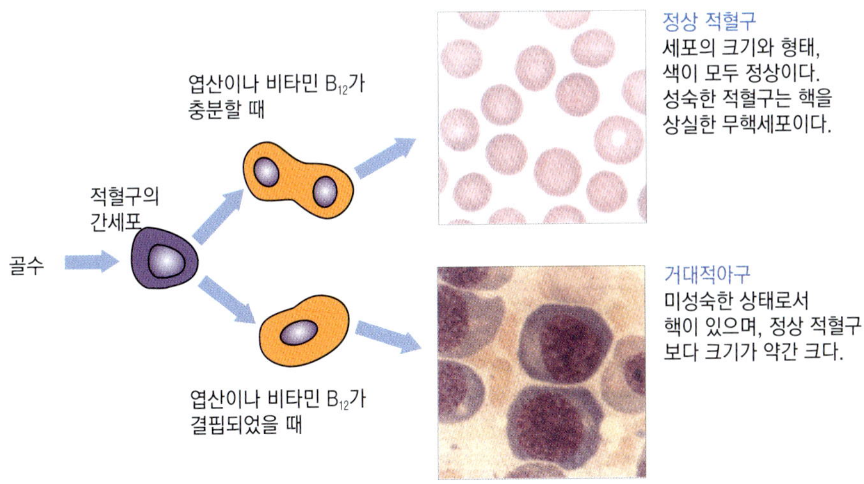

그림 11-13 거대적아구성 빈혈

부뿐 아니라 가임기 여성에게도 중요하다. 노인, 알코올중독자, 영양흡수불량 증세를 가진 사람에게서 엽산의 결핍이 생길 수 있다.

엽산은 많이 섭취하더라도 소변으로 배설되어 독성을 나타내는 일은 드물다. 그러나 엽산의 과잉 섭취 시 비타민 B_{12} 결핍으로 인한 신경계 손상을 촉진하거나 악화시킬 수 있기 때문에, 특히 임신부의 과다한 엽산 보충제 섭취는 주의해야 한다.

알아두기

식이엽산 당량dietary folate equivalents: DFE

엽산 섭취량이나 필요량의 표시단위로서 식품 속의 천연 엽산과 합성형 엽산의 흡수율이 다른 것을 반영한 것이다. 보충제나 강화식품에 들어 있는 합성형의 흡수율을 100%라고 할 때 천연식품 내의 엽산은 합성형의 50% 이하이므로, 식품 속의 천연 엽산량과 보충제 속의 엽산량에 1.7을 곱한 값을 더한 양을 말한다.

- 식품 중 엽산 1μg = 1.0μgDFE
- 강화식품 또는 식품과 함께 섭취한 보충제 중의 엽산 1μg = 1.7μgDFE
- 공복상태에서 섭취한 보충제 중의 엽산 1μg = 2.0μgDFE

엽산 당량(DFE) = 식품 중 엽산(μg) + {1.7 × 보충제 중 엽산(μg)}

4) 섭취기준과 급원식품

엽산의 섭취기준은 적혈구 엽산, 혈장 호모시스테인, 혈청 엽산 농도를 정상으로 유지하는 데 필요한 양을 근거로 하여 설정하였다. 성인의 엽산 권장섭취량은 남녀 모두 400μgDFE/일이며, 상한섭취량은 1,000μgDFE/일이다.

엽산은 간, 콩류, 녹색채소 등에 풍부하며, 특히 시금치, 양상추, 아스파라거스, 브로콜리, 오렌지주스, 밀 배아, 해바라기씨, 콜리플라워, 양배추 등에 많이 들어 있다표 11-6. 엽산은 열, 산화, 자외선에 의해 매우 쉽게 파괴되며, 식품 가공처리나 조리과정에서 50~90%까지 파괴될 수 있다. 그러므로 신선한 과일과 채소는 조리하지 않고 생으로 먹는 것이 좋다.

표 11-6 식품 중 엽산 함량

식품명	1회 분량(g)		1회 분량당 함량(μgDFE)	100g당 함량(μgDFE)
보리	1접시	90	45.0	50.0
쇠간	1접시	45	97.6	217.0
땅콩	1큰술	10	24.0	239.8
해바라기씨	1큰술	10	23.7	237.4
콩	2큰술	20	15.1	755.0
상추	1접시	70	62.1	88.8
파슬리	1접시	70	260.2	371.7
시금치	1접시	70	190	272.0
호박	1접시	70	33.4	47.9
배추	1접시	70	32.3	46.1
오렌지	중 1개	100	30.3	30.3
토마토주스	1/2컵	100	24.1	24.1

7. 비타민 B_{12}

비타민 B_{12}는 코린고리의 중앙에 무기질인 코발트를 포함하는 구조로서 코발라민cobalamin이라고도 한다그림 11-14. 장내 세균에 의해 합성되며, 동물성 식품을 통해서만 섭취할 수 있다.

1) 흡수와 대사

비타민 B_{12}는 주로 소장의 끝 부분인 회장에서 흡수된다. 식품 중의 비타민 B_{12}는 단백질과 결합된 형태로 존재하는데, 위에 들어가면 위액의 단백질 분해효소와 위산HCl에 의해 단백질과 분리된다. 유리된 비타민 B_{12}는 다시 침샘에서 분비된 R 단백질과 결합하여 비타민 B_{12}-R 단백질 복합체를 형성한다. 비타민 B_{12}-R 단백질 복합체는 소장에서 단백질 분해효소인 트립신의 작용으로 다시 유리되며, 위에서 분

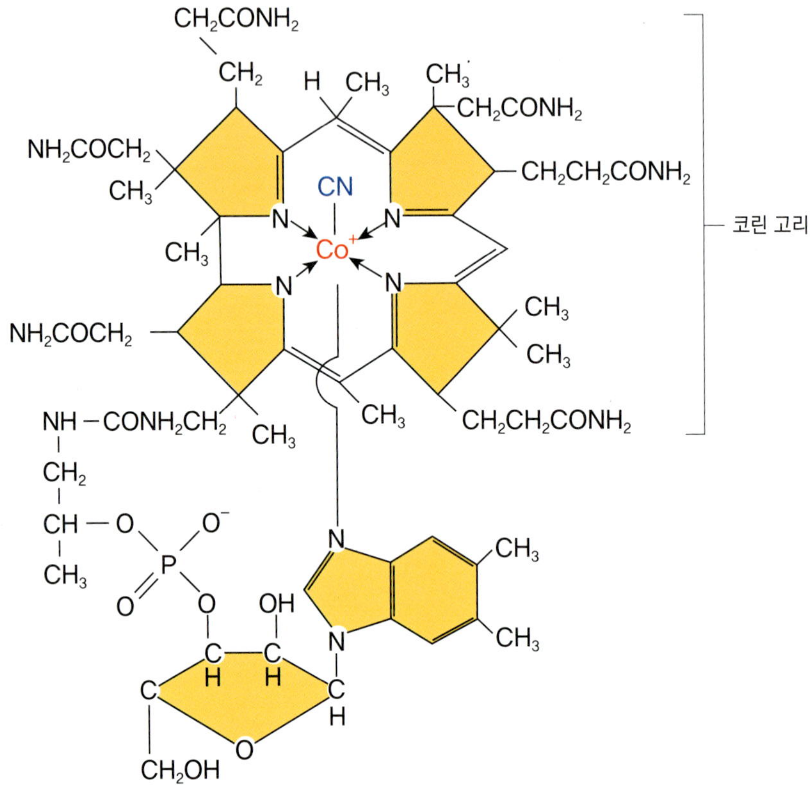

그림 11-14 비타민 B_{12}의 구조

비된 단백질인 내인성 인자와 다시 결합하여 B_{12}-IF 복합체를 형성한 다음 회장까지 운반된다. 회장에서 내적 인자intrinsic factor와 분리된 B_{12}는 흡수된 후 운반단백질인 트랜스코발아민II와 결합하여 각 조직으로 운반된 후 사용되거나 저장된다그림 11-15.

2) 체내 작용

비타민 B_{12}는 호모시스테인homocysteine을 메티오닌methionine으로 전환시키는 과정에 관여한다그림 11-16. 이 반응은 엽산의 대사과정과 상호연관되어 있으며, 메틸-THF의 메틸기를 호모시스테인으로 이동하여 메티오닌을 합성한다.

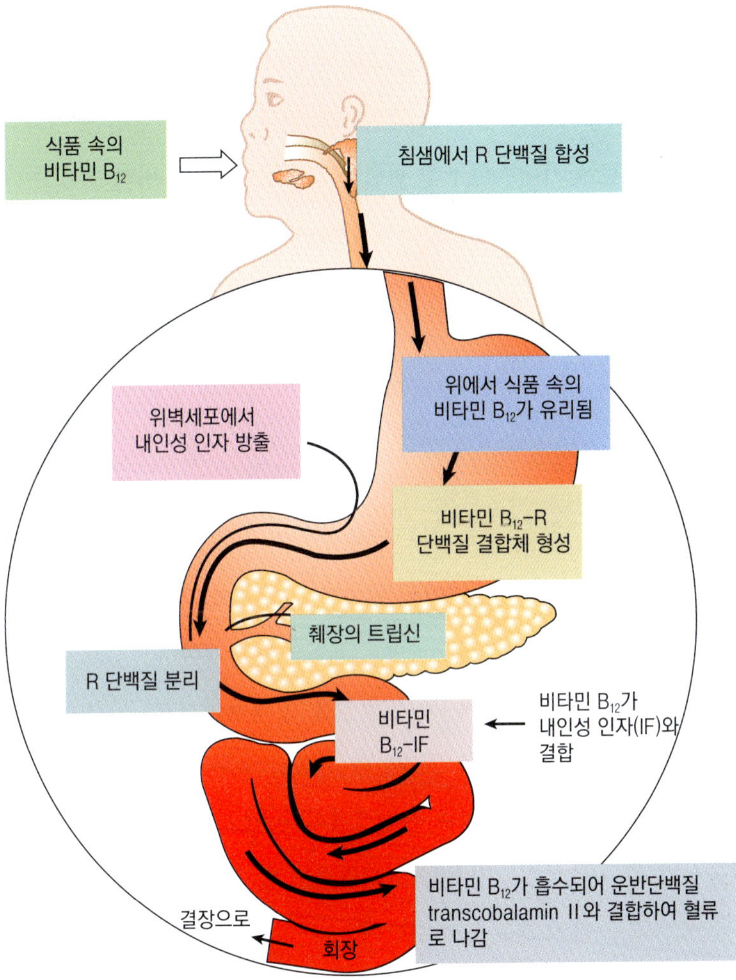

그림 11-15 비타민 B_{12}의 흡수

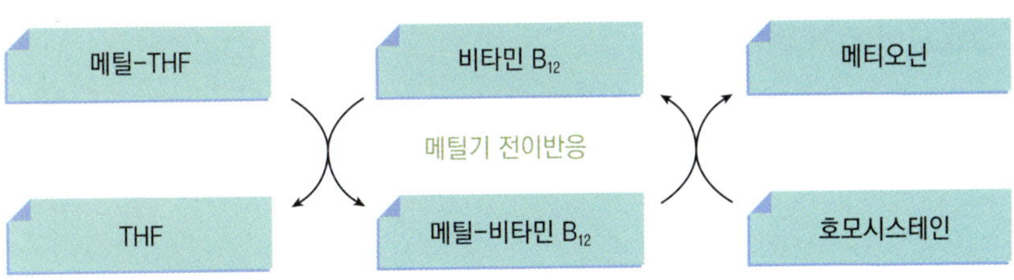

그림 11-16 비타민 B_{12}의 작용

비타민 B_{12}는 정상 적혈구의 형성과 적절한 신경기능에 필수적이다. 비타민 B_{12}가 부족하면 메틸-THF가 THF로 전환되지 못하여 엽산 조효소THF가 작용하지 못하게 되어 DNA 합성이 방해받는다. 그러므로 비타민 B_{12}의 결핍은 이차적인 엽산 결핍을 초래하며, 결국 거대적아구성 빈혈을 일으킨다. 또한 비타민 B_{12}는 신경섬유의 절연체 역할을 하는 미엘린 수초myelin sheath를 유지시켜 준다. 따라서 비타민 B_{12}가 결핍되면 미엘린 수초가 파괴되어 신경계 마비를 일으키고, 심한 경우 사망에 이르는 원인이 된다.

3) 결핍증

비타민 B_{12} 결핍증은 섭취 부족이나 일반적인 흡수불량과 함께 위와 장, 특히 회장 절제, 유전적 결함 및 노화로 내인성 인자가 분비되지 않는 경우 나타날 수 있다. 비타민 B_{12}가 결핍되면 악성빈혈pernicious anemia이 발생한다. 비타민 B_{12}의 부족은 엽산의 기능장애를 가져옴으로써 DNA 합성을 방해하여 적혈구 크기가 크고 기능이 미성숙한 거대적아구성 빈혈을 초래한다.

악성빈혈

비타민 B_{12} 결핍 시 나타나는 빈혈로, 사망에 이르는 빈혈이라는 의미를 가짐. 엽산 결핍 시 나타나는 거대적아구성 빈혈에 추가로 신경장애 증상이 나타남

비타민 B_{12}의 또 다른 결핍증세는 신경장애이다. 다리의 마비나 감각이상이 나타나며, 집중력과 기억력 상실, 치매 등 정신질환도 발생한다. 이미 손상된 신경은 비타민 B_{12}를 공급해도 다시 회복되지 않는다.

4) 섭취기준과 급원식품

비타민 B_{12}의 섭취기준은 권장섭취량이 성인 남녀 모두 2.4μg/일이며, 상한섭취량은 설정되어 있지 않다.

비타민 B_{12}는 어육류, 달걀, 우유 등의 동물성 식품에 함유되어 있으며, 간, 신장, 심장 등 내장고기에 특히 많다. 식물성 식품에는 비타민 B_{12}가 거의 들어 있지 않다 표 11-7.

표 11-7 식품 중 비타민 B_{12} 함량

식품명	1회 분량(g)	1회 분량당 함량(μg)	100g당 함량(μg)
쇠간	45	31.8	70.6
바지락	80	59.2	74.0
닭간	45	7.6	16.9
고등어	70	7.7	11.0
달걀	1개 50	0.5	0.8
쇠고기	60	1.2	2.0
우유	1컵 200	0.6	0.3

8. 판토텐산

판토텐산pantothenic acid에서 그리스어인 pantothen은 '모든 것에서부터 온다'라는 뜻으로 판토텐산은 거의 모든 식품에 함유되어 있다. 코엔자임 ACoA의 구성성분으로 에너지 대사에 필수적이다.

1) 흡수와 대사

판토텐산은 소장에서 쉽게 흡수되어 인산화반응에 의해 조효소 형태인 코엔자임 ACoA와 지방산 합성효소의 일부인 아실기 운반단백질의 구성성분이다. 판토텐산은 적혈구에 CoA 형태로 존재하며, 혈장에서는 CoA 형태로 존재하지 않고 유리 형태인 판토텐산으로 존재한다. 판토텐산은 모든 조직에 존재하며, 특히 간과 신장에 많고, 과잉 섭취 시 소변으로 배설된다.

2) 체내 작용

아세틸 CoA의 구조

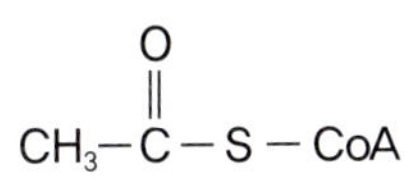

판토텐산은 CoA와 아실기 운반단백질acyl carrier protein: ACP의 구성성분으로 여러 대사과정에 관여한다. CoA는 탄수화물, 단백질, 지질 대사에서 아세틸 CoA를

구성하는 데 필수적이다. 이 아세틸 CoA는 TCA 회로로 들어가 에너지를 생성하거나 지방산을 합성한다.

또한 판토텐산은 단백질과 결합하여 아실기 운반단백질을 형성한다. 이 단백질은 지방산과 결합하여 왕복하면서 지방산 사슬을 연장시키고, 지방산의 세포 내 위치와 기능을 결정하는 역할을 한다.

3) 결핍증

판토텐산은 많은 식품에 존재하며 아직까지 사람에게서 결핍증이 보고된 바는 없으나, 알코올 중독자와 같이 심한 영양결핍 식사를 하는 사람이나 판토텐산에 길항작용을 하는 항비타민제antagonist를 복용하는 경우 결핍증이 나타날 수 있다. 결핍증세로는 불안정, 피로, 무감각, 불면증, 구토, 복통, 마비, 근육경련, 저혈당 등이 있다. 판토텐산 결핍증은 티아민, 리보플라빈, 비타민 B_6, 엽산 등 다른 비타민 B군 결핍증에 가려져서 알아내기 어려울 수도 있다. 판토텐산의 과잉 섭취로 인한 부작용은 알려지지 않았다.

4) 섭취기준과 급원식품

판토텐산의 섭취기준은 섭취량과 배설량 간 평형연구 결과와 섭취량 조사를 토대로 설정하였으며, 한국 성인 남녀 모두 5mg/일이다. 장기간 섭취해도 부작용이 보고되지 않아 상한섭취량은 정하지 않았다.

판토텐산은 거의 모든 식품에 함유되어 있으며, 특히 간, 고기, 버섯, 땅콩, 달걀, 우유 등에 다량 함유되어 있다.

9. 비오틴

비오틴biotin은 대개 식품에 유리 형태나 라이신과 결합된 비오시틴biocytin의 형태로 존재한다. 생난백이 들어 있는 음식을 먹인 동물에게서 결핍 증세가 나타나면서 발견하게 되었다.

1) 흡수와 대사

섭취한 식품 속의 비오틴과 비오시틴은 단백질분해효소에 의해 유리된 후, 소장세포로 흡수되어 문맥을 통하여 혈액으로 들어간다. 그러나 생난백을 다량 섭취한 경우에는 비오틴이 달걀흰자의 아비딘avidin과 결합하여 흡수가 방해된다. 비오틴은 대장 내에 서식하고 있는 균에 의해 일부 생합성되기도 한다. 일단 체내에서 사용되던 비오틴은 소변으로 배설한다.

2) 체내 작용

비오틴은 이산화탄소를 기질에 첨가시키는 카르복실화 반응carboxylation에서 탈탄산효소carboxylase의 필수적인 조효소로서 작용하여 탄수화물, 아미노산, 지방산 대사에 관여한다.

비오틴은 지방산 생합성의 첫 단계인 아세틸 CoA에서 말로닐 CoAmalonyl CoA가 생성될 때 이산화탄소를 첨가해 주는 카르복실라아제의 조효소로 작용한다.

또한 비오틴은 피루브산에 이산화탄소를 첨가하여 옥살로아세트산을 생성하는 반응에서 조효소로 작용하며 이 과정은 포도당신생합성gluconeogenesis의 첫 단계이다.

3) 결핍증

선천적으로 비오틴분해효소biotinidase가 결핍된 유아는 비오틴과 라이신과의 결합체에서 비오틴을 분리하지 못해 비오틴 결핍증을 초래하는데, 2~3개월 안에 피부 발진, 탈모, 경련, 신경계질환, 성장저해가 일어난다. 정상인에게서 비오틴 섭취량이 부족하다는 증거는 없으나 비오틴이 들어 있지 않은 중심정맥영양TPN 환자, 알코올 중독자 및 생난백의 다량 섭취 시 결핍증이 나타날 수 있다.

4) 섭취기준과 급원식품

비오틴은 결핍 증세가 거의 없어 필요량의 추정이 어려워서 성인 남녀의 충분섭취량을 30μg/일로 설정하였다. 독성이 낮아서 장기간 섭취해도 부작용이 없으므로 상한섭취량은 정하지 않았다.

비오틴은 동식물성 식품에 모두 함유되어 있으며 특히 간, 닭고기, 달걀노른자, 우유에 많이 들어 있다. 비오틴은 또한 대장 내 박테리아에 의해 합성되는데, 흡수는 대부분 소장에서 이루어지므로 미생물에 의해 합성된 비오틴은 대장에서 흡수되므로 체내에서 얼마나 이용되는지는 미지수이다.

10. 콜린

콜린choline은 완전정맥영양 공급을 받은 정상인에게서 체내 필요량을 충족시킬 만큼 콜린이 합성되지 않아 결핍증을 유발시켰다는 보고가 나온 이후 최근에 비타민 B군에 추가된 영양소이다 그림 11-17.

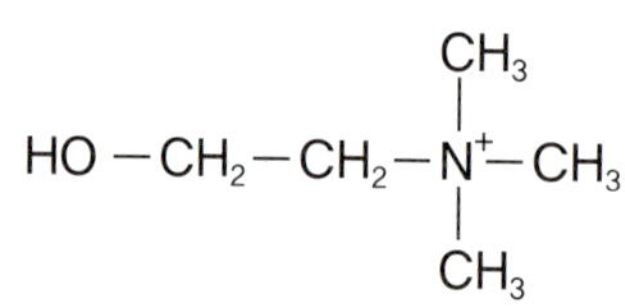

그림 11-17 콜린의 구조

1) 흡수와 대사

콜린은 소장으로부터 흡수되어 운반단백질에 의해 문맥혈관을 거쳐 간에 빠른 속도로 이동된다. 콜린은 간에서 세린으로부터 합성되며 이 과정에 비타민 B_6와 비타민 B_{12}, 엽산 등을 필요로 하고, 식사를 통한 콜린 부족 시 메티오닌에서 합성된다. 체내 모든 조직세포에 존재하며 일부는 소변으로 배설되나, 과잉 섭취한 콜린은 간과 신장에서 베타인betaine으로 전환된다.

2) 체내 작용

콜린은 조효소로서의 작용은 없으나 신경전달물질의 하나인 아세틸콜린의 전구체로서 주의력, 학습능력, 기억력, 근육조절작용 등에 관여한다. 콜린은 세포막의 주요 화합물인 레시틴과 스핑고미엘린 같은 인지질의 전구체이다. 또한 콜린은 메틸기 공여체methyl donor로 작용하는 베타인의 전구체로 베타인의 메틸기는 호모시스테인으로부터 메티오닌을 합성하는 데 사용되며, 이 과정에서 비타민 B_{12}와 엽산이 함께 작용한다.

3) 결핍증과 과잉증

콜린은 인체 내에서 합성되어 결핍증이 쉽게 발생하지는 않으나 콜린이 부족한 식사를 한 완전정맥영양 환자나 콜린결핍식이를 한 정상인에게서 지방간이나 간기능 저하 등이 나타난다.

콜린을 과량 섭취할 경우 대사물의 배설에 기인하는 생선 비린내 같은 체취, 구토, 발한, 저혈압, 위장질환과 같은 부작용을 가져올 수 있다.

4) 섭취기준과 급원식품

우리나라에서는 아직 콜린의 섭취기준을 설정하지 않았으나, 미국에서는 정상적인 간 기능 유지에 필요한 콜린 섭취량에 기초하여 콜린의 충분섭취량 성인 남자 550mg/일, 여자는 425mg/일을 설정하였으며 상한 섭취량은 3.5g/일이다.

대부분의 사람들은 식품으로부터 하루 700~1,000mg의 충분한 콜린을 섭취하고 있다. 콜린은 자연식품에 널리 분포하며 특히 세포막에 포스파티딜 콜린(레시틴)의 형태로 존재한다. 우유, 간, 달걀, 땅콩, 레시틴 첨가식품은 콜린의 좋은 급원식품이다.

비타민 B군이 관련한 대사경로를 요약하여 그림 11-18에 제시하였다.

- NAD, NADP : 니아신
- TPP : 티아민
- CoA : 판토텐산
- B_{12} : 비타민 B_{12}
- FMN, FAD : 리보플라빈
- THF : 엽산
- PLP : 비타민 B_6
- 비오틴 : 비오틴

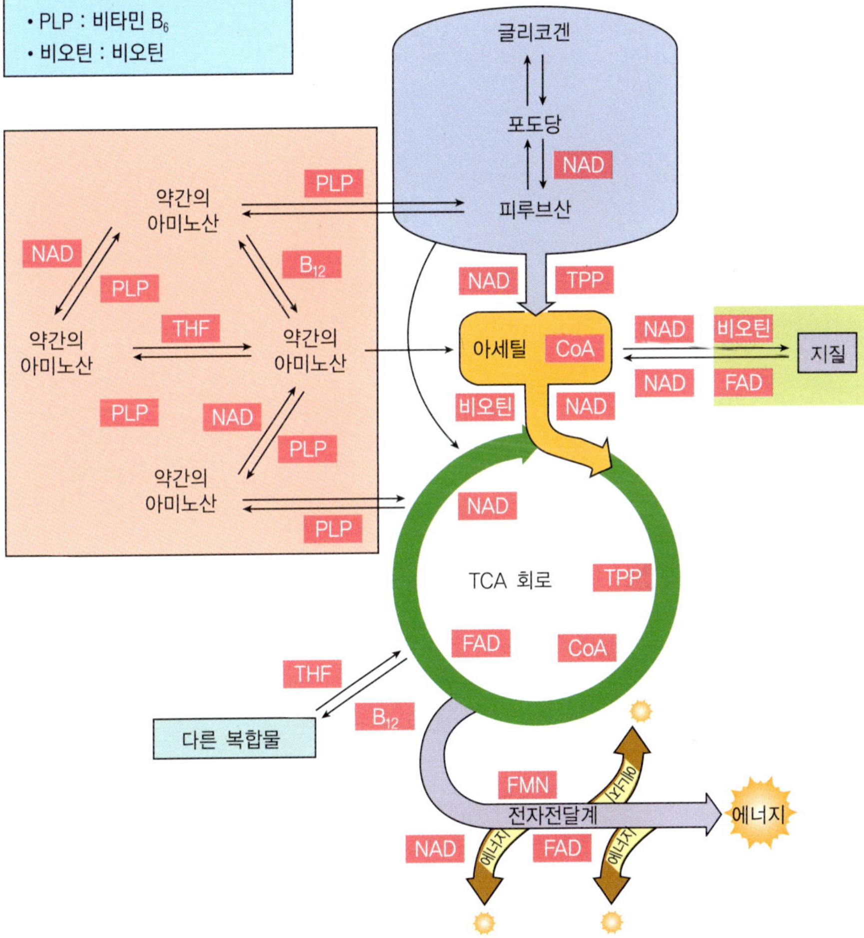

그림 11-18 비타민 B군이 관련된 대사경로

표 11-8 수용성 비타민의 요약

수용성 비타민	주요 작용	급원 식품	결핍증	과잉증	권장섭취량
티아민	당질대사의 조효소[TPP]로 탈탄산반응, 펜토오스 인산경로, 신경계 기능	돼지고기, 콩류, 땅콩, 전곡류, 쇠간, 강화곡류	식욕저하, 메스꺼움, 구토, 부종, 심장확대, 각기병	일반적으로 과잉증은 보고된 바 없음	성인 남자: 1.2mg 성인 여자: 1.1mg
리보플라빈	당질, 지질, 단백질의 에너지 대사에서 조효소[FMN, FAD]로 작용, 전자전달계 작용, 지질분해	유제품, 고기, 달걀, 강화곡류, 녹색채소	구순구각염, 설염, 눈이 부시는 현상, 피부염	부작용 거의 없음	성인 남자: 1.5mg 성인 여자: 1.2mg
니아신	당질 산화, 지방산 생합성, 전자전달계 작용[NAD(H), NADP(H)]	땅콩류, 육류, 간, 대부분의 단백질식품	심한 설사, 피부염, 신경장애, 전신쇠약(펠라그라)	구역질, 구토, 설사, 피부홍조	성인 남자: 16μgNE 성인 여자: 14μgNE
비타민 B_6	아미노산대사의 조효소[PLP], 트립토판에서 니아신 전환	간, 육류, 가금류, 어류, 콩류, 견과류	지루성 피부염, 빈혈, 신경염	보고된 바 없음	성인 남자: 1.5mg 성인 여자: 1.4mg
판토텐산	에너지대사의 조효소[CoA], 아세틸콜린, 콜레스테롤, 케톤체 합성	동물성식품, 곡류 등 모든 식품	피로, 불면증, 복통, 수족 마비	무독성, 가끔 설사 유발	성인 남자: 5mg* 성인 여자: 5mg*
엽산	RNA와 DNA 대사의 조효소[THF], 단일탄소 전달의 조효소	간, 녹색채소, 오렌지주스, 콩류, 견과류	거대적아구성 빈혈, 설염, 설사 등 위장계 질환, 성장장애	부작용 거의 없음	성인 남자: 400μgDFE 성인 여자: 400μgDFE
비오틴	당질, 지질 대사에서 CO_2 운반에 필요한 조효소[비오시틴]	간, 마른콩류, 견과류, 곡류, 신선한 채소	피부염	무독성	성인 남자: 30μg* 성인 여자: 30μg*
비타민 B_{12}	엽산대사에 관여, RNA와 DNA 대사의 조효소, 단일탄소 선달	동물성 식품	거대적아구성 빈혈, 악성 빈혈, 신경계 질환	무독성	성인 남자: 2.4μg 성인 여자: 2.4μg
비타민 C	수산화반응(콜라겐 합성), 항산화제, 철 흡수, 면역기능 강화	과일, 채소류, 브로콜리, 배추, 콜리플라워, 감귤류, 딸기, 키위	괴혈병, 쇠약, 상처회복 지연, 면역체계 손상	신장결석, 설사, 철 과다흡수	성인 남자: 100mg 성인 여자: 100mg

*충분섭취량

부록 I 2020 한국인 영양소 섭취기준

출처 : 보건복지부 · 한국영양학회, 2020 한국인 영양소 섭취기준, 2020.

에너지와 다량영양소

성별	연령	에너지(kcal/일)				탄수화물(g/일)				식이섬유(g/일)				지방(g/일)			
		필요추정량	권장섭취량	충분섭취량	상한섭취량	평균필요량	권장섭취량	충분섭취량	상한섭취량	평균필요량	권장섭취량	충분섭취량	상한섭취량	평균필요량	권장섭취량	충분섭취량	상한섭취량
영아	0~5(개월)	500						60								25	
	6~11	600						90								25	
유아	1~2(세)	900				100	130					15					
	3~5	1,400				100	130					20					
남자	6~8(세)	1,700				100	130					25					
	9~11	2,000				100	130					25					
	12~14	2,500				100	130					30					
	15~18	2,700				100	130					30					
	19~29	2,600				100	130					30					
	30~49	2,500				100	130					30					
	50~64	2,200				100	130					30					
	65~74	2,000				100	130					25					
	75 이상	1,900				100	130					25					
여자	6~8(세)	1,500				100	130					20					
	9~11	1,800				100	130					25					
	12~14	2,000				100	130					25					
	15~18	2,000				100	130					25					
	19~29	2,000				100	130					20					
	30~49	1,900				100	130					20					
	50~64	1,700				100	130					20					
	65~74	1,600				100	130					20					
	75 이상	1,500				100	130					20					
임신부[1]		+0 +340 +450				+35	+45					+5					
수유부		+340				+60	+80					+5					

성별	연령	리놀레산(g/일)				알파-리놀렌산(g/일)				EPA+DHA(mg/일)				단백질(g/일)			
		평균필요량	권장섭취량	충분섭취량	상한섭취량	평균필요량	권장섭취량	충분섭취량	상한섭취량	평균필요량	권장섭취량	충분섭취량	상한섭취량	평균필요량	권장섭취량	충분섭취량	상한섭취량
영아	0~5(개월)			5.0				0.6				200[2]				10	
	6~11			7.0				0.8				300[2]		12	15		
유아	1~2(세)			4.5				0.6						15	20		
	3~5			7.0				0.9						20	25		
남자	6~8(세)			9.0				1.1				200		30	35		
	9~11			9.5				1.3				220		40	50		
	12~14			12.0				1.5				230		50	60		
	15~18			14.0				1.7				230		55	65		
	19~29			13.0				1.6				210		50	65		
	30~49			11.5				1.4				400		50	65		
	50~64			9.0				1.4				500		50	60		
	65~74			7.0				1.2				310		50	60		
	75 이상			5.0				0.9				280		50	60		
여자	6~8(세)			7.0				0.8				200		30	35		
	9~11			9.0				1.1				150		40	45		
	12~14			9.0				1.2				210		45	55		
	15~18			10.0				1.1				100		45	55		
	19~29			10.0				1.2				150		45	55		
	30~49			8.5				1.2				260		40	50		
	50~64			7.0				1.2				240		40	50		
	65~74			4.5				1.0				150		40	50		
	75 이상			3.0				0.4				140		40	50		
임신부[3]				+0				+0				+0		+12 +25	+15 +30		
수유부				+0				+0				+0		+20	+25		

[1] 1, 2, 3분기별 부가량 [2] DHA [3] 단백질: 임신부 - 2, 3분기별 부가량

성별	연령	메티오닌+시스테인(g/일)				류신(g/일)				이소류신(g/일)				발린(g/일)				라이신(g/일)			
		평균필요량	권장섭취량	충분섭취량	상한섭취량	평균필요량	권장섭취량	충분섭취량	상한섭취량	평균필요량	권장섭취량	충분섭취량	상한섭취량	평균필요량	권장섭취량	충분섭취량	상한섭취량	평균필요량	권장섭취량	충분섭취량	상한섭취량
영아	0~5(개월)			0.4				1.0				0.6				0.6				0.7	
	6~11	0.3	0.4			0.6	0.8			0.3	0.4			0.3	0.5			0.6	0.8		
유아	1~2(세)	0.3	0.4			0.6	0.8			0.3	0.4			0.4	0.5			0.6	0.7		
	3~5	0.3	0.4			0.7	1.0			0.3	0.4			0.4	0.5			0.6	0.8		
남자	6~8(세)	0.5	0.6			1.1	1.3			0.5	0.6			0.6	0.7			1.0	1.2		
	9~11	0.7	0.8			1.5	1.9			0.7	0.8			0.9	1.1			1.4	1.8		
	12~14	1.0	1.2			2.2	2.7			1.0	1.2			1.2	1.6			2.1	2.5		
	15~18	1.2	1.4			2.6	3.2			1.2	1.4			1.5	1.8			2.3	2.9		
	19~29	1.0	1.4			2.4	3.1			1.0	1.4			1.4	1.7			2.5	3.1		
	30~49	1.1	1.4			2.4	3.1			1.1	1.4			1.4	1.7			2.4	3.1		
	50~64	1.1	1.3			2.3	2.8			1.1	1.3			1.3	1.6			2.3	2.9		
	65~74	1.0	1.3			2.2	2.8			1.0	1.3			1.3	1.6			2.2	2.9		
	75 이상	0.9	1.1			2.1	2.7			0.9	1.1			1.1	1.5			2.2	2.7		
여자	6~8(세)	0.5	0.6			1.0	1.3			0.5	0.6			0.6	0.7			0.9	1.3		
	9~11	0.6	0.7			1.5	1.8			0.6	0.7			0.9	1.1			1.3	1.6		
	12~14	0.8	1.0			1.9	2.4			0.8	1.0			1.2	1.4			1.8	2.2		
	15~18	0.8	1.1			2.0	2.4			0.8	1.1			1.2	1.4			1.8	2.2		
	19~29	0.8	1.0			2.0	2.5			0.8	1.1			1.1	1.3			2.1	2.6		
	30~49	0.8	1.0			1.9	2.4			0.8	1.0			1.0	1.4			2.0	2.5		
	50~64	0.8	1.1			1.9	2.3			0.8	1.1			1.1	1.3			1.9	2.4		
	65~74	0.7	0.9			1.8	2.2			0.7	0.9			0.9	1.3			1.8	2.3		
	75 이상	0.7	0.9			1.7	2.1			0.7	0.9			0.9	1.1			1.7	2.1		
임신부		1.1	1.4			2.5	3.1			1.1	1.4			1.4	1.7			2.3	2.9		
수유부		1.1	1.5			2.8	3.5			1.3	1.7			1.6	1.9			2.5	3.1		

성별	연령	페닐알라닌+티로신(g/일)				트레오닌(g/일)				트립토판(g/일)				히스티딘(g/일)				수분(mL/일)					
		평균필요량	권장섭취량	충분섭취량	상한섭취량	평균필요량	권장섭취량	충분섭취량	상한섭취량	평균필요량	권장섭취량	충분섭취량	상한섭취량	평균필요량	권장섭취량	충분섭취량	상한섭취량	음식	물	음료	충분섭취량		상한섭취량
																					액체	총수분	
영아	0~5(개월)			0.9				0.5				0.2				0.1					700	700	
	6~11	0.5	0.7			0.3	0.4			0.1	0.1			0.2	0.3			300			500	800	
유아	1~2(세)	0.5	0.7			0.3	0.4			0.1	0.1			0.2	0.3			300	362	0	700	1,000	
	3~5	0.6	0.7			0.3	0.4			0.1	0.1			0.2	0.3			400	491	0	1,100	1,500	
남자	6~8(세)	0.9	1.0			0.5	0.6			0.1	0.2			0.3	0.4			900	589	0	800	1,700	
	9~11	1.3	1.6			0.7	0.9			0.2	0.2			0.5	0.6			1,100	686	1.2	900	2,000	
	12~14	1.8	2.3			1.0	1.3			0.3	0.3			0.7	0.9			1,300	911	1.9	1,100	2,400	
	15~18	2.1	2.6			1.2	1.5			0.3	0.4			0.9	1.0			1,400	920	6.4	1,200	2,600	
	19~29	2.8	3.6			1.1	1.5			0.3	0.3			0.8	1.0			1,400	981	262	1,200	2,600	
	30~49	2.9	3.5			1.2	1.5			0.3	0.3			0.7	1.0			1,300	957	289	1,200	2,500	
	50~64	2.7	3.4			1.1	1.4			0.3	0.3			0.7	0.9			1,200	940	75	1,000	2,200	
	65~74	2.5	3.3			1.1	1.3			0.2	0.3			0.7	1.0			1,100	904	20	1,000	2,100	
	75 이상	2.5	3.1			1.0	1.3			0.2	0.3			0.7	0.8			1,000	662	12	1,100	2,100	
여자	6~8(세)	0.8	1.0			0.5	0.6			0.1	0.2			0.3	0.4			800	514	0	800	1,600	
	9~11	1.2	1.5			0.6	0.9			0.2	0.2			0.4	0.5			1,000	643	0	900	1,900	
	12~14	1.6	1.9			0.9	1.2			0.2	0.3			0.6	0.7			1,100	610	0	900	2,000	
	15~18	1.6	2.0			0.9	1.2			0.2	0.3			0.6	0.7			1,100	659	7.3	900	2,000	
	19~29	2.3	2.9			0.9	1.1			0.2	0.3			0.6	0.8			1,100	709	126	1,000	2,100	
	30~49	2.3	2.8			0.9	1.2			0.2	0.3			0.6	0.8			1,000	772	124	1,000	2,000	
	50~64	2.2	2.7			0.8	1.1			0.2	0.3			0.6	0.7			900	784	27	1,000	1,900	
	65~74	2.1	2.6			0.8	1.0			0.2	0.2			0.5	0.7			900	624	9	900	1,800	
	75 이상	2.0	2.4			0.7	0.9			0.2	0.2			0.5	0.7			800	552	5	1,000	1,800	
임신부		3.0	3.8			1.2	1.5			0.3	0.4			0.8	1.0							+200	
수유부		3.7	4.7			1.3	1.7			0.4	0.5			0.8	1.1						+500	+700	

아미노산: 임신부, 수유부 - 부가량 아닌 절대필요량임.

지용성 비타민

성별	연령	비타민 A(μg RAE/일) 평균필요량	비타민 A 권장섭취량	비타민 A 충분섭취량	비타민 A 상한섭취량	비타민 D(μg/일) 평균필요량	비타민 D 권장섭취량	비타민 D 충분섭취량	비타민 D 상한섭취량
영아	0~5(개월)			350	600			5	25
	6~11			450	600			5	25
유아	1~2(세)	190	250		600			5	30
	3~5	230	300		750			5	35
남자	6~8(세)	310	450		1,100			5	40
	9~11	410	600		1,600			5	60
	12~14	530	750		2,300			10	100
	15~18	620	850		2,800			10	100
	19~29	570	800		3,000			10	100
	30~49	560	800		3,000			10	100
	50~64	530	750		3,000			10	100
	65~74	510	700		3,000			15	100
	75 이상	500	700		3,000			15	100
여자	6~8(세)	290	400		1,100			5	40
	9~11	390	550		1,600			5	60
	12~14	480	650		2,300			10	100
	15~18	450	650		2,800			10	100
	19~29	460	650		3,000			10	100
	30~49	450	650		3,000			10	100
	50~64	430	600		3,000			10	100
	65~74	410	600		3,000			15	100
	75 이상	410	600		3,000			15	100
임신부		+50	+70		3,000			+0	100
수유부		+350	+490		3,000			+0	100

성별	연령	비타민 E(mg α-TE/일) 평균필요량	비타민 E 권장섭취량	비타민 E 충분섭취량	비타민 E 상한섭취량	비타민 K(μg/일) 평균필요량	비타민 K 권장섭취량	비타민 K 충분섭취량	비타민 K 상한섭취량
영아	0~5(개월)			3				4	
	6~11			4				6	
유아	1~2(세)			5	100			25	
	3~5			6	150			30	
남자	6~8(세)			7	200			40	
	9~11			9	300			55	
	12~14			11	400			70	
	15~18			12	500			80	
	19~29			12	540			75	
	30~49			12	540			75	
	50~64			12	540			75	
	65~74			12	540			75	
	75 이상			12	540			75	
여자	6~8(세)			7	200			40	
	9~11			9	300			55	
	12~14			11	400			65	
	15~18			12	500			65	
	19~29			12	540			65	
	30~49			12	540			65	
	50~64			12	540			65	
	65~74			12	540			65	
	75 이상			12	540			65	
임신부				+0	540			+0	
수유부				+3	540			+0	

수용성 비타민

성별	연령	비타민 C(mg/일) 평균필요량	권장섭취량	충분섭취량	상한섭취량	티아민(mg/일) 평균필요량	권장섭취량	충분섭취량	상한섭취량	리보플라빈(mg/일) 평균필요량	권장섭취량	충분섭취량	상한섭취량	니아신(mg NE/일)[1] 평균필요량	권장섭취량	충분섭취량	상한섭취량 니코틴산/니코틴아미드
영아	0~5(개월)			40				0.2				0.3				2	
	6~11			55				0.3				0.4				3	
유아	1~2(세)	30	40		340	0.4	0.4			0.4	0.5			4	6		10/180
	3~5	35	45		510	0.4	0.5			0.5	0.6			5	7		10/250
남자	6~8(세)	40	50		750	0.5	0.7			0.7	0.9			7	9		15/350
	9~11	55	70		1,100	0.7	0.9			0.9	1.1			9	11		20/500
	12~14	70	90		1,400	0.9	1.1			1.2	1.5			11	15		25/700
	15~18	80	100		1,600	1.1	1.3			1.4	1.7			13	17		30/800
	19~29	75	100		2,000	1.0	1.2			1.3	1.5			12	16		35/1000
	30~49	75	100		2,000	1.0	1.2			1.3	1.5			12	16		35/1000
	50~64	75	100		2,000	1.0	1.2			1.3	1.5			12	16		35/1000
	65~74	75	100		2,000	0.9	1.1			1.2	1.4			11	14		35/1000
	75 이상	75	100		2,000	0.9	1.1			1.1	1.3			10	13		35/1000
여자	6~8(세)	40	50		750	0.6	0.7			0.6	0.8			7	9		15/350
	9~11	55	70		1,100	0.8	0.9			0.8	1.0			9	12		20/500
	12~14	70	90		1,400	0.9	1.1			1.0	1.2			11	15		25/700
	15~18	80	100		1,600	0.9	1.1			1.0	1.2			11	14		30/800
	19~29	75	100		2,000	0.9	1.1			1.0	1.2			11	14		35/1000
	30~49	75	100		2,000	0.9	1.1			1.0	1.2			11	14		35/1000
	50~64	75	100		2,000	0.9	1.1			1.0	1.2			11	14		35/1000
	65~74	75	100		2,000	0.8	1.0			0.9	1.1			10	13		35/1000
	75 이상	75	100		2,000	0.7	0.8			0.8	1.0			9	12		35/1000
임신부		+10	+10		2,000	+0.4	+0.4			+0.3	+0.4			+3	+4		35/1000
수유부		+35	+40		2,000	+0.3	+0.4			+0.4	+0.5			+2	+3		35/1000

성별	연령	비타민 B_6(mg/일) 평균필요량	권장섭취량	충분섭취량	상한섭취량	엽산(μg DFE/일)[2] 평균필요량	권장섭취량	충분섭취량	상한섭취량[3]	비타민 B_{12}(μg/일) 평균필요량	권장섭취량	충분섭취량	상한섭취량	판토텐산(mg/일) 평균필요량	권장섭취량	충분섭취량	상한섭취량	비오틴(μg/일) 평균필요량	권장섭취량	충분섭취량	상한섭취량
영아	0~5(개월)			0.1				65				0.3				1.7				5	
	6~11			0.3				90				0.5				1.9				7	
유아	1~2(세)	0.5	0.6		20	120	150		300	0.8	0.9					2				9	
	3~5	0.6	0.7		30	150	180		400	0.9	1.1					2				12	
남자	6~8(세)	0.7	0.9		45	180	220		500	1.1	1.3					3				15	
	9~11	0.9	1.1		60	250	300		600	1.5	1.7					4				20	
	12~14	1.3	1.5		80	300	360		800	1.9	2.3					5				25	
	15~18	1.3	1.5		95	330	400		900	2.0	2.4					5				30	
	19~29	1.3	1.5		100	320	400		1,000	2.0	2.4					5				30	
	30~49	1.3	1.5		100	320	400		1,000	2.0	2.4					5				30	
	50~64	1.3	1.5		100	320	400		1,000	2.0	2.4					5				30	
	65~74	1.3	1.5		100	320	400		1,000	2.0	2.4					5				30	
	75 이상	1.3	1.5		100	320	400		1,000	2.0	2.4					5				30	
여자	6~8(세)	0.7	0.9		45	180	220		500	1.1	1.3					3				15	
	9~11	0.9	1.1		60	250	300		600	1.5	1.7					4				20	
	12~14	1.2	1.4		80	300	360		800	1.9	2.3					5				25	
	15~18	1.2	1.4		95	330	400		900	2.0	2.4					5				30	
	19~29	1.2	1.4		100	320	400		1,000	2.0	2.4					5				30	
	30~49	1.2	1.4		100	320	400		1,000	2.0	2.4					5				30	
	50~64	1.2	1.4		100	320	400		1,000	2.0	2.4					5				30	
	65~74	1.2	1.4		100	320	400		1,000	2.0	2.4					5				30	
	75 이상	1.2	1.4		100	320	400		1,000	2.0	2.4					5				30	
임신부		+0.7	+0.8		100	+200	+220		1,000	+0.2	+0.2					+1.0				+0	
수유부		+0.7	+0.8		100	+130	+150		1,000	+0.3	+0.4					+2.0				+5	

1) 1 mg NE(니아신 당량) = 1 mg 니아신 = 60 mg 트립토판

2) Dietary Folate Equivalents, 가임기 여성의 경우 400 μg/일의 엽산보충제 섭취를 권장함.

3) 엽산의 상한섭취량은 보충제 또는 강화식품의 형태로 섭취한 μg/일에 해당됨.

다량 무기질

성별	연령	칼슘(mg/일)				인(mg/일)				나트륨(mg/일)			
		평균필요량	권장섭취량	충분섭취량	상한섭취량	평균필요량	권장섭취량	충분섭취량	상한섭취량	평균필요량	권장섭취량	충분섭취량	만성질환위험감소섭취량
영아	0~5(개월)			250	1,000			100				110	
	6~11			300	1,500			300				370	
유아	1~2(세)	400	500		2,500	380	450		3,000			810	1,200
	3~5	500	600		2,500	480	550		3,000			1,000	1,600
남자	6~8(세)	600	700		2,500	500	600		3,000			1,200	1,900
	9~11	650	800		3,000	1,000	1,200		3,500			1,500	2,300
	12~14	800	1,000		3,000	1,000	1,200		3,500			1,500	2,300
	15~18	750	900		3,000	1,000	1,200		3,500			1,500	2,300
	19~29	650	800		2,500	580	700		3,500			1,500	2,300
	30~49	650	800		2,500	580	700		3,500			1,500	2,300
	50~64	600	750		2,000	580	700		3,500			1,500	2,300
	65~74	600	700		2,000	580	700		3,500			1,300	2,100
	75 이상	600	700		2,000	580	700		3,000			1,100	1,700
여자	6~8(세)	600	700		2,500	480	550		3,000			1,200	1,900
	9~11	650	800		3,000	1,000	1,200		3,500			1,500	2,300
	12~14	750	900		3,000	1,000	1,200		3,500			1,500	2,300
	15~18	700	800		3,000	1,000	1,200		3,500			1,500	2,300
	19~29	550	700		2,500	580	700		3,500			1,500	2,300
	30~49	550	700		2,500	580	700		3,500			1,500	2,300
	50~64	600	800		2,000	580	700		3,500			1,500	2,300
	65~74	600	800		2,000	580	700		3,500			1,300	2,100
	75 이상	600	800		2,000	580	700		3,000			1,100	1,700
임신부		+0	+0		2,500	+0	+0		3,000			1,500	2,300
수유부		+0	+0		2,500	+0	+0		3,500			1,500	2,300

성별	연령	염소(mg/일)				칼륨(mg/일)				마그네슘(mg/일)			
		평균필요량	권장섭취량	충분섭취량	상한섭취량	평균필요량	권장섭취량	충분섭취량	상한섭취량	평균필요량	권장섭취량	충분섭취량	상한섭취량[1)]
영아	0~5(개월)			170				400				25	
	6~11			560				700				55	
유아	1~2(세)			1,200				1,900		60	70		60
	3~5			1,600				2,400		90	110		90
남자	6~8(세)			1,900				2,900		130	150		130
	9~11			2,300				3,400		190	220		190
	12~14			2,300				3,500		260	320		270
	15~18			2,300				3,500		340	410		350
	19~29			2,300				3,500		300	360		350
	30~49			2,300				3,500		310	370		350
	50~64			2,300				3,500		310	370		350
	65~74			2,100				3,500		310	370		350
	75 이상			1,700				3,500		310	370		350
여자	6~8(세)			1,900				2,900		130	150		130
	9~11			2,300				3,400		180	220		190
	12~14			2,300				3,500		240	290		270
	15~18			2,300				3,500		290	340		350
	19~29			2,300				3,500		230	280		350
	30~49			2,300				3,500		240	280		350
	50~64			2,300				3,500		240	280		350
	65~74			2,100				3,500		240	280		350
	75 이상			1,700				3,500		240	280		350
임신부				2,300				+0		+30	+40		350
수유부				2,300				+400		+0	+0		350

1) 식품외 급원의 마그네슘에만 해당

미량 무기질

성별	연령	철(mg/일)				아연(mg/일)				구리(μg/일)				불소(mg/일)			
		평균 필요량	권장 섭취량	충분 섭취량	상한 섭취량	평균 필요량	권장 섭취량	충분 섭취량	상한 섭취량	평균 필요량	권장 섭취량	충분 섭취량	상한 섭취량	평균 필요량	권장 섭취량	충분 섭취량	상한 섭취량
영아	0~5(개월)			0.3	40			2				240				0.01	0.6
	6~11	4	6		40	2	3					330				0.4	0.8
유아	1~2(세)	4.5	6		40	2	3		6	220	290		1,700			0.6	1.2
	3~5	5	7		40	3	4		9	270	350		2,600			0.9	1.8
남자	6~8(세)	7	9		40	5	5		13	360	470		3,700			1.3	2.6
	9~11	8	11		40	7	8		19	470	600		5,500			1.9	10.0
	12~14	11	14		40	7	8		27	600	800		7,500			2.6	10.0
	15~18	11	14		45	8	10		33	700	900		9,500			3.2	10.0
	19~29	8	10		45	9	10		35	650	850		10,000			3.4	10.0
	30~49	8	10		45	8	10		35	650	850		10,000			3.4	10.0
	50~64	8	10		45	8	10		35	650	850		10,000			3.2	10.0
	65~74	7	9		45	8	9		35	600	800		10,000			3.1	10.0
	75 이상	7	9		45	7	9		35	600	800		10,000			3.0	10.0
여자	6~8(세)	7	9		40	4	5		13	310	400		3,700			1.3	2.5
	9~11	8	10		40	7	8		19	420	550		5,500			1.8	10.0
	12~14	12	16		40	6	8		27	500	650		7,500			2.4	10.0
	15~18	11	14		45	7	9		33	550	700		9,500			2.7	10.0
	19~29	11	14		45	7	8		35	500	650		10,000			2.8	10.0
	30~49	11	14		45	7	8		35	500	650		10,000			2.7	10.0
	50~64	6	8		45	6	8		35	500	650		10,000			2.6	10.0
	65~74	6	8		45	6	7		35	460	600		10,000			2.5	10.0
	75 이상	5	7		45	6	7		35	460	600		10,000			2.3	10.0
임신부		+8	+10		45	+2.0	+2.5		35	+100	+130		10,000			+0	10.0
수유부		+0	+0		45	+4.0	+5.0		35	+370	+480		10,000			+0	10.0

성별	연령	망간(mg/일)				요오드(μg/일)				셀레늄(μg/일)				몰리브덴(μg/일)				크롬(μg/일)			
		평균 필요량	권장 섭취량	충분 섭취량	상한 섭취량	평균 필요량	권장 섭취량	충분 섭취량	상한 섭취량	평균 필요량	권장 섭취량	충분 섭취량	상한 섭취량	평균 필요량	권장 섭취량	충분 섭취량	상한 섭취량	평균 필요량	권장 섭취량	충분 섭취량	상한 섭취량
영아	0~5(개월)			0.01				130	250			9	40							0.2	
	6~11			0.8				180	250			12	65							4.0	
유아	1~2(세)			1.5	2.0	55	80		300	19	23		70	8	10		100			10	
	3~5			2.0	3.0	65	90		300	22	25		100	10	12		150			10	
남자	6~8(세)			2.5	4.0	75	100		500	30	35		150	15	18		200			15	
	9~11			3.0	6.0	85	110		500	40	45		200	15	18		300			20	
	12~14			4.0	8.0	90	130		1,900	50	60		300	25	30		450			30	
	15~18			4.0	10.0	95	130		2,200	55	65		300	25	30		550			35	
	19~29			4.0	11.0	95	150		2,400	50	60		400	25	30		600			30	
	30~49			4.0	11.0	95	150		2,400	50	60		400	25	30		600			30	
	50~64			4.0	11.0	95	150		2,400	50	60		400	25	30		550			30	
	65~74			4.0	11.0	95	150		2,400	50	60		400	23	28		550			25	
	75 이상			4.0	11.0	95	150		2,400	50	60		400	23	28		550			25	
여자	6~8(세)			2.5	4.0	75	100		500	30	35		150	15	18		200			15	
	9~11			3.0	6.0	80	110		500	40	45		200	15	18		300			20	
	12~14			3.5	8.0	90	130		1,900	50	60		300	20	25		400			20	
	15~18			3.5	10.0	95	130		2,200	55	65		300	20	25		500			20	
	19~29			3.5	11.0	95	150		2,400	50	60		400	20	25		500			20	
	30~49			3.5	11.0	95	150		2,400	50	60		400	20	25		500			20	
	50~64			3.5	11.0	95	150		2,400	50	60		400	20	25		450			20	
	65~74			3.5	11.0	95	150		2,400	50	60		400	18	22		450			20	
	75 이상			3.5	11.0	95	150		2,400	50	60		400	18	22		450			20	
임신부				+0	11.0	+65	+90			+3	+4		400	+0	+0		500			+5	
수유부				+0	11.0	+130	+190			+9	+10		400	+3	+3		500			+20	

참고문헌

김미경 외 편역. 생활 속의 영양학. 라이프사이언스, 2005

농촌진흥청 국립농업과학원. 국가표준식품성분표 제개정판, 2017

박인국 외 역. 생리학, 수정판. 라이프사이언스, 2004

박인국, 부문종, 정헌근 역. 생리학. 라이프사이언스, 2003

박태선, 김은경. 현대인의 생활영양. 교문사, 2006

보건복지부, 질병관리본부. 2013년도 국민건강영양조사보고서, 2014

보건복지부, 질병관리본부. 2015년도 국민건강영양조사보고서, 2016

보건복지부, 질병관리청. 2019 국민건강통계, 2020

보건복지부, 한국영양학회. 2020 한국인 영양소 섭취기준, 2020

보건복지부, 한국영양학회. 2020 한국인 영양소 섭취기준 활용연구, 2021

보건복지부. 한국인을 위한 식생활지침, 2003

장유경, 박혜련, 변기원, 이보경, 권종숙. 기초영양학. 교문사, 2006

질병관리청. 2022 국민건강통계, 2023

최영선, 박혜련, 김혜영, 장순옥, 이혜성. 최신 영양학. 도서출판 효일, 2006

최혜미 외. 21세기 영양학, 제2개정판. 교문사, 2006

최혜미 외. 21세기 영양학원리. 교문사, 2006

통계청. 2006 사망원인통계

통계청. 2022년 사망원인 통계결과, 2023

Arthur Vander, James Sherman, Dorothe Luciano. Human Physiology, 8th ed. McGraw Hill, New York, 2001

Eleanor N. Whitney, Corinne B. Cataldo, Sharon R. Rolfes. Understanding Normal and Clinocal Nutrition, 5th ed. Wadsworth Publishing Co., Belmont, 1998

Gordon M. Wardlaw, Jeffrey S. Hampl, Robert A. DiSilvestro. Perspectives in Nutrition, 6th ed. McGraw Hill, New York, 2004

Helen A. Guthrie, Mary F. Picciano. Human Nutrition. Mosby-Year Book, St. Louis, 1995

Mahan LK, Escott-Stumo S. Krause's food, nutrition and diet therapy. 11th ed, Saunders, 2004

Nieman DC, Butterworth DE, Nieman CN. Nutrition. Wm. C. Brown Publishers, 1992

Stuart Ira Fox. Human Physiology, 7th ed. McGraw Hill, New York, 2003

Wardlaw GM, Hampl JS, DiSilvestro RA. Perspectives in nutrition. 6th ed. McGraw-Hill, 2004

Wardlaw GM. Contempory nutrition. 5th ed. McGraw-Hill, 2003

Whitney EN, Cataldo CB, DeBruyne LK, Rolfes SR Nutrition for Health and Health Care Wadworth 2001

Whitney EN, Cataldo CB, Rolfes SR. Understanding normal and clinical nutrition. 6th ed. Wadsworth, 2002

Whiyney EN, Rolfes SR. Understanding nutrition. 9th ed. Wadsworth, 2002

Widmaier EP, Raff H, Strang KT. Vander's Human Physiology. McGraw-Hill, 2005

http://www.mypyramid.gov

찾아보기

저자 소개

구재옥
서울대학교 대학원 영양학 박사
현재 한국방송통신대학교 생활과학부 명예교수

김복희
서울대학교 대학원 이학박사
현재 조선대학교 식품영양학과 교수

류혜숙
숙명여자대학교 대학원 이학박사
현재 상지대학교 식품영양학과 교수

손정민
서울여자대학교 대학원 영양학 박사
현재 원광대학교 식품영양학과 교수

이애랑
단국대학교 대학원 이학박사
전 숭의여자대학교 식품영양과 교수

이윤나
서울대학교 대학원 영양학 박사
현재 신구대학교 식품영양학과 교수

이종현
서울대학교 대학원 영양학 박사
현재 동남보건대학교 식품영양학과 교수

최경숙
서울대학교 대학원 영양학 박사
현재 대진대학교 식품영양학과 교수

이해하기 쉬운
기초영양학

2022년 9월 5일 초판 발행
2024년 9월 5일 2쇄 발행

지은이 | 구재옥 · 김복희 · 류혜숙 · 손정민
이애랑 · 이윤나 · 이종현 · 최경숙
발행인 | 유제구
발행처 | 파워북
주 소 | 경기도 고양시 일산동구 호수로 358-25
동문타워 2차 529호
전 화 | (02) 730-1412
팩 스 | (031) 908-1410
등 록 | 1997. 1. 31. 제2014-000067호

정 가 23,000원
ISBN 978-89-8160-475-2 (93590)